RUSSISCHE NAHKAMPFMITTEL

TYPEN, TECHNIK, DATEN

Ilya Shaydurov

Motor
buch
Verlag

Einbandgestaltung: Frank Zähringer

Bildnachweis: Die zur Illustration dieses Buches verwendeten Aufnahmen stammen – wenn nicht anderes vermerkt ist – vom Verfasser.

ISBN: 978-3-613-03974-2

1. Auflage 2017

Sie finden uns im Internet unter www.motorbuch-verlag.de

Lektorat: Joachim Köster
Innengestaltung: Anita Ament, Leonberg
Druck und Bindung: GRASPO, A.S. 763 02 Zlín
Printed in Czech Republic

Inhalt

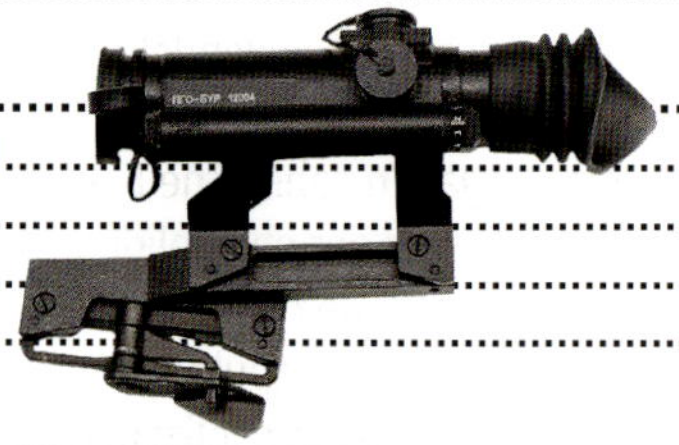

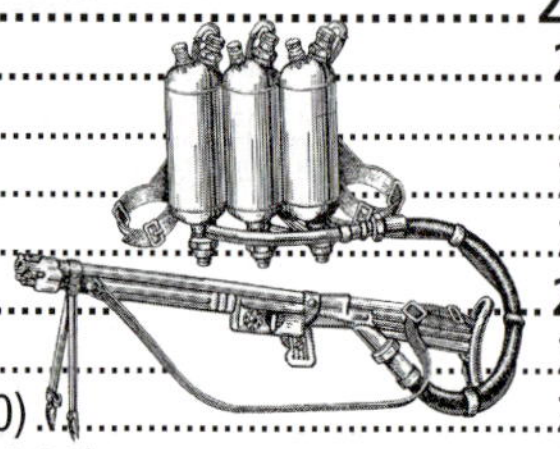

Vorwort

Dieses Buch ist die Fortsetzung der Monographie »Russische Schusswaffen – Typen, Daten, Fakten«, die vom Motorbuch Verlag im August 2010 veröffentlicht wurde. Das Buch behandelt sogenannte Nahkampfmittel, unter denen man Hand- und Gewehrgranaten, unterschiedliche Granatwerfer – Granatpistolen, Granatgewehre, Granatmaschinenwerfer – sowie reaktive Panzerbüchsen, Bunkerfäuste und Flammenwerfer versteht. Es werden lediglich die ab 1945 in der UdSSR und Russland entwickelten und hergestellten Serienmodelle dargestellt, da es über diesen Zeitraum und dieses Fachgebiet nur wenige Bücher gibt. Hauptsächlich handelt es sich dabei um englischsprachige Literatur aus der Zeit des Kalten Krieges, die der Bewaffnung der Sowjetarmee 1945–1985 gewidmet ist. Natürlich darf man sie aufgrund der östlichen Geheimnistuerei und des westlichen Subjektivismus für keine vollendeten und unvoreingenommenen Werke halten.
Darüber hinaus gaben zahlreiche Regionalkonflikte auf dem Gebiet der ehemaligen UdSSR sowie »kriminelle Kriege« in den 1990er Jahren in Russland den starken Impuls zur Entwicklung einer neuen Infanterie- und Polizeibewaffnung. Nahkampfmittel gehören dabei zu einem wichtigen Ausrüstungsbestandteil von Infanterie sowie von Spezialeinheiten der Armee, Polizei und der Sicherheitsdienste. Ihre Anzahl und Vielfalt sind wirklich erstaunlich. Deshalb versucht der Autor, insbesondere diese Modelle detailliert zu präsentieren. Sehr interessant sind auch solche Waffen, die früher aufgrund der eingeschränkten Informationsmöglichkeiten nicht berücksichtigt werden konnten. Dazu gehören die speziellen Waffen für den KGB und die Geheimdienste, z.B. lautlose und »nicht-tödliche« Granatwerfer, oder Kampfmittel für die Bekämpfung von Kampfschwimmern.
Die wichtigsten Quellen für das Buch sind sowjetische und russische Militärdokumentationen (Gebrauchsanleitungen, Dienstvorschriften, Nachschlagewerke, Lehrbücher, etc.), Kataloge und Werbeprospekte der russischen Waffenhersteller, sowie die kompetentesten russischen Waffenmagazine, wie »Kalaschnikow«, »Mastergun« und »Oruzhie«. Es ist auch wichtig, moderne Fachliteratur zu erwähnen, insbesondere die Bücher von S.L. Fedoseew, B.V. Pribylow, E.N. Krawtschenko, A.V. Karpenko und A.A. Lowi.
Im Gegensatz zu Schusswaffen dürfen weder militärhistorische Vereine noch private Sammler und Waffenfreunde kraft des deutschen Waffengesetzes scharfe Nahkampfmittel erwerben. Trotzdem ist das Interesse daran durchaus groß, sowohl unter dem Gesichtspunkt der Ingenieurskunst betrachtet als auch unter dem der Militärgeschichte. Das ist jedoch nicht der wichtigste Grund, warum dieses Buch geschrieben wurde. Zu seinen Lesern können auch Behörden und Experten zählen, die mit dem Kampf gegen Terrorismus beschäftigt sind, also Militärs, Polizei und Sicherheitsdienste. Heute gehören die ehemaligen sowjetischen und russischen Nahkampfmittel leider zu den verbreitetsten Waffen bei Terrorangriffen – sie stellen die bedeutendste und gefährlichste Komponente der Ausrüstung von Terroristen, Rebellen, modernen Piraten und bewaffneten Banden der Drogenmafia dar. Der Abschuss von zwei US-Helikoptern des Typs UH-60 »Black Hawk« durch die sowjetische Panzerfaust RPG-7 in Somalia, die erfolgreichen Einsätze der modernen russischen Panzerfäuste RPG-29 »Vampire« gegen die in der Welt bestgeschützten Kampfpanzer vom Typ »Merkava« im letzten Libanonkrieg, die Angriffe gegen die amerikanischen Humvees und Panzerfahrzeuge im Irak mittels der sowjetischen Hohlladungswurfgranaten RKG-3, schwere Verluste der ukrainischen Armee wegen der Einsätze von russischen Nahkampfmitteln durch Rebellen in Donezk und Lugansk – diese Beispiele zeigen anschaulich, wie aktuell und wichtig das vom Autor ausgewählte Thema derzeit ist. Es bleibt also zu hoffen, dass das vorliegende Buch auch unter Antiterror- und Militärexperten großes Interesse weckt, denn es kann ihnen als detailliertes Nachschlagewerk dienen.

Hamburg, im Frühjahr 2017
Dr. Ilya Shaydurov

1. Handgranaten

(Foto: O. Baschawez)

Die Geschichte der Handgranaten in Russland

In Europa sind Handgranaten schon seit dem 15. Jahrhundert bekannt, Russland aber führte sie später ein als die meisten europäischen Armeen, nämlich erst im 17. Jahrhundert. In der Umgangssprache nannte man damals Handgranaten »Bomben«. Ursprünglich wurden sie überwiegend bei der Belagerung oder der Verteidigung von Festungen eingesetzt. Die damaligen Handgranaten waren Kugeln aus Ton, die mit Schwarzpulver und kleinen Steinen gefüllt wurden. Die 2,5 kg schweren Tongranaten detonierten mit Hilfe einer Zündschnur aus leicht zusammengedrehtem, mit der Lösung essigsauren Bleies imprägniertem Hanf. Weil sie bei der Explosion fast keine tödlichen Splitter erzeugten und nur einen geringen Wirkungsgrad aufwiesen, handelte es sich bei ihnen lediglich um eine »psychologische« Waffe.

Form und Aufbau dieser Sprengmunition waren einem Granatapfel ähnlich, was vermutlich der Grund ihrer heutigen Benennung ist. Übrigens gibt es Forscher, die glauben, dass der Begriff »Granate« sich von der Karibikinsel Grenada ableitet. Der französische Schriftsteller Rabelais gab der Granate den Namen »migraine« (Migräne) – das ist die Abkürzung des französischen Ausdruckes »mille graines« (tausend Körner) –, der »Kopfschmerz« bedeutet und im Dialekt »Granatapfel« heißt.

Zu Beginn des 17. Jahrhunderts wurden die Handgranaten verbessert – ihr Körper wurde nun aus Gusseisen gefertigt, in dem sich neben der Sprengladung auch Stücke aus Eisen, Blei oder Glas befanden, die die Splitterwirkung erhöhten. Ein primitiver Zeitzünder ersetzte die Zündschnur. Er war ein mit einer Mischung aus Schwarzpulver und Kohle aufgefülltes Holzrohr, das es ermöglichte, eine Verzögerungszeit einzustellen. Im Jahr 1750 wurde der Zeitzünder aus Metall erfunden.

Gegen Ende des 17. Jahrhunderts veränderte sich die Einsatztaktik von Handgranaten. Die Infanteristen fingen an, sie im Feldkampf zu verwenden, überwiegend gegen Angriffe der Kavallerie. In dieser Zeit entstand ein neuer Begriff: der »*Grenadier*«. So hießen die stärkeren und tüchtigen Soldaten, die speziell als Handgranatenwerfer ausgewählt und ausgebildet wurden. Mit Grenadieren wurden Kompanien, Bataillone und Regimenter aufgestellt. In Russland führte Zar Peter der Große im Jahr 1699 die ersten Grenadiereinheiten ein. Jeder Grenadier trug neben seinem Gewehr und seiner Munition auch 2–4 Handgranaten mit einem Gewicht von bis zu zwei Pfund. Sie unterschieden sich äußerlich von anderen Soldaten durch eine spitze Kopfbedeckung ohne Krempe – so waren die Granaten bequemer zu werfen.

Ende des 18. und Anfang des 19. Jahrhunderts verdrängten die weiterentwickelte Artillerie und die verbesserten Schusswaffen vollständig die Handgranaten. Seitdem büßten die Grenadiertruppen ihre Bedeutung ein. Als Grenadiere wurden nun besonders tüchtige Truppen bezeichnet. Erst im Krimkrieg von 1854/55 kamen die Handgranaten wieder in Gebrauch. Bei der Verteidigung von Sewastopol verwendete die russische Armee als Handgranate die Kartätschengranaten für die 3-Zoll-Kanone, die mit Schießpulver und Gewehrkugeln gefüllt wurden. Die Wurfweite betrug bis zu 15 Klafter (32 m). Übrigens blieb die Wirkung der Handgranaten mit Schießpulver gering.

Wesentlich verbessert wurden die Handgranaten mit der Erfindung von brisanten Sprengstoffen. Bei ihrer Explosion zerlegt sich der Handgranatenkörper mit einer Geschwindigkeit von über 500 m/s in viele Splitter. Dadurch konnten sogar die leichten Körperfragmente, die nur ca.1 g wiegen, aus einer relativ großen Distanz tödlich sein. Im Russisch-Japanischen Krieg 1904/05 wurden die Handgranaten von beiden Parteien zuerst beim Kampf um Port Arthur, dann auch bei Mukden mit Erfolg eingesetzt. Dieser Krieg wurde nicht mehr nach der althergebrachten Lineartaktik geführt, bei ihm handelte es sich um einen reinen »Grabenkrieg« und die Truppen hatten einen großen Bedarf an solchen Nahkampfmitteln. Trotzdem wurden die damaligen Handgranaten meist behelfsmäßig hergestellt und hatten vielerlei Formen und Konstruktionen. Ihre Erfinder waren Mokrevitsch, Podgurnyj, Berezhnoj, Selenskij, Lischin, u.a. Bei Port-Arthur verwendeten

die Russen z.B. Handgranaten mit einem Körper aus erbeuteten japanischen Schrapnellhülsen, die mit zwei Kavallerie-Sprengkörpern, mit einem hölzernen Deckel, einer Sprengkapsel und einer Zündschnur bestückt wurden. Diese Befehlsgranaten kamen überwiegend bei der Verteidigung von Befestigungen gegen japanische Laufgräben und auch im Hinterhalt zum Einsatz.
Die bekannteste Granate des Russisch-Japanischen Krieges ist die Splittergranate von Lischin. Sie wurde 1904 von Stabskapitän N.S. Lischin entwickelt, dem Leiter einer Werkstatt zur Herstellung von Handgranaten bei Mukden, und dort erstmals eingesetzt. Zu ihren besonderen Merkmalen gehören der Aufschlagzünder und ein sehr langer Holzstiel, der im Flug als Stabilisator diente. Obwohl die Lischin-Granate offiziell nicht eingeführt wurde, besaßen jedoch die Truppen ihre Gebrauchsanleitung. Im Ersten Weltkrieg bauten die Soldaten, die am Krieg gegen Japan

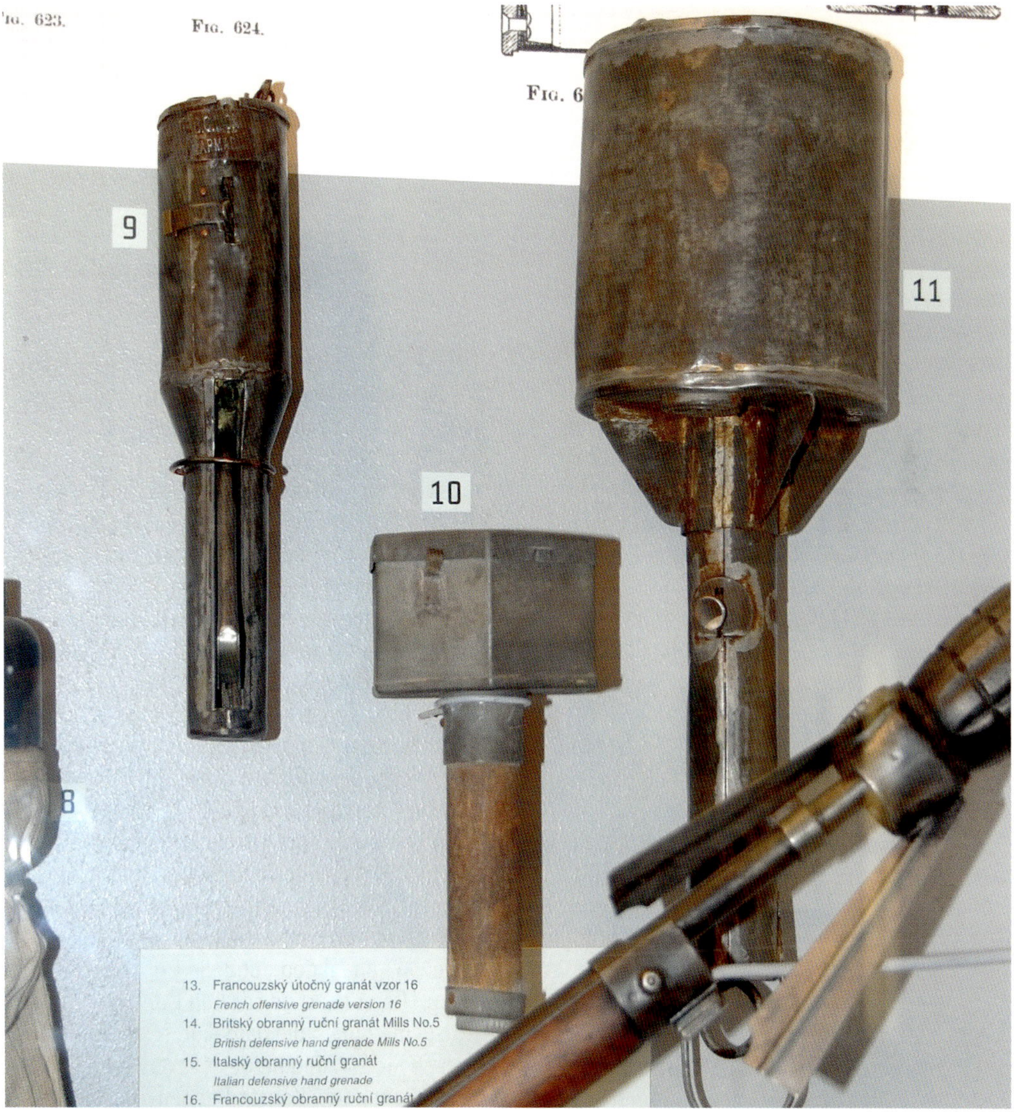

Russische Handgranaten des Ersten Weltkrieges: 9 – RG-14; 10 – Granaten-System von Oberst Stender; 11 – Granaten-System von Fjodorow-Novitzkij. *(Foto: Autor)*

teilgenommen hatten, die Granaten dieses Typs nach. Außerdem diente die Lischin-Granate als Prototyp für einige andere russische Behelfsgranaten des Ersten Weltkrieges. Nach der Untersuchung der Lischin-Granate hatten die Briten die eigene No. 1 (Mark 1) Hand Grenade entworfen, die 1908–1915 fabrikmäßig hergestellt wurde. Aufgrund der Erfahrungen des Russisch-Japanischen Krieges begannen die Russische Armee und andere Armeen mit der Entwicklung von fabrikmäßig hergestellten Handgranaten. Die ersten Konstruktionen der russischen Granaten wurden von Hauptmann Rdultovskij, Stabskapitän Novitzkij, Fähnrich Fjodorow, Podporutschik Koweschikov und Oberst Zelenskij angeboten. Als Erste kam die 1909–1912 entwickelte Granate von Rdultovskij Bauart 1912 (RG-12) in die Serienproduktion. Diese 3 Pfund schwere Waffe hatte einen rechteckigen Handgranatenkörper, einen Stiel aus Holz und konnte mit einer Einrichtung für die Zerstörung von Drahtsperren ausgestattet werden. Bei dieser Einrichtung handelte es sich um einige an der Granate befestigte Schnüre mit Blei an ihren Enden. Nach dem Wurf in eine Drahtsperre blieb die Granate dort hängen, wodurch die Sperre den Hauptschaden davontrug. Die Wurfweite belief sich auf 20 m, der Splitterradius erreichte 200 m. Die RG-12 wurde von Munitionsfabriken in St. Petersburg und Samara bis 1916 in großer Stückzahl hergestellt.
Im Jahr 1914 wurde sie modernisiert und bekam die Bezeichnung »Handgranate Bauart 1914« (RG-14). Die wichtigsten Neuerungen von Rdultovskij waren ihr bis zu 720 g reduziertes Gewicht und die produktionsgünstige Gestaltung der Granate in Form einer Flasche. Die Wurfweite stieg bis zu 35 m, der Splitterradius betrug 50 m. Es ist interessant, dass die Standard-Sportgranate, die in Russland bis heute in Gebrauch (!) ist, mit ihrer Form, ihren Abmessungen und ihrem Gewicht gerade die Handgranate RG-14 imitiert. Die Granaten der anderen Erfinder wurden nicht eingeführt – man hat nur empfohlen, in der Kriegszeit ihre Produktion als Behelfswaffe in den Truppen zu organisieren. Die damalige russische Militärführung hielt Granaten überwiegend für eine Sturmwaffe zur Zerstörung von Drahtsperren und Feldbefestigungen.

V.I. Rdultovskij (1876–1939), Munitionskonstrukteur und Schöpfer der ersten russischen Massenhandgranaten RG-12 und RG-14. Neben seinen Handgranaten haben ihn die Entwicklung einer Signalpistole sowie zahlreiche Geschosse und Zünder bekannt gemacht.

Der 1914 ausgebrochene Erste Weltkrieg zeigte einen großen Bedarf an dieser »Taschenartillerie«. Trotz Massenfertigung der Granaten RG-14 besaß die russische Armee aber immer zu wenig von ihr. Deshalb wurde beschlossen, Handgranaten im Ausland zu kaufen und in eigenen Munitionsfabriken herzustellen. Das waren die französischen Granaten F-1 und P-1 mod. 1915, die britischen Lemon- und Mils-Granaten, japanische und sogar deutsche Handgranaten. Insgesamt hat die russische Waffenindustrie in den Jahren 1914–1917 16.532.300 Handgranaten RG-12 und RG-14 produziert, weitere 18.887.084 Granaten wurden importiert.

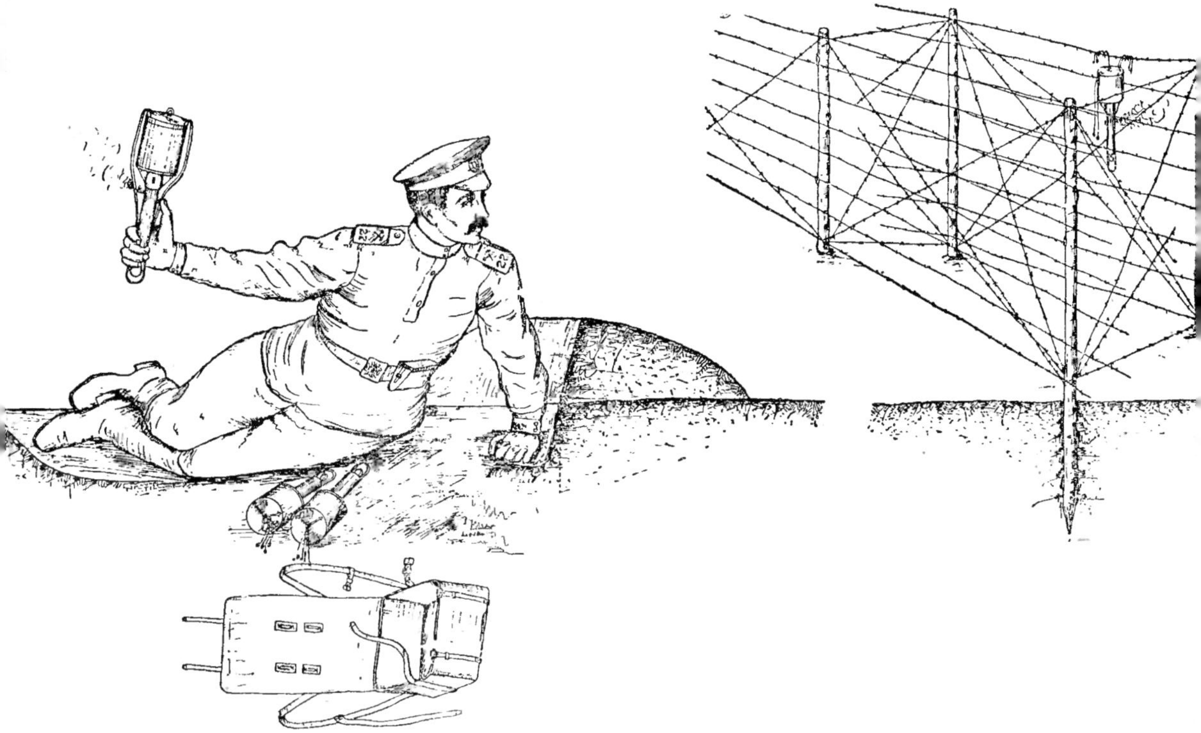

Die »Wurfladung« des Systems von Stabskapitän Novitzkij für die Zerstörung von künstlichen Hindernissen (Drahtsperren, »Spanische Reiter«, Verhaue, etc.) war ein reines Produkt des Grabenkrieges. Für den Einsatz dieser Granate sollte der Soldat zunächst ans Hindernis herankriechen und einen Schützengraben schaufeln. Von dort wirft er liegend die Granate ins Ziel auf eine Entfernung von 20–25 Schritt. Die Verwendung der Granate gegen feindliche Soldaten war streng verboten, da die Granate eine sehr lange Verzögerungszeit hatte (ca. 12 s) und der Gegner sie zurückwerfen konnte. *(Bild: Gebrauchsanleitung)*

Wie im Russisch-Japanischen Krieg stellten die Soldaten auch improvisierte Behelfsgranaten her. Dafür verwendeten die Russen häufig als Sprengladung Pioneer-Sprengkörper aus Pyroxylin, deren große Mengen in russischen Depots und Arsenalen gelagert wurden. Ein Beispiel dafür ist die im Jahr 1915 entwickelte und eingeführte Behelfsgranate von Oberst Stender mit dem hexagonalen Körper und dem Holzstiel.
Im Laufe des Ersten Weltkrieges erreichten die Handgranaten den heute noch gültigen Stand der Technik. Sie wurden in Verteidigungsgranaten und Angriffsgranaten eingeteilt und entwickelten sich zu einem festen Bestandteil der Infanteriewaffen. Neben den Splittergranaten und Sturmgranaten für die Zerstörung von künstlichen Hindernissen (das Granaten-System von Fjodorow-Novitzkij und die modernisierte RG-14) kamen chemische Granaten zum Einsatz. Im Ersten Weltkrieg wurden die chemischen Handgranaten Bauart 1914, Bauart 1916 und Bauart 1917 eingesetzt, die auf Basis der Granate RG-14 entworfen worden waren. Die russische Waffenindustrie lieferte bis zum Kriegsende über 100.000 Stück solcher mit einem Lungenkampfstoff gefüllten Granaten. Sie waren für Wurfweiten bis 20 bzw. 30 m gedacht und kamen überwiegend als Verteidigungswaffe zum Einsatz, z.B., um eine Verfolgung durch den Gegner beim Rückzug zu verhindern.

Nach dem Bürgerkrieg erhielten die sowjetischen Streitkräfte sowohl Handgranaten der ehemaligen Zarenarmee als auch ausländische Handgranaten verschiedenster Typen. Aber schon im Jahr 1926 veröffentlichte das Artkom (das Komitee für Artillerie) in seinem Heft Nr. 1011s die Anforderungen an die neuen Handgranaten für die Rote Armee. Entsprechend diesen Anforderungen fingen die Konstrukteure Koweschnikov und Djakonov mit der Arbeit an der Entwicklung der ersten Handgranate der UdSSR an.

F.V. Koweschnikov modernisierte die französische Verteidigungsgranate F-1, die einen neuen Zünder bekam. Dieser Zünder wurde im Jahr 1926 eingeführt. Außerdem wurden die alten gelagerten Granaten F-1 in den 1930er Jahren umlaboriert. Koweschnikov entwickelte gemeinsam mit Djakonov eine ganz neue Granate. Sie wurde im Jahr 1933 unter der Bezeichnung RGD-33 in Dienst gestellt. Ein besonderes Merkmal der RGD-33 war ein zusätzlicher Splittermantel aus Gusseisen. Ohne Mantel war die Splitterwirkung relativ schwach und die Granate konnte im Angriff eingesetzt werden. Durch das Zusammensetzen der Granate mit dem Mantel (auch »Jacket« genannt) wurde der Granatkörper bei der Explosion in mehrere, größere Fragmente zersplittert. Im letzten Fall durfte die RGD-33 nur in der Verteidigung verwendet werden. Der Splitterradius ohne Splittermantel betrug 25 m, mit Splittermantel 100 m. Die Verzögerungszeit belief sich auf 3,5–4 Sekunden.

Im Jahr 1930 wurde auch die Handgranate RG-14 modernisiert. Wie die RGD-33 bekam auch

Eine Handgranate war sehr häufig ein Attribut der Propagandaplakate.

Dank eines abnehmbaren Splittermantels konnte die Granate RGD-33 sowohl als Verteidigungswaffe als auch als Angriffswaffe eingesetzt werden.

die als RG-14/30 bezeichnete Granate einen Splittermantel, wodurch sie sowohl im Angriff als auch in der Verteidigung eingesetzt werden konnte. Gleichzeitig wurde die Taktik für den Einsatz von Handgranaten verändert. Die Dienstvorschrift NSD-35 schrieb vor, dass alle Soldaten der Infanterie mit Handgranaten bewaffnet werden sollen. Damit wurde die Auswahl der Soldaten zu speziellen Granatwerfern beendet.

Der Ausbruch des Zweiten Weltkrieges brachte zahlreiche Probleme dieser Art der Infanteriebewaffnung an den Tag. Die Handgranaten RG-14/30 und RGD-33 waren kompliziert in der Handhabung und zudem schlecht für die Kriegsproduktion geeignet. Deshalb begann das spezialisierte, gegen Ende der 1930er Jahre beim Werk Nr. 58 gegründete Konstruktionsbüro GSKB-30 mit der Entwicklung von neuen Typen der Splitterhandgranaten. Im Jahr 1941 kam das vereinfachte Modell RG-41 ohne Stiel und Splittermantel zur Truppe. Darüber hinaus verfügte die RG-41 über einen Handgranatenkörper in Form einer Konservendose, was für ihre Fertigung sehr günstig war. Sie blieb jedoch nur ein Jahr in der Produktion und wurde schon 1942 durch die Granate RG-42 mit dem Einheitszünder USRG ersetzt. Mit diesem von E.M. Vizeni und A.A. Bednjakov entwickelten Zünder wurde auch die Granate F-1 ausgestattet. Später wurde der Zünder USRG mehrmals modernisiert (USRGM, USRG-2) und in den Warschauer Paktstaaten (z.B. DS-62) hergestellt. Bis heute bleibt er das Standard-Zündmittel für die russischen Angriffs- und Verteidigungsgranaten.

Neben den Granaten RG-41, RG-42 und F-1 produzierten die UdSSR-Munitionsfabriken während des Zweiten Weltkrieges die Splittergranaten RG-42V und ROG-43. Die Granate RG-42V wurde auf der Basis der Gewehrgranate VPGS-41 (vgl. Kapitel 2) entwickelt und von demselben Hersteller produziert. Die im Jahr 1943 eingeführte ROG-43 stellte eine vereinfachte Variante der Granate RGD-33 ohne Stiel dar.

Nebenbei fertigten Munitionsfabriken sowie Feldschmieden und Werkstätten an und hinter der Front vielfältige Modelle von Befehlsgra-

naten. Als Beispiel kann man die Granate F-1 Bauart 1941 nennen. Ihre Körper wurden aus defekten Hüllen für die 50-mm-Mörsergranaten hergestellt. Statt eines Standard-Mörserzünders wurde ein USRGM oder Koweschnikov-Zünder für die Granate F-1 geschraubt.
Bis zum Ende der 1930er Jahre hatte die Rote Armee keine Panzerabwehrgranaten. Die Dienstvorschrift NSD-35 empfahl, zum Sprengen von Panzern die Splittergranaten als geballte Ladung einzusetzen. So wurden zwei oder vier Granaten vom Typ RGD-33 oder RG-14/30 um eine in der Mitte befindliche Stielgranate gebunden. Die Granaten F-1 wurden in einen Sack hineingelegt. Solche Granatenbündel sollten unter die Ketten des Panzers geworfen werden, aber sie waren sehr schwer – z.B. wogen fünf RGD-33-Granaten 2,5 kg – und ihr Einsatz war für den Werfer immer ein großes Risiko. Aus diesem Grund wurde beschlossen, spezialisierte Panzerhandgranaten zu entwickeln. Die erste Granate, von der aber nur wenige hergestellt wurden, war die RPG-40. Da sie sich von Splittergranaten nur durch die größeren Abmessungen und die schwerere Sprengladung unterschied – sie wirkte auf das Ziel nur durch ihre Druckwelle –, war die RPG-40 nur gegen Panzerungen bis 20 mm wirksam.
Eine weitere Entwicklung stellte die Panzergra-

Ein sowjetischer Soldat mit einer Maschinenpistole PPSch-41, zwei Nagant-Revolvern und den Granaten RGD-33, F-1 und RPG-40.

Schnittmodell der sowjetischen kumulativen Panzergranate RPG-43 aus dem Zweiten Weltkrieg. *(Foto: Autor)*

nate RPG-41 dar. Diese 2 kg schwere Handgranate wurde mit 1400 g Sprengstoff gefüllt, mit dem man eine 25-mm-Panzerung durchschlagen konnte. Parallel dazu wurde eine weitere Panzergranate mit der gleichen Bezeichnung (RPG-41) eingeführt. Auf persönlichen Befehl von Marschall Kliment Woroschilow wurde sie eiligst in nur drei Tagen auf Basis der Granate RGD-33 entwickelt und sollte in Leningrad hergestellt werden. In der Soldatensprache hieß diese mit dem Verzögerungszünder ausgestattete schwere und unhandliche Waffe »WK« (Woroschilows Kilogramm).

Später wurden Handgranaten mit Hohlladungen konstruiert. Im Jahr 1943 führte die Rote Armee die Panzergranate RPG-43 ein, die im Vergleich zur RPG-40 eine dreifach höhere Durchschlagskraft besaß. Noch stärker war die ebenfalls im Jahr 1943 eingeführte Granate RPG-6 – sie war in der Lage, bis zu 100-mm-Panzerstahl zu durchdringen.

Aus Mangel an Panzergranaten verwendete die Rote Armee als Behelfswaffe Brandflaschen, die unter dem Namen »Molotowcocktail« bekannt sind. Dabei handelt es sich um übliche Glas-Bierflaschen (0,5–0,75 l), die mit den Brandmischungen KS, BGS, Nr. 1, 2 oder 3 gefüllt wurden. Die Brandflaschen mit den Brandmischungen BGS und Nr. 1–3 wurden mit chemischen, mechanischen oder Reibungszündern ausgestattet. »Molotowcocktails« mit Flüssigkeit vom Typ KS benötigten im Gegensatz dazu keinen Zünder – diese Brandmischung zündete sich nach dem Zerschlagen der Glasflasche an der Luft selbst. Während des Zweiten Weltkriegs bekam die Rote Armee außerdem die ersten Modelle von Brand- und Nebelgranaten.

Die Entwicklung von Handgranaten in der Nachkriegszeit kann man in vier Phasen einteilen:

1) Von 1945 bis zum Ende der 1950er Jahre. Die Sowjetarmee bekam zwei neue Modelle von Handgranaten, in deren Entwicklung die Erfahrungen des Zweiten Weltkrieges einflossen: die Angriffsgranate RGD-5 und die kumulative Panzergranate RKG-3. Darüber hinaus wurden die entsprechenden Übungsgranaten und die Familie der speziellen Granaten RDG-2 zur Tarnung und Blendung entwickelt und eingeführt.
2) Anfang 1960 bis Ende der 1970er Jahre. Die sowjetische Militärführung verzichtete auf die Weiterentwicklung der »Taschenartillerie« – damals erhielten schwere Waffensysteme wie Raketen, Kampfflugzeuge oder Panzer vom Kreml die oberste Priorität. Nichtsdestoweniger blieben Handhabung und das Werfen von Handgranaten ein wichtiger Teil der militärischen Grundausbildung.
3) Anfang der 1980er Jahre bis 1991. Entwicklung einer neuen Generation von Handgranaten, die aus den Erfahrungen des Afghanistankrieges hervorgingen (RGO/RGN). Erstmals bekamen die Miliz und Sicherheitsdienste so genannte »Spezialmittel« – die Gasgranaten mit Reizgasen CN und CS. Zum Einsatz in der

Marine kamen auch die ganz ungewöhnlichen Handgranaten zur Bekämpfung von Kampfschwimmern.

4) Die vierte Phase begann 1991 und dauert bis heute an. Typisch für diesen Zeitraum ist die Konzentration auf die Entwicklung von »nichttödlichen« Handgranaten für die Polizei. Dazu gehören die zahlreichen Nebel-, Schock- und Reizgasgranaten für die »aktive Verteidigung« (z.B. bei Massenkrawallen oder bei Angriffen auf Polizeibeamte) und »Sonderaktionen« (Ergreifung von Täter und Terroristen, bei Geiselnahmen, Befreiung von angegriffenen Gebäuden, Fahrzeugen, etc.).

Werfen einer Handgranate in Bewegung. *(Bild: Gebrauchsanleitung)*

Mit ihrer Entwicklung sind überwiegend zwei russische Institutionen beschäftigt: das Forschungsinstitut für angewandte Chemie FGUP FNPZ »NIIPKh« in der nordöstlich von Moskau liegenden Stadt Sergijew Posad (früher Sagorsk, sie ist bekannt als Hauptresidenz der Russisch-Orthodoxen Kirche) und das Forschungsinstitut für Spezial- und Nachrichtentechnik »NPO Speztechnika und Swjas« des russischen Innenministeriums in Moskau (kurz NPO »STiS«). Außerdem hat das NPO »STiS« 1992 seine Filiale NPO »Kros-T«, die für die Entwicklung von Sprengmunition und Pyrotechnik verantwortlich ist, auch in Sergijew Posad gegründet.

Die moderne russische Handgranate RGN (rechts) und ihre Übungsvariante URGN. *(Foto: denorc.wordpress.com)*

Russischer Infanterist wirft eine Handgranate. *(Foto: Vitaly V. Kuzmin)*

Technische Daten der russischen Handgranaten bis 1945							
Bezeichnung	Einführungsjahr	Entwickler	Granatenkörper	Sprengladung	Gewicht (kg)	Länge (mm)	Durchmesser (mm)
Splitterhandgranaten							
Handgranaten-System von Hauptmann Lischin	1904	Lischin	Zinkblech (Körper), Holz (Stiel)	ca. 60 g Pyroxylin	ca. 0,6	618	47
Handgranate Bauart 1912 (RG-12)	1912	V.I. Rdultovskij	Stahlblech	600–615 g TNT	1,20–1,23	250	65 x 65
Handgranate Bauart 1914 (RG-14)	1914	V.I. Rdultovskij	Stahlblech	307–410 g TNT	0,716–0,72	220	45–49,3
Granaten-System von Oberst Stender	1914	Stender	Zinkblech	Pyroxylin	-	181	80 x 91
Granate des Ingenieuramtes Bauamt 1915	1915	Stender	Blech	Dynamit, Pyroxylin, TNT oder andere	-	ca. 210	ca. 50
Granaten-System von Generalmajor Zaslavskij	1914	I.I. Zaslavskij	Zinkblech	Pyroxylin	ca. 0,6	520	57
Granaten-System von Stabskapitän Prokopov Nr. 1 und Nr. 2	1914	Prokopov	Zinkblech	Pyroxylin	1 und 0,7	470 und 450	ca. 70
Handgranate Bauart 1914/30 (57-G-711)	1930	V.I. Rdultovskij M.G. Djakonov	Weißblech	300 g TNT oder Ammonal	0,7–0,8	235	57,5
RGD-33 (57-G-712)	1933	M.G. Djakonov	Stahlblech	140 g TNT	0,5	191	55–60
RG-41 (57-G-714)	1941	GSKB-30, N.P. Beljakov	Stahlblech	150 g TNT	0,37	105	53
RG-42V	1942	Unbekannt	Stahlblech	120 g TNT	0,45	125–130	64
ROG-43 (57-G-722)	1943	Werk namens Kalinin NKPP	Stahlblech	150 g TNT	ca. 045	106	57
Brandgranate							
Thermit-Kugel TSch-300	1941	NII-6 NKB	-	300 g Thermit	0,3	60	60
Panzerhandgranaten							
RPG-40 (57-G-715)	1940	M.I. Pusyrjev	Stahlblech	760 g	1,2	213	95
RPG-41 (57-G-716)	1941	M.I. Pusyrjev	Stahlblech	1400 g Mischung »L« (95% TNT + 5% TNX)	2	95	ca. 130
RPG-41/RGD-41	1941	M.G. Djakonov A.N. Seljankin	Stahlblech	1000 g	1,4	240	92
UG-41	1941	ANIMI, Kupljanskij		800 g	1	-	-
RPG-43 (57-G-731)	1943	GSKB-30, N.P. Beljakov	Blech	650 g TNT	1,2	299	95
RPG-6	1943	NII-6 NKB	Stahlblech	600 g TG-40 oder TNT	1,13	136	96

Bezeichnung	Einführungsjahr	Entwickler	Granatenkörper	Sprengladung	Gewicht (kg)	Länge (mm)	Durchmesser (mm)
Spezialgranaten							
Granaten-System Novitzkij	1914	Novitzkij	Blech	1640 g Pyroxylin	2,24	298	-
Thermit-Brandgranate Bauart 1917 (auf Basis der RG-14)	1917	unbekannt	-	307 g Brandgemisch	0,72	220	46
Chemische Handgranate Bauart 1914	1914	Chemisches Komitee GAU	Blech	550 g stickige Flüssigkeit U.S.Kh	0,8	220	46
Granaten-System Novitzkij und Fjodorov	1915	Novitzkij, Fjodorov	Blech	1600–1650 g	2,25	363	121
Chemische Handgranate Bauart 1917	1917	Chemisches Komitee GAU	Blech	550 g stickige Flüssigkeit	0,8–0,85	220	46
Nebelgranate RDG-1	1942	unbekannt	Papier	410–440 g Rauchmischung	0,515–0,545	220	60

Die modernen russischen »nicht-tödlichen« Handgranaten. *(Foto: KardeN)*

Klassifikation, Aufbau und Wirkungsweise von Handgranaten und ihren Zündern

Als Handgranate bezeichnet man eine Munition mit Sprengladung, die manuell auf ein Ziel (feindliche Soldaten, Technik oder Befestigungen) geworfen wird. Nach ihrer Bestimmung unterscheidet man folgende Arten der Handgranaten:

1. Gefechtshandgranaten, die direkt zur Vernichtung von feindlichem Personal und Technik dienen. Dazu gehören:

a) Panzerabwehrgranaten
b) Infanterie-Abwehrgranaten
c) Antisabotagegranaten (Unterwasser-Granaten)
c) Brandgranaten

2. Übungsgranaten, die Form und Gewicht von Gefechtsgranaten haben und für die Ausbildung und Übung verwendet werden.

3. Spezialgranaten

a) Gasgranaten
b) Schockgranaten (Blitz- und Knallladung)
c) Nebelgranaten
d) andere

Die Wirkung der Panzergranaten beruht überwiegend auf dem Hohlladungsprinzip. Heutzutage ist ihre Bedeutung als Mittel der Panzernahbekämpfung jedoch gering und sie werden hauptsachlich in Straßenkämpfen, z.B. gegen Befestigungen und Bunker, oder zur Bekämpfung von leicht gepanzerten Fahrzeugen eingesetzt.

Die Infanterie-Abwehrgranaten wirken auf Weichziele durch Splitter, durch ihre Druckwelle oder durch beides. Sie lassen sich in Angriffsgranaten und Verteidigungsgranaten unterteilen.

Die Angriffsgranaten weisen einen relativ kleinen Splitterradius auf, der geringer als ihre Wurfweite ist. Deshalb können die Angriffsgranaten bei der Offensive im offenen Gelände oder im Häuserkampf eingesetzt werden.

Im Gegensatz dazu besitzen die Verteidigungsgranaten einen großen Splitterradius (bis zu 200 m) und dürfen nur aus der Deckung heraus oder aus gepanzerten Fahrzeugen geworfen werden. Zudem muss man beachten, dass alle anderen Verteidiger im Bereich des Splitterradius auch in Deckung gehen. Sonst gefährdet die Explosion der Granate den Werfer selbst und die eigenen Kräfte. Die Antisabotagegranaten dienen zum Schutz von Schiffen und Hafenanlagen gegen Kampfschwimmer. Sie explodieren auf einer bestimmten Tauchtiefe wie eine kleine Wasser-

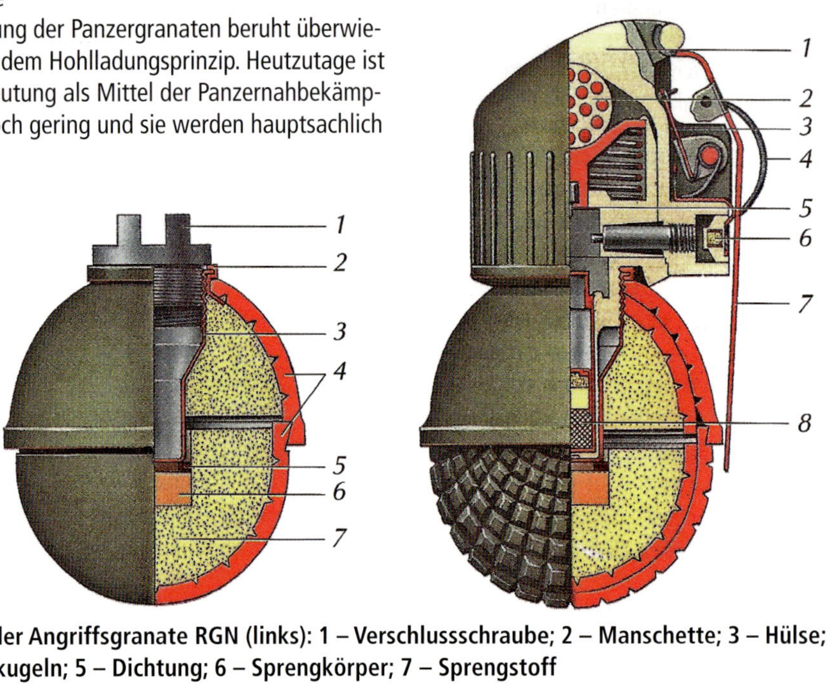

Aufbau der Angriffsgranate RGN (links): 1 – Verschlussschraube; 2 – Manschette; 3 – Hülse; 4 – Halbkugeln; 5 – Dichtung; 6 – Sprengkörper; 7 – Sprengstoff
Aufbau der Abwehrgranate RGO (rechts): 1 – Körper; 2 – Trägheitsmasse; 3 – Schlagbolzen; 4 – Ring; 5 – Zielsensor; 6 – Sprengkörper; 7 – Hebel; 8 – Detonationseinheit *(Bild: Dienstvorschrift)*

bombe und vernichten durch die Detonations-Druckwelle den feindlichen Taucher oder zwingen ihn zum Auftauchen.
Moderne Brandgranaten werden hauptsächlich mit Thermit oder weißem Phosphor gefüllt. Thermit stellt eine pyrotechnische Mischung (Eisenoxydpulver +Aluminium-Granulat) dar, die eine sehr hohe Brenntemperatur von bis zu 2700°C entwickelt und dadurch sehr heftige Brände verursacht. Weißer Phosphor entzündet sich selbst an der Luft und ist zudem extrem giftig.
Die Übungsgranaten enthalten keine Sprengladung; diese ist durch eine Übungszündladung ersetzt. Sie gleichen in Form und Gewicht den Gefechtsgranaten und werden ähnlich gehandhabt. Da die Übungszündladung zu schwach ist, um bei der Explosion den Granatkörper zu zerstören, können die Übungshandgranaten erneut verwendet werden. Man braucht nur die beschossene Hülse für die Übungszündladung abzuschrauben und den Zünder wieder mit einer neuen Übungszündladung zu versehen. Optisch unterscheiden sich die Übungsgranaten von scharfen Granaten durch den schwarzen Farbstrich (die Gefechtsgranaten haben eine grüne oder oliv-grüne Färbung).
Eine moderne militärische Handgranate besteht aus dem Handgranatenkörper, der Sprengladung, dem Zünder und der Sicherungseinrichtung. Das Material des Körpers kann unterschiedlich sein: Gusseisen, Stahlblech, Alu-Legierungen oder Kunststoff.
Der *Handgranatenkörper* verbindet alle Granatteile und hat die Form eines Zylinders oder einer Sphäre (bzw. eines Ellipsoides). Um die Granate in der Wurfhand sicherer zu halten, hat sie manchmal einen Stiel. Außerdem ermöglicht der Stiel größere Wurfweiten. Erzeugt werden die Splitter entweder aus einem Metallmantel/einer Metalleinlage oder aus dem selben Granatkörper – in diesem Fall fertigt man ihn mit relativ großen Wandstärken. Zur Erhöhung der Splitterwirkung ist ihre Oberfläche oft längs und quer gerillt. Die Granate kann auch fertige Splitter enthalten wie Kugeln, Pfeile, etc.
Als *Sprengladung* für militärische Handgranaten werden Brisantsprengstoffe oder ihre Mischungen verwendet. Die übliche Füllung der Handgranaten besteht aus Trinitrotoluol (kurz Trotyl oder TNT), aber die modernen Splittergranaten und Panzergranaten werden in der Regel mit einer Mixtur aus TNT und Hexogen (RDX) mit der höheren Brisanz gefüllt. Die Handgranaten können mit unterschiedlichen Arten der Zündeinrichtungen ausgestattet werden.
Der Verzögerungszünder oder Zeitzünder lässt die Granate nach einer festgelegten Zeit – normalerweise innerhalb von 3 bis 4 Sekunden – explodieren. Er ist sicher in der Handhabung, aber der Gegner kann entweder der Granate ausweichen oder sie zurückwerfen. Und wenn der Werfer die Granate bergauf wirft, kann sie auf den Werfenden zurück rollen. Der Aufschlagzünder bringt die Granate nur nach ihrem Aufschlag auf den Boden oder auf ein Hindernis zur Explosion. Der Aufschlagzünder funktioniert nicht immer zuverlässig – fällt die Granate auf weichen Boden oder in Sand, Sumpf oder Wasser, kann der Zünder versagen. Deshalb hat man auch Doppelfunktionszünder, die eine Kombination aus Aufschlagzünder und Zeitzünder darstellen und die Vorteile der beiden Zündeinrichtungsarten vereinigen.
Bei Spezialgranaten handelt es sich um »nicht-tödliche« Waffen, die Zielpersonen kampfunfähig machen oder vertreiben sollen, sowie zur Tarnung, Blendung oder Ablenkung des Gegners dienen. Es gibt Spezialhandgranaten, die überhaupt für Zivileinsätze bestimmt sind, z.B. Brandschutzgranaten.

Schockgranate »Zarja-2«. *(Foto: Vitaly V. Kuzmin)*

1.1. Splitterhandgranaten

1.1.1. Verteidigungshandgranate F-1 (57-G-721, »Limonka«)

(Foto: Autor)

Geschichte

Im Ersten Weltkrieg verwendete die russische Armee die französische Verteidigungsgranate F-1 Bauart 1915 (F-1 sirp 15). Im Jahr 1926 wurde diese Granate leicht modernisiert, sie bekam einen neuen Zünder, der von F.V. Koweschnikov konstruiert wurde. In der Soldatensprache wurde die F-1 auch »Limonka« genannt. Diesen Spitznamen bekam sie nicht wegen ihrer Zitronenform, sondern wegen der damaligen Popularität der Granate des englischen Erfinders Lemon.
Das ist aber merkwürdig, weil die kugelförmige Lemon-Granate mit der F-1 gar nichts zu tun hatte. Die zweite Modernisierung der F-1 fand im Jahr 1939 statt. Im Februar gab der Generalstab dem Ingenieur F.I. Khrameew den Auftrag, eine Verteidigungsgranate zu entwickeln.
Khrameew nahm als Prototyp die französische Granate F-1 Bauart 1915/1919, deren Skizze er in einem alten Album gefunden hatte. Der sowjetische Ingenieur vereinfachte nun den Granatkörper und wählte als Material für den Körper Halbstahl statt Gusseisen (zur Steigerung der Splitterwirkung). Zudem verfügte die sowjetische Variante über keine Bohrung im Boden, die früher zum Einfüllen der Sprengstoffe diente und mit einem Stöpsel geschlossen wurde. Später konstruierten E.M. Vinzeni und A.A. Bednjakov für die F-1 einen neuen, einfachen und zuverlässigen Zünder, den Typ USRG. Er wurde im Jahr 1941 eingeführt. Ab 1955 wurden die Granaten mit einem modernisierten Zünder des Typs USRGM ausgestattet, der als Verzögerungsladung nicht Schwarzpulver, sondern einen pyrotechnischen Satz hatte. Noch später ersetzte man diesen Stoff durch einen stabiler brennenden Satz. Solche Zünder bekamen die Bezeichnung USRGM-2.
Im Zweiten Weltkrieg erwies sich die F-1 als sehr robuste, effektive Waffe und wurde zur Standard-Verteidigungsgranate der Roten Armee. Die Wehrmacht verwendete auch erbeutete F-1-Granaten, die unter der Bezeichnung Eihandgranate 310(r) (r für russisch) in Dienst gestellt wurden.

Nach dem Krieg blieb die F-1 mehrere Jahrzehnte Teil der Ausrüstung der Sowjetarmee und der Armeen des Warschauer Paktes. Obwohl ihre Produktion zugunsten der neuen Modelle RGO und RGN eingestellt wurde, setzen die russischen Streitkräfte die F-1 als Standard-Verteidigungsgranate weiterhin ein.

Taktische und technische Daten	
Gesamtgewicht	600–750 g
Hülle	Halbstahl oder Grauguss STsch-00
Sprengladung	TNT
Gewicht der Sprengladung	50–75 g
Länge	127 mm (ohne Zünder 86 mm)
Durchmesser	55 mm
Splitterradius	200 m
Wirkungsradius	9–10 m
Verzögerungszeit des Zünders	Koweschnikov-Zünder: 3,5–4,5 s Zünder USRG: 3,2–4,2 s

Visitenkarte	
Einführungsjahr	1939
Entwickler	GSKB-30, Ing. F.I. Khrameew
Hersteller	Werke Nr. 11, 38, 48, 53, 67,103, 105, 106, 107, 202, 204, 212, 230, 250, 251, 254, 266, 292, 303, 309, 310, 386, 428, 461, 582, 602, 608, 610, 612, 621, 637, 638, 644, 661, 749, 776, 792, 802, 822 und diverse Zivilunternehmen, Kintex (Bulgarien), NORINCO (China), Delta (Georgien), Zakłady Sprzętu Precyzyjnego (Polen), S.C. Uzina Mecanica Mija S.A. (Rumänien), Caliber Prague Ltd (Tschechien)
Gebaute Exemplare	Massenproduktion, dutzende Millionen
Einsatzländer	UdSSR (Russland), Armenien, Aserbaidschan, Bulgarien, China, DDR, Estland, Georgien, Irak, Iran, Kambodscha, Kasachstan, Kirgisistan, Kuba, Lettland, Litauen, Moldawien, Nordkorea, Polen, Rumänien, Syrien, Tadschikistan, Tschechien, Turkmenistan, Ukraine, Usbekistan, Vietnam, Weißrussland

Sowjetischer Offizier mit zwei F-1-Granaten.

Technik

Die Granate F-1 besteht aus dem Handgranatenkörper, der Sprengladung und dem Zünder. Sie hat einen hohlen Körper aus Gusseisen in Form eines Ellipsoides, der im Vergleich zu anderen Handgranaten relativ wenig Sprengstoff (50–75 g TNT) umschließt. Aber durch die gusseiserne, bis zu 8 mm dicke Hülle ist der Sprengstoff stark verdichtet, sodass die geringe Sprengstoffmasse ausreicht, den Granatkörper zu zerreißen und eine große Splitterwirkung zu erzielen. Diese erhöhten Sollbruchstellen auf der Körperoberfläche helfen aber nicht nur beim Zersplittern, sondern ermöglichen auch eine griffige Handhabung. In die Öffnung am Kopfteil ist ein Gewinde zum Einschrauben des Zünders eingeschnitten. Diese Öffnung ist bei nicht scharf gemachten Granaten mit einer Verschlussschraube verschlossen, die nur zu entfernen ist, wenn die Granate scharf gemacht wird. Der Boden des Handgranatenkörpers ist mit der Nummer der Serie, dem Jahr und dem Herstellungswerk sowie der Sprengstoffart beschriftet. Der Farbanstrich des Handgranatenkörpers kann oliv oder dunkelgrün sein.
Für die Granate F-1 werden die Zünder USRG, USRGM und USRGM-2 verwendet, die sich voneinander durch geringe konstruktive Veränderungen und die Toleranz der Verzögerung unterscheiden. Im Zünderoberteil befindet sich der gefederte Schlagbolzen, im Zünderunterteil sind Zünd-, Verzögerungs- und Detonationseinrichtung untergebracht. Beide Teile sind miteinander verschraubt. Die vom Herstellerwerk gelieferten Zünder sind stets gespannt und werden durch einen Sicherungshebel mit Sicherungssplint und Ring gesichert.
Bei der Explosion der F-1 entstehen ca. 1000 Splitter, darunter durchschnittlich 290–300 tödliche Splitter mit einer Masse von 0,1 bis 1,0 g und mehr. Sie haben eine Geschwindigkeit von etwa 730 m/s und vernichten die Ziele auf einer Fläche von 75–82 m^2. Diese Fläche entspricht dem effektiven tödlichen Splitterradius von ca. 9–10 m, die einzelnen Teile der Granate können laut Dienstvorschrift jedoch bis auf 200 m tödlich wirken. Dieser Wert ist sehr umstritten; in unterschiedlichen Quellen wird der Splitterradius der F-1 mit 30 bis 100 m angegeben. Vermutlich wurde er künstlich erhöht, um die Soldaten noch stärker von der Kraft dieser Waffe zu überzeugen. Nichtsdestoweniger gilt die F-1 in erster Linie als Defensivwaffe, die nur aus der Deckung und aus gepanzerten Fahrzeugen geworfen werden durfte.
Die durchschnittliche Wurfweite liegt zwischen 30 und 45 m, aber ein gut trainierter Soldat kann die Granate noch weiter werfen. Die offizielle Bestleistung beim Werfen der F-1 wurde im Jahr 1951 registriert und betrug 87 (!) m.

Schnittmodelle der Granate F-1 mit und ohne Zünder. *(Foto: Autor)*

Varianten

Die im Jahr 1954 eingeführte Übungsgranate URG (57-GU-721) dient zum Erlernen der Handhabung und Wurftechnik der Handgranate F-1 und enthält statt einer Sprengladung eine Übungszündladung. Optisch unterscheidet sich die URG von der scharfen Granate durch eine durchgehende Bohrung am Boden, den schwarzen Farbanstrich des Handgranatenkörpers und zwei kreuz und quer angebrachte weiße Streifen. Eine Übungsgranate kann durchschnittlich bis zu 100-mal verwendet werden. Außerdem gibt es ein Übungsschnittmodell mit der Bezeichnung F-1-A (52-G-7214U), das schon 1940 entworfen wurde.
Während des Zweiten Weltkrieges wurden die zahlreichen Varianten der F-1 auch mit unterschiedlichen Befehlssprengstoffen (z.B. Schwarzpulver) und Befehlszündern hergestellt.

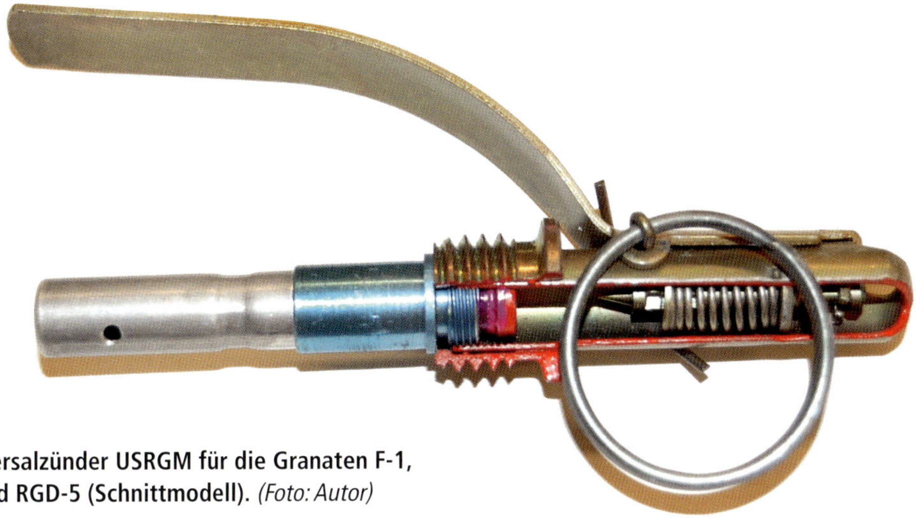

Der Universalzünder USRGM für die Granaten F-1, RG-42 und RGD-5 (Schnittmodell). *(Foto: Autor)*

Die Granate F-1 aus dem Zweiten Weltkrieg mit einem Befehlszünder. *(Foto: inertammo)*

Splitter nach der Explosion einer Granate F-1. *(Foto: O. Baschawez)*

Die Übungsgranate F-1 mit dem Koweschnikov-Zünder. *(Foto: inertammo)*

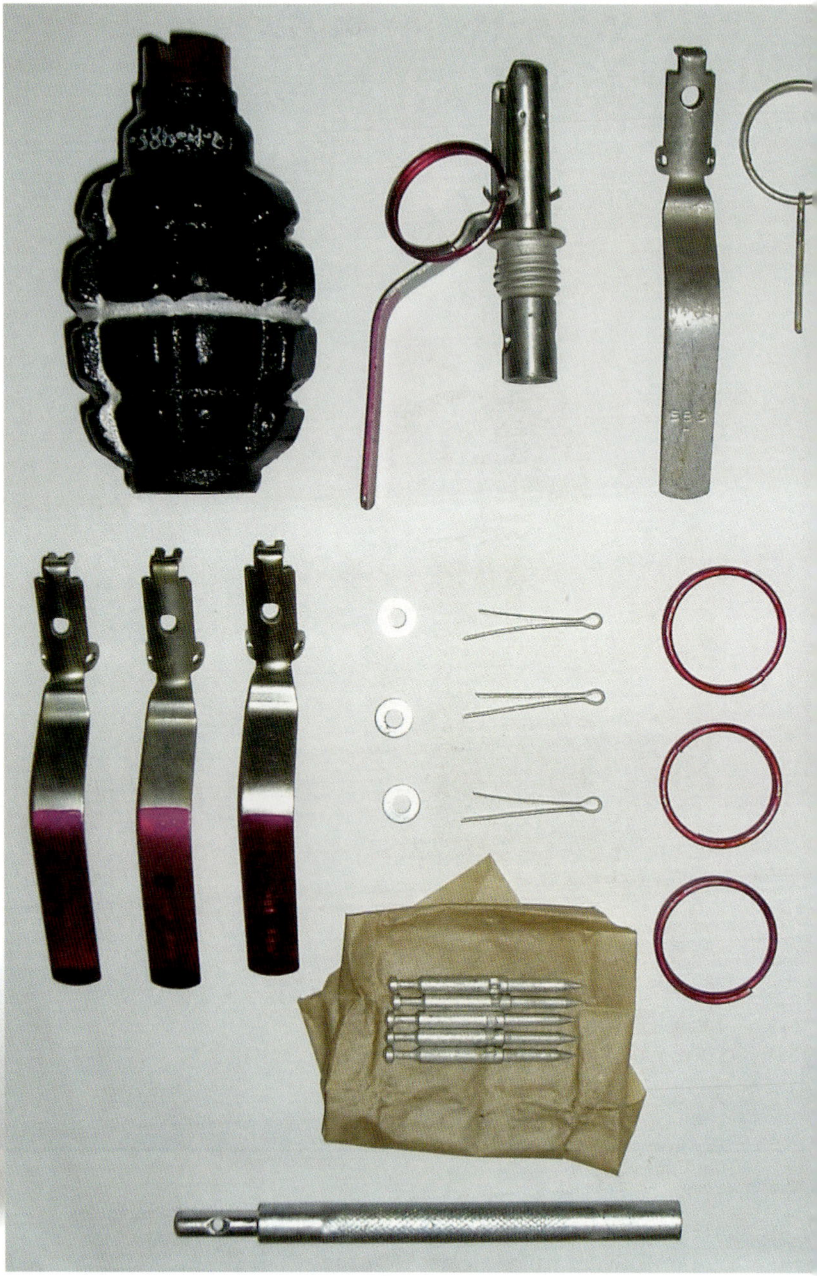

Die Granate URG mit dem zerlegten Übungszünder. *(Foto: O. Baschawez)*

1.1.2. Angriffshandgranate RG-42 (57-G-703M)

(Foto: Dmitry Satin)

Geschichte

Die Granate RG-42 wurde im Jahr 1942 von S.G. Korschunov im Konstruktionsbüro GSKB-30 unter Leitung von N.P. Beljakov entworfen. Ziel war die Entwicklung einer in der Produktion und Bedienung einfachen Angriffshandgranate, die die Handgranate RGD-33 ersetzen sollte. Die RG-42 wurde auf der Basis der erfolglosen Granate RG-41 konstruiert und verwendete ihren zylindrischen, einer Konservendose ähnlich aussehenden Körper. Sie unterschied sich aber von ihrer Vorgängerin durch den einfachen und zuverlässigen Zünder USRG, der für die Granate F-1 entwickelt wurde und der den komplizierten Hahnmechanismus der RG-41 ablöste. Für die Fertigung der RG-42 waren lediglich Blechpräge- und Schweißverfahren nötig, wobei der Einheitszünder USRG massenhaft hergestellt wurde und seine Lieferung kein Problem war.
Deshalb wurde die Massenproduktion der RG-42 während des Zweiten Weltkrieges nicht nur in staatlichen Munitionswerken, sondern auch in Lebensmittelfabriken, Werkstätten, Truppen- und sogar Partisanenverbänden organisiert. Erbeutete RG-42, die als Handgranate 339 (r) bezeichnet wurden, setzte die Wehrmacht ein. Die Sowjetarmee hatte die Granaten dieses Typs bis in die 1980er Jahre verwendet, danach wurden sie gelagert. Ihre Bestände werden derzeit in Russland deutlich reduziert, da die Aufbewahrungsfrist des Sprengstoffes schon abgelaufen ist. Die Kopien der RG-42 wurden in China (unter der Bezeichnung Typ 42), Polen und Rumänien produziert. Die RG-42 und ihre Nachbauten sind heute weltweit verbreitet und können sehr häufig in Kriegsregionen angetroffen werden, z.B. auf dem Balkan oder in Afrika.

Taktische und technische Daten	
Gesamtgewicht	420 g
Hülle	Stahlblech
Sprengladung	TNT oder Ammoniumnitrat (AVV)
Gewicht der Sprengladung	110 g
Länge	121 mm (ohne Zünder ca. 70 mm)
Durchmesser	58 mm
Splitterradius	25 m
Wirkungsradius	6–7 m
Verzögerungszeit des Zünders	3,2–4,2 s

Visitenkarte	
Einführungsjahr	1942
Entwickler	S.G. Korschunov, Konstruktionsbüro GSKB-30 des Werkes Nr. 58 namens K.E. Woroschilow, unter Leitung von N.P. Beljakov
Hersteller	Werke Nr. 11, 53, 154, 195, 254, 603, 607, 608, Artel »Primus« (Leningrad) und andere
Gebaute Exemplare	Massenproduktion
Einsatzländer	UdSSR (Russland), Bulgarien, China, DDR, Polen, Rumänien

Technik

Der zylindrische Handgranatenkörper der RG-42 besteht aus einer dünnen Metallhülse, die die Sprengladung aus dem brisanten Sprengstoff Trotyl umschließt. Um die Sprengladung ist in drei bis vier Schichten ein Metallband gelegt. Das Metallband ist längs und quer gerillt, um die Splitterwirkung zu erhöhen. Im Handgranatenkörper befindet sich eine Hülse mit einem Gewinde für den Zünder. Bei der Aufbewahrung wird die Hülse mit einer Verschlussschraube aus Metall, Holz oder Kunststoff geschlossen. Den Zünder (USRG, USRGM, USRGM-2) trägt man von der Granate getrennt; er wird unmittelbar vor der Verwendung in den Granatkörper eingeschraubt. Ein gut trainierter Soldat kann die RG-42 ca. 30–40 m weit werfen. Die Wirkungsfläche beträgt 32–35 m^2.

Varianten

Nachdem die Gewehrgranate VPGS-41 ausgemustert wurde, begannen die Munitionsfabriken, die mit der Produktion dieser Gewehrgranaten beschäftigt waren, mit der Fertigung der Splitterhandgranate RG-42V auf der Basis von VPGS-41-Bauteilen. Mit einem Gewicht von 450 g hat die RPG-42V einen Durchmesser von 64 mm und eine Länge von 125 bis 130 mm. Sie verfügt über einen Zünder vom Typ USRG. Bei der Sprengladung (120 g) handelt es sich um Trotyl. Diese Granate wurde lediglich während des Krieges in Leningrad und Leningrad-Oblast hergestellt. Optisch unterscheidet sie sich von der RG-42 durch Längsrippen auf dem Handgranatenkörper und den gewölbten Körperboden. Im Jahr 1942 wurde für die Ausbildung von Soldaten die Übungsgranate GG-42 entwickelt.

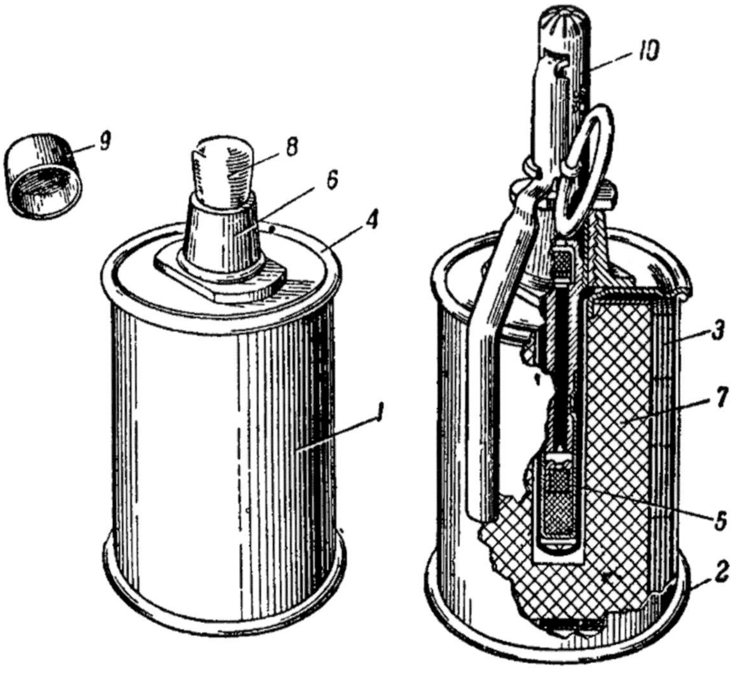

Aufbau und Schnitt der Handgranate RG-42:
1 – Granatkörper;
2 – Boden des Körpers;
3 – Metalleinlage;
4 – Deckel des Körpers;
5 – Mittelrohr;
6 – Flansche;
7 – Sprengstoff;
8 – Verschlussschraube (aus Holz oder Metall);
9 – Metallkappe;
10 – Zünder USRG.
(Bild: Dienstvorschrift)

Sowjetische Soldaten mit Maschinenpistolen der Typen PPSch-41 und PPS-43 sowie RG-42-Granaten in Budapest, 1945.

Handgranate RG-42 mit dem behelfsmäßigen Splittermantel (links) und Schnittmodell der Handgranate RG-42.
(Foto: inertammo)

Die Granate RG-42 mit dem Zünder USRG. Auf dem Granatkörper steht eine Gebrauchsanleitung. *(Foto: Dmitry Satin)*

Die Scharfgranate RG-42 (rechts) und eine Übungsgranate ohne Sprengladung (links). *(Foto: denorc.wordpress.co)*

1.1.3. Angriffshandgranate RGD-5 (57-G-717)

(Foto: denorc. wordpress.co)

Geschichte

Die Splitterhandgranate RGD-5 wurde nach dem Zweiten Weltkrieg entwickelt und sollte die Granate RG-42 ersetzen. Die Kriegserfahrungen zeigten, dass der Splitterradius der RG-42 manchmal außerhalb der Wurfweite lag und der Werfer in den Wirkungsbereich von Granatsplitter geriet. Deshalb wurde beschlossen, eine neue Angriffshandgranate mit einer um ca. 50 g reduzierten Sprengladung zu konstruieren. Dadurch ist die RGD-5 wesentlich leichter als ihre Vorgängerin. Zudem besitzt die Granate RGD-5 die Form eines Ellipsoides und ähnelt damit äußerlich der deutschen Eihandgranate 39. Dank dieser Form ist die Granate handlicher und besser zu werfen.

Über die Entwicklung der RGD-5 ist nicht so viel bekannt. Es gibt Informationen, dass die Arbeit an der Granate in den 1950er Jahren im GSKB-40 begonnen habe und sie im Jahr 1954 in die Bewaffnung der Sowjetarmee eingeführt worden sei. Diese Granate kam auch bei den Armeen der Warschauer-Pakt-Staaten und der ehemaligen UdSSR-Satellitenstaaten zum Einsatz, wobei Bulgarien (Kintex RGD-5), China (NORINCO Type 59), die DDR, der Irak, Nordkorea und Polen Kopien von ihr produzierten. Zu den weiteren Herstellern gehören Estland (Vasar) und Georgien (Delta). In den Ländern des ehemaligen Ostblocks diente die RGD-5 oft als Basis für die eigenen Entwicklungen. Zu nennen sind die bulgarischen RGO-78 und RGN-86 mit dem neuen Zünder Typ DVM-78 sowie die polnische RGO-88, die neben der 60-g-Sprengladung A-IX-I noch 1150 Stahlkugeln enthält.

Die RGD-5 hatte Kampfeinsätze in vielen Teilen der Welt, z.B. verwendete die Sowjetarmee sie im

Afghanistankrieg. In den Kämpfen gegen tschetschenische Separatisten wurde die RGD-5 von russischen Truppen nicht nur als Handgranate, sondern auch als Sprengfalle eingesetzt. Obwohl die Sowjetarmee schon in den 1980er Jahren eine neue Generation von Handgranaten entwickelt hat, bleibt die RGD-5 bis heute in Russland im Dienst, ebenso in den Staaten der ehemaligen UdSSR. Aufgrund der relativ kleinen Wirkungsradien dürfen nur die Handgranaten dieses Typs in der Ausbildung geworfen werden. Deshalb wird die RGD-5 sehr oft gestohlen. Bei kriminellen Gewalttaten kommt sie neben anderen Granattypen am häufigsten zum Einsatz.

Taktische und technische Daten	
Gesamtgewicht	400 (ohne Zünder 310) g
Hülle	Stahlblech
Sprengladung	TNT
Gewicht der Sprengladung	110 g
Länge	114 (75) mm
Durchmesser	56,8 mm
Splitterradius	15–20 m
Wirkungsradius	6–7 m
Verzögerungszeit des Zünders	3,2–4,2 s

Visitenkarte	
Einführungsjahr	1954
Entwickler	GSKB-40
Hersteller	Werke Nr. 3, 11, 320, 603, 608, 637, ITK-2 Moskau, Elektromaschinenwerk, Kirov, Maschinenwerk Kuwandyk, »Metallist« Komsomolsk am Amur, »Elektroinstrument« Nasran
Gebaute Exemplare	Massenproduktion
Einsatzländer	UdSSR (Russland), Afghanistan, Ägypten, Armenien, Aserbaidschan, Bulgarien, China, DDR, Estland, Georgien, Indonesien, Irak, Iran, Kambodscha, Kasachstan, Kirgisistan, Kuba, Lettland, Litauen, Mazedonien, Moldawien, Mongolei, Nordkorea, Polen, Rumänien, Serbien, Syrien, Tadschikistan, Tschechoslowakei, Turkmenistan, Ukraine, Usbekistan, Vietnam, Weißrussland

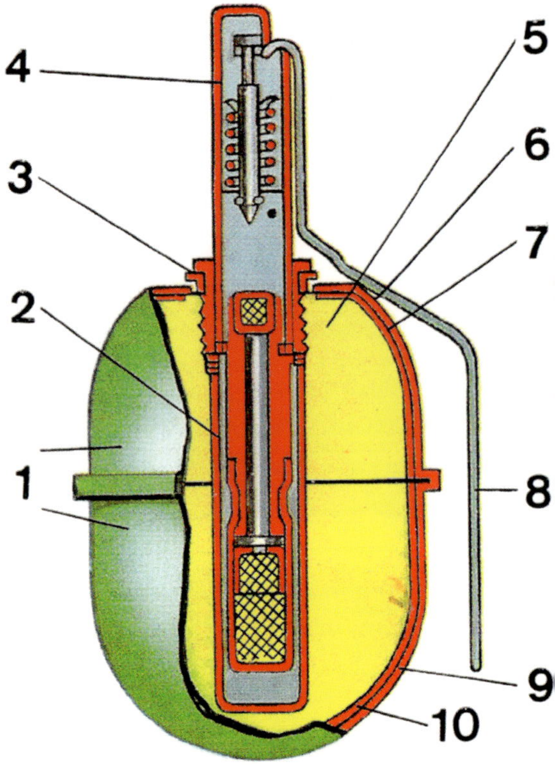

Schnitt der Handgranate RGD-5:
1 – Körper; 2 – Rohr für Zünder;
3 – Manschette; 4 – Zünder;
5 – Sprengstoff; 6 – Kappe;
7 – Einlage zur Kappe; 8 – Sicherungshebel;
9 – Boden; 10 – Einlage.
(Bild: Dienstvorschrift)

Technik

Die RGD-5 (die Indexbezeichnung steht für »Distanzhandgranate, Modell 5«) besteht aus dem Stahlkörper, der Sprengladung und dem Zünder. Der Handgranatenkörper ist aus zwei dünnen Metallkappen mit einer Wanddicke von 1,6 mm gefertigt, deren innere Seiten zur Erhöhung der Splitterwirkung gerillt sind. Die Bordelverbindung der Kappen bildet eine außenliegende Kante. Sie lässt die Granate nach dem Fall auf einer Neigungsfläche, z.B. einer Dachfläche, nicht geradeaus herunterrollen, weil die Granate sich dank dieser Kante im Kreise herumdreht. Der Granatkörper besitzt eine Bohrung in der Hülse, in die der Zünder eingeschraubt wird. Da der Handgranatenkörper und der Zünder erst unmittelbar vor dem Werfen miteinander verbunden werden dürfen, schützt eine Kunststoffverschlussschraube die Hülse vor Verschmutzung. Für die Granate kann der Einheitsverzögerungszünder Typ USRG, USRGM oder USRGM-2 (GRAU-Index 7Zh4) verwendet werden. Die Wurfweite der RGD-5 beträgt 40–50 m und sie erzeugt bei der Explosion ca. 350 Splitter, die eine Wirkungsbereichfläche von 28–32 m^2 abdecken.

Varianten

Es gibt nur eine Variante der RGD-5, die Übungsgranate URG-N. Optisch unterscheiden sich die URG-N und RGD-5 durch die Farbe. Während der Körper der scharfen Granate olivgrün gestrichen ist, ist er bei der Übungsgranate schwarz. Die URG-N verfügt über keine Sprengladung, stattdessen ist ihr Körper zur Aufnahme einer Übungszündladung längs durchbohrt. Die Übungszündladung aus Schwarzpulver und der Übungszünder werden zum Werfen miteinander verschraubt. Nach dem Wurf und der Detonation wird der Zünder gespannt und wieder mit einer Übungszündladung versehen. So kann eine Übungsgranate durchschnittlich bis zu 100-mal verwendet werden.

Splitter der Granate RGD-5. *(Foto: O. Baschawez)*

Schnittmodelle der Handgranate RGD-5. *(Foto: Autor)*

Übungsgranate URG-N. *(Foto: Autor)*

1.1.4. Splitterhandgranaten RGN »Podwal« (7G21) und RGO »Pogreb« (7G22)

(Foto: denorc. wordpress.com)

Geschichte

Mit der Entwicklung der Handgranaten RGO »Pogreb«/RGN »Podwal« (die beiden Wörter bedeuten auf Deutsch »Keller«) begann das Unternehmen »Basalt« (Chefkonstrukteur G.E. Belukhin, Abteilungschef I.M. Lujnov, Projektleiter V.F. Jakunin, Konstrukteure J.P. Koroljev und V.F. Kusmin,) Ende der 1970er Jahre. Die Verteidigungsgranate RGO dient zur Bekämpfung lebender Feindkräfte im Abwehrgefecht, die Angriffsgranate RGN ist für offensive Kampfhandlungen gedacht. Im Afghanistankrieg wiesen die Granaten F-1, RG-42 und RGD-5 insbesondere in Gebirgskämpfen einige Nachteile auf. Die Verwendung eines Verzögerungszünders gab dem Gegner in der Regel genug Zeit, um ein Versteck zu finden. Zudem bestand im Gebirge das Risiko, dass die Granate in Richtung des Werfers abprallt oder von einem Abhang zurückgerollt wird. Deshalb wurde vom Forschungsinstitut NITI namens P.I. Snegirjev bei Moskau (Projektleiter D.E. Denisov) ein neuer Doppelfunktionszünder vom Typ UDZ (der GRAU-Index 7Zh3) entwickelt, der sowohl eine Zündung beim Aufschlag als auch nach einer werksseitig voreingestellten Zeit auslöst. Die neuen Granaten unterscheiden sich hierzu durch die Verwendung von Kunststoffen und eine stärkere Sprengladung, die aus einer Mischung von TNT und RDX besteht. Anfang der 1980er Jahre hatten die RGO und RGN erfolgreich alle Prüffeld- und Truppenerprobungen bestanden, nachdem sie im Jahr 1982 in der Sowjetarmee eingeführt wurden. Die Zünder UDZ produzierte das Fahrradwerk OAO »Velta« in Perm. Die RGO und RGN wurden in Afghanistan und Tschetschenien (von beiden Seiten) eingesetzt, aber aufgrund der höheren Produktionskosten haben sie die älteren Handgranaten F-1 und RGD-5 nicht völlig ersetzt. So verwendet die russische Armee heutzutage Granaten aus drei Generationen.

Technik

Die Handgranaten RGO und RGN sind ähnlich aufgebaut. Sie bestehen aus dem Zünder UDZ, dem Handgranatenkörper, der Sprengladung und dem durch den Zünder zu initiierenden Detonationskörper, der die Detonation der Hauptladung auslöst. Der in einem Kunststoffgehäuse untergebrachte Doppelfunktionszünder UDZ bringt beim Aufschlag auf ein Hindernis die Granate zur Explosion. Wenn der Aufschlagmechanismus nicht funktioniert hat, wird der Zünder in 3 bis 4 s durch einen Verzögerungsmechanismus ausgelöst. Der Zünder wird unmittelbar vor Gebrauch in die Granate eingeschraubt. Dann soll der Werfer den Sicherungshebel fest pressen und den Ring mit dem Sicherheitssplint rausziehen.

Die RGO und RGN unterscheiden sich von einander lediglich im Aufbau des Handgranatenkörpers. Während er bei RGN aus 4 mm Aluminiumblech gefertigt ist und aus zwei Halbkugeln besteht, ist der Handgranatenkörper der RGO aus zwei inneren und zwei äußeren Halbkugeln konstruiert worden. Diese vier Halbkugeln sind aus Stahlblech gefertigt und haben eine Wandstärke von 2,8 mm. Um die Splitterbildung zu erhöhen, verfügt der Handgranatenkörper innen über Sollbruchstellen. Zudem gibt es bei der RGO solche Sollbruchstellen auch außen auf der Oberfläche der unteren Halbkugel. Dadurch kann man die RGO und RGN optisch unterscheiden.

Die Granate RGN erzeugt bei der Explosion über 200 Splitter mit einem durchschnittlichen

Sowjetischer Soldat mit zwei RGN-Granaten in Afghanistan. *(Foto: http://community.livejournal.com/photoarcheology)*

Gewicht von 0,42 g und einer Geschwindigkeit von 700 m/s. Das gesamte Gewicht der Splitter beträgt 73% des Gewichtes des Handgranatenkörpers. Die Vernichtungsfläche durch Splitterwirkung liegt bei 97 m^2. So hat die RGN eine 2,5-fach größere Splitterfläche und eine 3-fach größere Treffwahrscheinlichkeit als die Granate RGD-5. Die Wurfweite beträgt bis zu 45 m, die Sicherheitsdistanz für den Werfer 24 m.
Bei der Explosion zersplittern 73% des RGO-Handgranatenkörpers in über 600 Splitter mit einem durchschnittlichen Gewicht von 0,46 g und einer Geschwindigkeit von 1200 m/s. Die Vernichtungsfläche durch Splitterwirkung liegt bei 213 m^2. Die RGO besitzt eine 2,5-fach größere Splitterfläche und eine 4,4-fach größere Treffwahrscheinlichkeit als die Granate F-1. Die Wurfweite beträgt bis zu 40 m.

Varianten

Für die Ausbildung von Soldaten hat das »Basalt« zwei Übungsgranaten entwickelt, PUI-RGO und PUI-RGN, die die Granaten RGO und RGN imitieren. Die Abkürzung »PUI« steht auf Deutsch für »Praktisches Übungsgerät«. Die beiden erlauben es, sehr realistisch die Handhabung und Wurftechnik zu trainieren, und können mehrmals verwendet werden. Überdies kann die Granate RGN mit dem hydrostatischen Zünder Typ VGPD ausgestattet und gegen Kampfschwimmer eingesetzt werden. Beim Erreichen einer Wassertiefe von 6 bis 10 m bringt er die Sprengladung zur Explosion. Der effektive Splitterradius beträgt bis zu 10 m.

Taktische und technische Daten (RGN/RGO)	
Gesamtgewicht	310/530 g
Hülle	Alublech/Stahlblech
Sprengladung	A-IX-I (TNT+RDX)24/50 m
Wirkungsradius	8,7/16,5 m
Verzögerungszeit des Zünders	beim Aufschlag: ab 1–1,8 s ohne Aufschlag: 3,2–4,2 s

Visitenkarte	
Einführungsjahr	1982
Entwickler	NPO »Basalt«
Hersteller	Werke Nr. 80, 107, 254, 386, 520, Werk namens Schewtschenko (Wilnjansk), FGUP »GKIP« »RITM« (Moskau)
Gebaute Exemplare	geheim
Einsatzländer	UdSSR (Russland), Ukraine

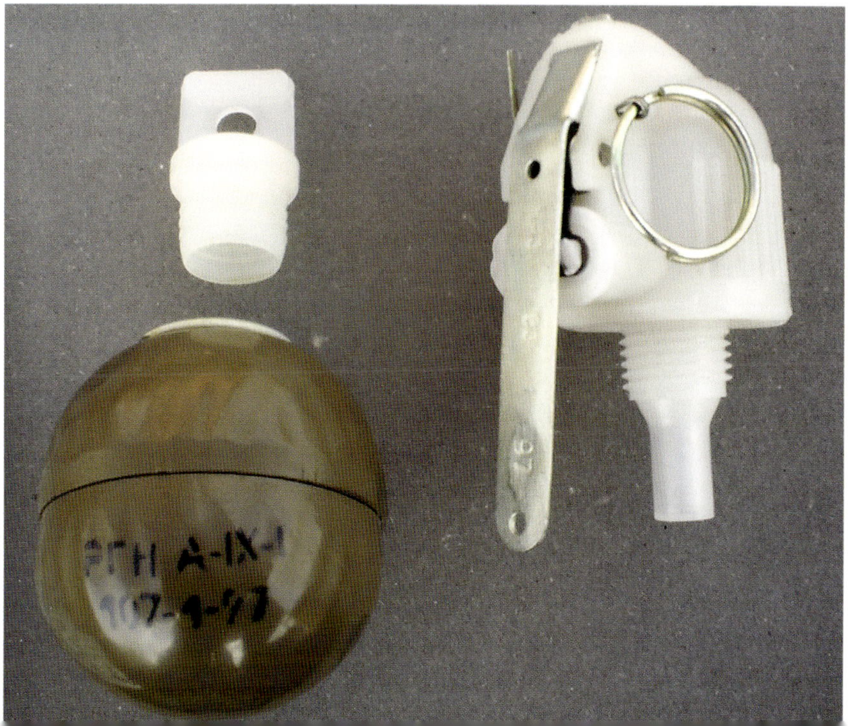

Der Körper der Handgranate RGO und der Zünder UDZ. *(Foto: O. Baschawez)*

Die Granaten RGO und RGN auf einer Waffenausstellung. *(Foto: A.V. Karpenko)*

 Die Granaten RGO in der Verpackungskiste. *(Foto: O. Baschawez)*

Aufbau des Zünders UDZ:
1 – Gehäuse; Schlag-Sicherungsmechanismus: 2 – Auslösehebel; 3 – Schlagbolzen; 4 – Schlagfeder; 5 – Ring mit Sicherheitssplint; 6 – Latte; 7 – Stöpsel; 8 – Zündhütchen; Mechanismus für Fernspannung; 9 – Pulversicherungen; 10 – Zündhütchen; 11 – Schieber des Mechanismus für Fernspannung; 12 – Feder; Zielsensor; 13 – Zielschlagbolzen; 14 – Feder; 15 – Hülse des Zielsensors; 16 – Büchse des Zielsensors; 17 – Trägheitsmasse; Detonationseinheit; 20 – Sprengkapsel.
(Bild: Dienstvorschrift)

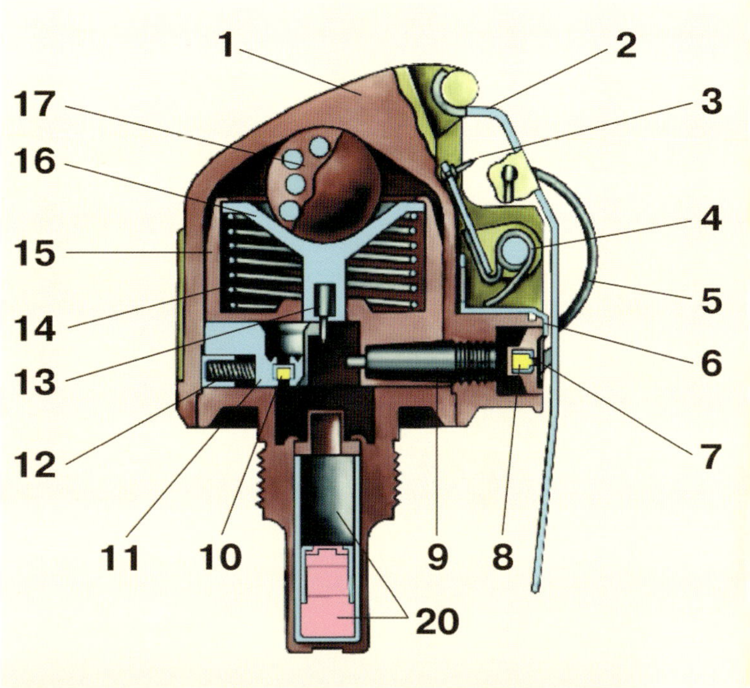

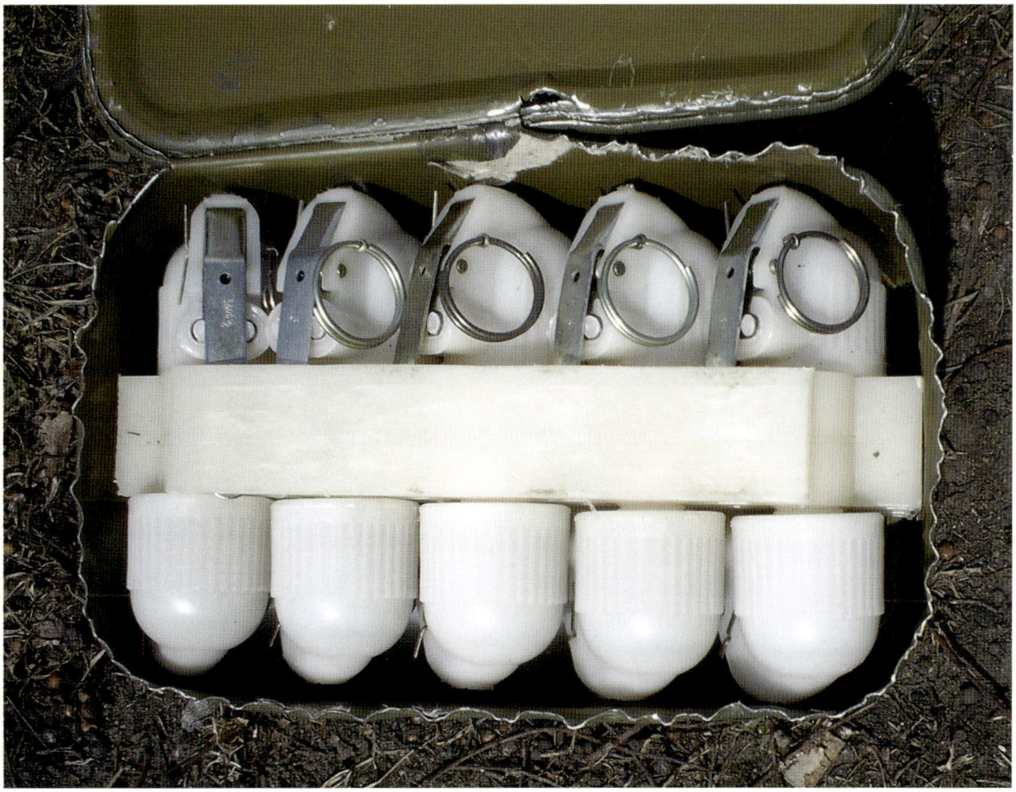

Zünder UDZ in Verpackung. *(Foto: O. Baschawez)*

PUI-RGN

Übungsgranaten PUI-RGN und PUI-RGO.

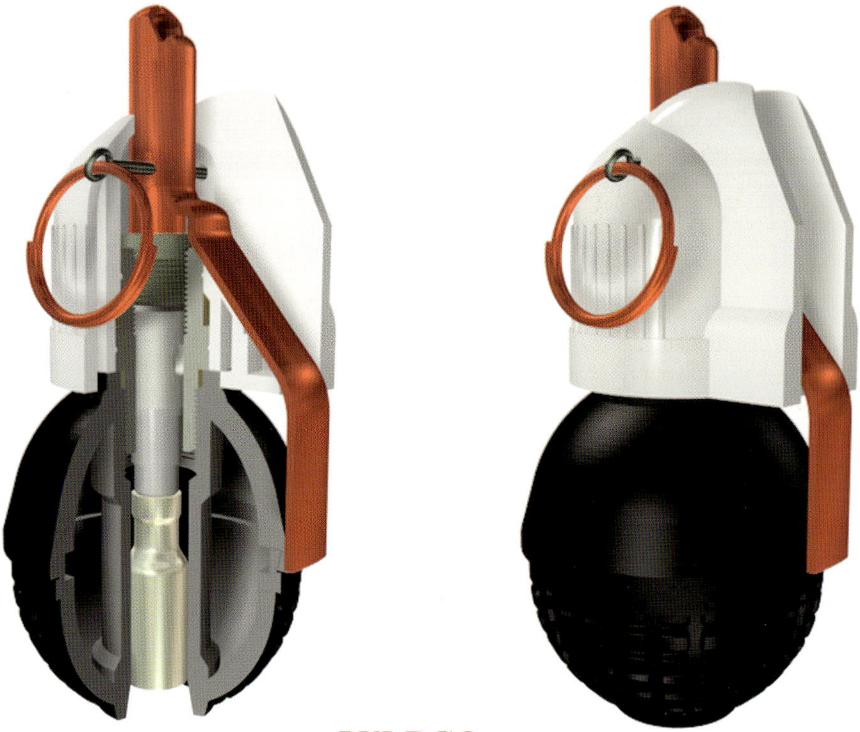

PUI-RGO

1.1.5. Mehrzweck-Pioniermunition MIB »Wkladysch«

Geschichte

Während des Afghanistankrieges bastelten die russischen Soldaten oft Landminen aus Handgranaten oder anderer Munition, was sehr gefährlich war. So entstand die Idee, eine Mehrzweckmunition zu entwickeln, die die Kombination einer Handgranate und einer Landmine darstellte. Sie wurde in erster Linie als Bewaffnung von Aufklärungs-, Sabotage- und Spezialeinheiten konzipiert: Mit ihrer Hilfe kann man schnell eine Minensperre anlegen und sie im Notfall als »Taschenartillerie« einsetzen. Die neue Munition bekam den Namen »Wkladysch« (auf Deutsch: »Einlage«) und wurde vom Forschungsinstitut FGUP »NIII« (Stadt Balaschicha bei Moskau) konstruiert. Der erste Prototyp MG-2, der 2003 erschien, basierte auf der Konstruktion der Infanterieabwehrmine POM-2 »Otjok« für Hubschrauber und Flugzeuge. Zudem führte die russische Armee inzwischen noch einen ähnlichen kombinierten Munitionstyp ein – die Brandminengranate ZMG. Die Erfahrungen mit MG-2 und ZMG erlaubten es, eine noch bessere Version zu entwerfen, die Mehrzweck-Pioniermunition MIB »Wkladysch«. Im Jahr 2007 wurde sie offiziell in den Dienst eingeführt.

Technik

Die Munition hat einen zylindrischen Körper mit einem Gewinde oben für den Zünder. Sie ist mit einem starken Sprengstoff vom Typ A-XI-1 ausgestattet, der aus 95% Hexogen und 5% Phlegmatisierungsmitteln besteht. Vom Kampfauftrag abhängig, wird die MIB entweder als Verteidigungsgranate oder als Infanterieabwehrmine eingesetzt. Im Modus »Granate« wird ein mechanischer Verzögerungszünder eingeschraubt. In diesem Fall ist der Einsatz der MIB völlig identisch mit dem Wurf einer Handgranate. Wird die MIB »Wkladysch« im Modus »Mine« eingesetzt, soll sie manuell auf den Boden gestellt werden. Der Zünder wird durch Fernsteuerung um 1 bis 2 Minuten verzögert aktiviert. Der Granatkörper öffnet sich wie eine Lilie – sechs perforierte Blechschalen werden aufgeklappt und aus dem Körper werden vier dünne Sensorkabel mit einer Länge von 10 m ausgeworfen. Wird dieses Sensorkabel berührt, explodiert die Mine sofort. Die Selbstzerstörungszeit lässt sich einstellen zwischen 3 Stunden und 4 Tagen. Die Deaktivierungszeit – nach dieser Zeit entschärft die Mine sich selbst – beträgt 120 Tage. Natürlich ist die MIB teuerer als eine Standardhandgranate. Deshalb wird sie lediglich von Spezialeinheiten, die auf feindlichem Territorium eingesetzt werden, verwendet. Hier hat die MIB einen großen Vorteil: Man kann mit ihr z. B. den Rückzugsweg minieren und sie im Notfall als Handgranate werfen. Dies reduziert wesentlich das Gewicht der zu tragenden Ausrüstung. Die MIB »Wkladysch« hat für Militärs noch einen Vorteil. In ihrer Bezeichnung fehlt das Wort »Mine«, deshalb gilt das Landminenverbot der Ottawa-Konvention für sie nicht.

Taktische und technische Daten	
Gesamtgewicht	830 g
Hülle	Metallblech
Sprengladung	A-IX-1
Gewicht der Sprengladung	50 g
Länge	170 mm
Durchmesser	61,5 mm
Verzögerungszeit des Zünders	Modus »Granate«: 3–5 s Modus »Mine«: 60–120 s

Visitenkarte	
Einführungsjahr	2007
Entwickler	FGUP »NIII«, Balaschicha
Hersteller	Unternehmen der Russischen Munitionsagentur
Gebaute Exemplare	geheim
Einsatzländer	Russland

1.2. Panzerhandgranaten

1.2.1. Panzerhandgranate RKG-3 (57-G-732) und ihre Varianten

(Foto: Autor)

Geschichte

Die RKG-3 wurde Ende der 1940er Jahre entworfen und stellt damit die letzte weltweit entwickelte Panzerhandgranate dar. Die ersten sowjetischen Panzerfäuste RPG-2 und SPG-82 waren noch nicht völlig ausgereift und konnten nicht auf kurzen Distanzen eingesetzt werden. Deshalb sollte die RKG-3 mit einer Wurfweite von 15–20 m die Panzerfäuste im Nahkampf ergänzen. Die RKG-3 löste die älteren Granaten RPG-40, RPG-43 und RPG-6 ab, die zur Bekämpfung der damals neuesten US-Kampfpanzer M26 und M46 mit einer 102-mm-Panzerung nicht stark genug waren. Wer der Entwickler der RKG-3 war, ist erstaunlicherweise bis heute nicht bekannt; man berichtet lediglich, dass die RKG-3 auf den Befehl Nr. 00244 des UdSSR-Militärministers aus dem Jahr 1950 bei der Sowjetarmee in Dienst gestellt worden sei.

Bis in die 1980er Jahre hinein befand sich die Handgranate RKG-3 im Einsatz bei der Sowjetarmee, so wurden z.B. mit der RKG-3 50% der sowjetischen Fallschirmjäger bewaffnet. Ihre Produktion wurde 1981 eingestellt, doch blieb sie bis heute in Reserve. Trotzdem setzten die russischen Soldaten ebenso wie auch die tschetschenischen Separatisten diese Granaten in Straßenkämpfen während der beiden Kriege in Tschetschenien ein. Überwiegend wurden sie als Sturmmittel oder für die Panzerabwehr verwendet, falls kein Einsatz von Panzerfäusten möglich war. So ist es beispielsweise möglich, von oben aus dem Fenster eines Gebäudes die Panzergranate auf das Dach eines Kampfpanzers zu werfen. Die UdSSR exportierte die RKG-3 auch in ihre vielen ehemaligen Satellitenländer, dabei wurden diese Waffen in Ägypten, China (Type 1), Jugoslawien (M79) in Lizenz produziert. Ein Teil von ihnen ist auf dem Schwarzmarkt gelandet, etwa in Palästina und im Irak, wo sie unter irakischen Insurgenten sehr beliebt sind für Angriffe auf so leichtgepanzerte US-Fahrzeuge wie »Stryker«, MRAP oder Humvee. In Bagdad und in anderen größeren Städten attackieren regelmäßig kleine, aus 2–3 Irakern bestehende Gruppen diese Fahrzeuge mittels gleichzeitiger Würfe von RKG-3-Panzergranaten aus geringer Distanz. Die Effizienz dieser Angriffe ist so hoch, dass die Amerikaner zusätzliche Maßnahmen zum Schutz vor den Panzergranaten ergreifen sollen.

Technik

Die RKG-3 dient zur Bekämpfung von gepanzerten Zielen und zur Zerstörung von Bunkern und Feldbefestigungsanlagen. Sie besteht aus dem Handgranatenkörper, der Zündladung und dem Stiel mit Sicherungs-, Stabilisierungs- und Aufschlageinrichtung.

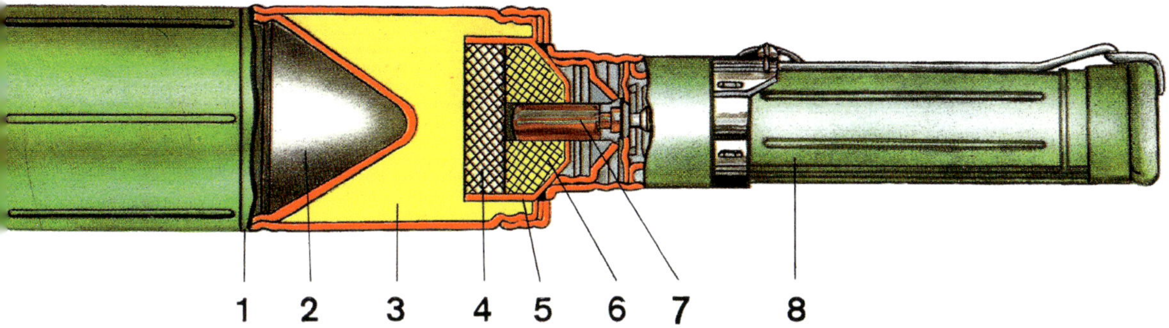

Aufbau der Granate RKG-3:
1 – Granatenkörper; 2 – kumulativer Trichter; 3 – Hauptladung; 4 – Pappeinlage; 5 – Detonator; 6 – Zusatzladung; 7 – Zünder; 8 – Stiel. *(Bild: Dienstvorschrift)*

Russischer Soldat wirft eine Übungspanzergranate UPG-8 auf einen Kampfpanzer bei einer Übung. *(Foto: Juri Kutschinski)*

In dem zylindrischen Handgranatenkörper aus Blech befindet sich die Hauptsprengladung mit einem Kumulationstrichter, der über eine Metalleinlage verfügt. Bei der Explosion bildet sie einen auf das Ziel gerichteten, kumulativen Metallstrahl mit einer großen Durchschlagwirkung. Zur Herstellung einer optimalen Form des kumulativen Strahles ist die Sprengladung etwas zum Boden des Handgranatenkörpers hin verschoben. Beim Sprengstoff handelt es sich um Trotyl-Hexogen-Gemische (TG-40).

Da die Panzergranate eine sehr starke Wirkung hat, verfügt sie über vier Sicherungen. Neben einer üblichen Sicherung (ein Sicherungssplint mit Ring) hat die RKG-3 eine Sicherung, die die Sicherheit nach dem Entfernen des Sicherheitssplintes bis zum Wurf gewährleistet. Die dritte Sicherung blockiert während des Fluges den Zünder so lange, bis die Stabilisierungseinrichtung sich völlig entfaltet (auf einer Distanz von ca. 1 m vom Werfenden). Die vierte Sicherung verhindert die Detonation bis zum Aufschlag der Granate auf das Ziel. Deshalb besteht bei der RKG-3 grundsätzlich keine Explosionsgefahr, selbst wenn sie zufällig beim Wurf aus der Hand auf den Boden fällt.

Die RKG-3 verfügt über einen Aufschlagzünder, der beim Aufschlag auf ein Hindernis die Sprengladung zur Explosion bringt. Die Stabilisierungseinrichtung besteht aus einem Fallschirm aus Gewebe, der sich am Anfang des Fluges durch vier Federn aus Draht entfaltet und dafür sorgt, dass die Granate mit dem Kopfteil auf das Ziel trifft.

Varianten

In der zweiten Hälfte der 1950er Jahre wurde die Granate im GSKB-47 modernisiert, so entstanden die neuen Versionen RKG-3E und RKG-3EM. Die letzte Variante unterscheidet sich nur durch das Material des Kumulationstrichters (Kupfer statt Stahl), indem die Durchschlagskraft der Granate bis zu 220 mm gestiegen ist. Es gibt auch eine Übungsversion mit der Bezeichnung UPG-8 (57-G-732U), die keine Sprengladung besitzt und die mehrmals verwendet werden kann.

Taktische und technische Daten (RKG-3/RKG-3E/RKG-3EM)	
Gesamtgewicht	1070 g
Hülle	Stahlblech
Sprengladung	TG-40 (40% TNT+60% Hexogen)
Gewicht der Sprengladung	600 g
Lange	362 mm
Durchmesser	72 mm
Durchschlagskraft	170/170/220 mm

Visitenkarte	
Einführungsjahr	1950
Entwickler	GSKB-47
Hersteller	Moskauer Haushaltswarenwerk Nr. 6, Werk Nr. 608 (Körper und Stiel), Werke Nr. 80, 254 (Fertigung)
Gebaute Exemplare	Massenproduktion
Einsatzländer	UdSSR (Russland), Afghanistan, Ägypten, China, DDR, Irak, Jugoslawien, Nordkorea, Polen, Rumänien, Ukraine, Ungarn, Vietnam

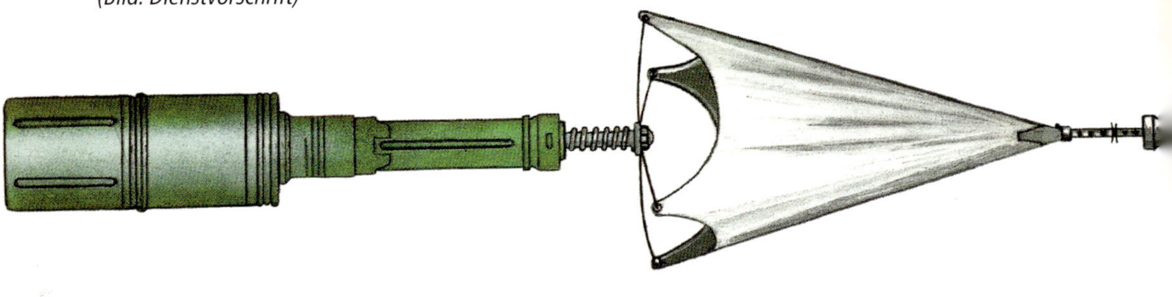

RKG-3 im Flug. Der Fallschirm sorgt dafür, dass die Granate mit dem Kopfteil auf das Ziel trifft.
(Bild: Dienstvorschrift)

Schnittmodell der Granate RKG-3. Der Handgranatenkörper mit der kumulativen Sprengladung wurde auf der Grundlage des Gefechtskopfes der Panzerfaust RPG-2 entwickelt. *(Foto: Autor)*

Schnittmodell der Granate RKG-3. Der Stiel mit Sicherungs-, Stabilisierungs- und Aufschlageinrichtung. *(Foto: Autor)*

Übungsgranate UPG-8 (GAU-Index: 52-G-732U). *(Foto: Autor)*

Die zerlegte Granate RKG-3. *(Foto: O. Baschawez)*

1.3. Antisabotage-handgranaten

1.3.1. Signalhandgranate SRG-66 (Erzeugnis 220)

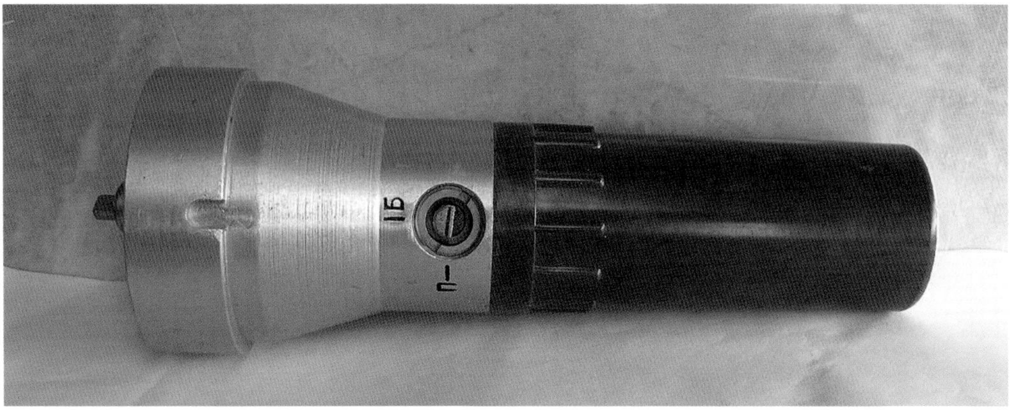

(Foto: Militaria-Shop »EPOKHA« (www.warstage.ru)

Geschichte

Die Signalhandgranate SRG-66 wurde in der Nachkriegszeit für die russische Marine konstruiert und dient sowohl als Signalmittel für U-Boote wie auch als Verteidigungswaffe gegen Kampfschwimmer. Früher wurden für diesen Zweck die »normalen« Handgranaten, z.B. vom Typ RG-42, eingesetzt, die in die Lage waren, einen Taucher in einem Umkreis von ca. 10 m Radius zu vernichten. Dennoch war ihre Einsatztiefe aufgrund des Zeitzünders nicht optimal. Im Gegensatz dazu verfügt die SRG-66 über einen hydrodynamischen Zünder, der nur in einer bestimmten Tiefe die Granate zur Explosion bringt. Zudem erzeugt diese Granate nahezu keine Splitter, weshalb ihr Einsatz für den Werfer nicht so gefährlich ist. Zusammen mit dem Mehrfachraketenwerfer DP-62 »Damba«, den Granatwerfern DP-61, DP-64, DP-65 und MRG-1 bildet die SRG-66 das sogenannte »Antisabotagewaffensystem« der russischen Kriegsschiffe und der Marinestützpunkte. Beispielweise sind die russischen Matrosen verpflichtet, wenn die Gefahr eines Angriffes von Kampfschwimmern droht, zeitweise die Granaten SRG-66 ins Wasser zu werfen.

Technik

Die Granate SRG-66 hat die Form einer Taschenlampe, aber anstelle einer Lampe befindet sich dort der Zünder. Ihr Granatkörper besteht aus Aluminium, das Griffstück aus rotfarbigem Kunststoff – vermutlich der Typ AG-4, der eine hohe Festigkeit bei extremen Temperaturen und unter tropischen Bedingungen aufweist. Im Griffstück ist eine TNT-Sprengladung mit einer Übertragungsladung aus Tetryl (1,4 g) angebracht. An der Seite des Granatkörpers sitzt ein Sicherungshahn, der über zwei Stellungen verfügt, »Б« (scharf) und »П« (sicher). Wird der Hahn in die erste Position gedreht, wird die Granate entsichert. Vor dem Wurf soll auch eine Schutzkappe abgenommen werden, die eine Bohrung im Vorderteil des Granatkörpers öffnet. Nach dem Wurf dringt Wasser durch diese Bohrung ein und wirkt auf eine Membrane. Erreicht der Wasserdruck einen bestimmten Wert (0,7–1,3 bar, was für eine Tiefe von 7–13 m typisch ist), wird der vorgespannte Schlagbolzen frei und schlägt auf eine darunter liegende Sprengkapsel.

Taktische und technische Daten	
Gesamtgewicht	670 g
Hülle	Aluminium (Zünder), Kunststoff (Stiel)
Sprengladung	TNT
Gewicht der Sprengladung	140 g
Länge	207 mm
Durchmesser	68 mm
Einsatztiefe	7–13 m

Visitenkarte	
Einführungsjahr	1970er Jahre
Entwickler	Staatliche Unternehmen
Hersteller	Werk Nr. 42
Gebaute Exemplare	geheim
Einsatzländer	UdSSR (Russland)

Die Granate SRG-66 (Übungsvariante) von vorne. *(Foto: Militaria-Shop »EPOKHA« (www.warstage.ru])*

Die Granaten SRG-66 in ihrer Verpackung. *(Foto: Militaria-Shop »EPOKHA« [www.warstage.ru])*

1.4. Spezielle Handgranaten

1.4.1. Gasgranaten

Diese Munitionsart verwendet als Wirkungsmittel nicht-tödliche Giftstoffe und dient dazu, Zielpersonen kampfunfähig zu machen. Die erste russische Gasgranate **»Tscheremucha-1« JaDG (Tsch-1)** wurde 1970 eingeführt. Sie verfügt über einen Reibungszünder und erzeugt nach der Explosion für die Dauer von 40 Sekunden eine 100-m³-Gaswolke. Die Abmessungen der Gaswolke betragen 30 x 350 m. Die Granate verwendet den Reizstoff CN (Chloracetophenon), der in Russland als »Tscheremucha« (auf Deutsch: »Faulbeere«) bezeichnet wird. Die Verzögerungszeit beträgt 10 bis 20 Sekunden, die optimale Wurfweite bis zu 25 m. Mit dieser Granate sind die russische Polizei (früher die Miliz) und der Grenzschutz ausgerüstet. Es gibt auch eine Übungsvariante mit der Bezeichnung Uch-JaDG, die bei den russischen Streitkräften für die Ausbildung der ABC-Abwehr eingesetzt wird.
Im Unterschied zur »Tscheremukha-1« kann die Gasgranate **RG-1 »Tscheremucha-5«** im offenen Gelände oder auch in geschlossenen Räumen eingesetzt werden. Die »Tscheremucha-5« hat die Form eines Zylinders mit einem Durchmesser von 25 mm und erzeugt für 8 bis 10 Sekunden eine Gaswolke von 40 x 200 m.
Parallel mit der »Tscheremucha-1« wurde die Granate **»Siren-1«** mit dem Tränengas CS (2-Chlorbenzylidenmalonsauredinitril) eingeführt. Der Name »Siren« bedeutet auf Deutsch »Flieder«. Heute ist sie mit ihren späteren Versionen **»Siren-2«** und **»Siren-3«** nicht mehr im Einsatz. Stattdessen verwenden die russischen Sicherheitsorgane die Versionen **»Siren-6«** und **»Siren-12«.** Das ist eine sehr kleine Handgranate, die innerhalb von 8 Sekunden eine 100-m³-Gaswolke erzeugt. Die »Siren-12« hat etwas größere Abmessungen und eine erheblich stärkere Leistung: Innerhalb von 10 Sekunden ist sie in der Lage, eine 1000-m³-Gaswolke zu bilden. Die »Siren-6« und »Siren-12« wirken auch sehr effektiv auf Menschen, die Alkohol und Drogen zu sich genommen haben. Im Unterschied zu ihren Vorgängern können diese Granaten auch aus den auf die Mündung der Flinte KS-23 aufgeschraubten Wurfbechern »Nasadka-6« bzw. »Nasadka-12« abgeschossen werden.
Die Granaten **»Tscheremucha-6«** und **»Tscheremucha-12«** sind ähnlich, aber sie verwenden das deutlich wenig effektive Gas CN. Die »Tscheremucha-6« hat eine Verzögerungszeit von 4 Sekunden. Für die Dauer von 7 Sekunden erzeugt sie eine 60-m³-Gaswolke mit einer unerträglichen Gas-Konzentration. Die Ausmaße der Gaswolke betragen 40 x 200 m. Die »Tscheremucha-12« erzeugt innerhalb von 20 Sekunden eine 840-m³-Gaswolke. Da die Granaten auf dem Boden »herumhüpfen«, können die Angegriffenen sie nicht zurückwerfen. Zwei Granaten vom Typ »Siren-6« oder »Tscheremucha-6« kann man mit einer Muffe verbinden. Die verbundenen Granaten können entweder aus dem Wurfbecher (Reichweite bis 200 m) verschossen oder mit der Hand (bis 50 m) geworfen werden.
Die splitterlose Aerosolgranate **»Dreif«** (auf Deutsch: »Drift«) wurde im Auftrag des russischen Innenministeriums MWD entwickelt. Ihr Kunststoffkörper mit einem Volumen von 0,5 dm³ enthält Pulver, das bei der Explosion für 0,1 Sekunden eine 75-m³-Gaswolke aus Reizgas CN erzeugt. Der sichere Mindestabstand bei der Explosion beträgt 0,6 Meter bei einer Verzögerungszeit von 2,5 Sekunden. Die Einsatztemperatur liegt zwischen -40 bis +40°C. Der Hersteller

ist das FGUP: »Elektromechanisches Werk Nizhnelomowsk«.
In den 1980er Jahren führte die Sowjetarmee in ihre Bewaffnung die Handgranate **K-51** ein, die CS-Gas enthält. Sie verfügt über einen zylindrischen, gerippten Handgranatenkörper aus weißem Kunststoff und erzeugt innerhalb von 16 s eine Gaswolke. Der Zünder K-510 sieht optisch dem Zünder URSGM ähnlich, dennoch ist er ganz anders aufgebaut. Hersteller ist das Werk Nr. 912 (Kunststofffaserwerk »Elastik«, Oblast Rjasan). Aus Geheimhaltungsgründen wird die K-51 in der Gebrauchsanleitung als »Rauchgranate« bezeichnet. Öffentlich bekannt wurde diese Granate nach ihrem Einsatz bei der Sowjetarmee gegen eine Demonstration in Tiflis im April 1989. Sie wurde auch 2015 in der Ukraine bei Kämpfen um den Flughafen Donezk verwendet.
Die Granate **RG-60Az »Dreif-2«** gehört zur neuen, vereinheitlichten Familie der im NIIPKh entwickelten Eihandgranaten RG-60. Die Zahl »60« steht für den Durchmesser des Handgranatenkörpers, der ca. 60 mm beträgt. Optisch erinnert die »Dreif-2« an die Granate RGD-5, aber ihr Körper ist blau und sie ist mit einem anderen Zünder vom Typ U-517 ausgestattet. Die Verzögerungszeit beträgt 4 Sekunden. Für eine

Eine der geheimsten russischen Handgranaten – die chemische Granate K-51. *(Foto: Alexey Naumov)*

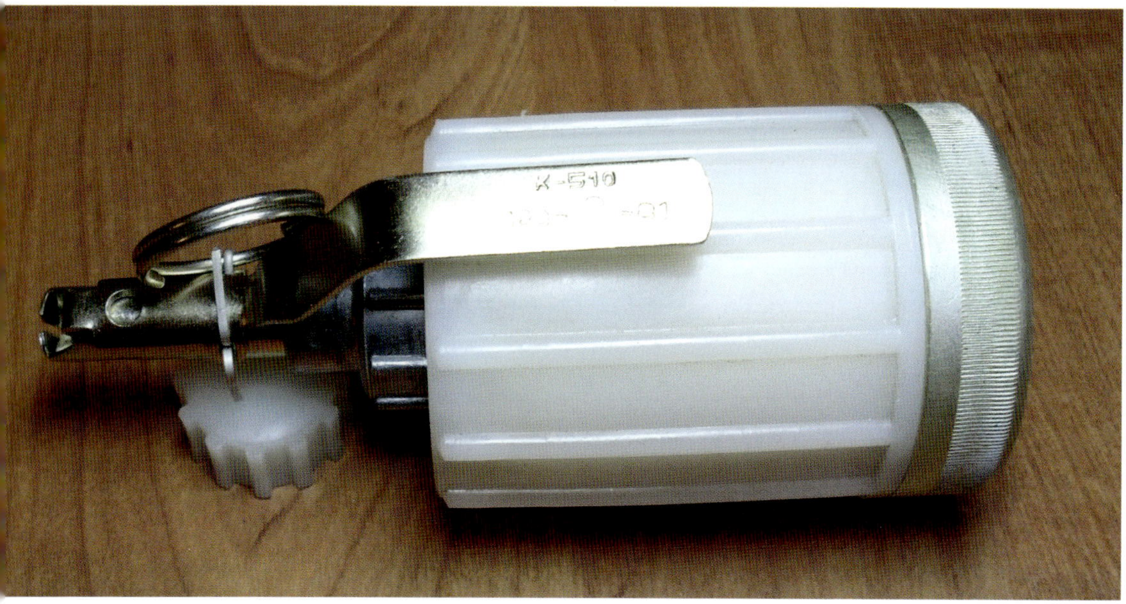

Die Granate K-51. *(Foto: Alexey Naumov)*

Dauer von 0,1 Sekunden erzeugt diese Version eine 50-m³-Gaswolke. Die Granate wurde im Jahr 2007 in die Bewaffnung der russischen Miliz aufgenommen. Die Übungsversion der Granate wird als RG-60A »Dreif-2U« bezeichnet.
Bei der **RGK-60RD** der Familie RG-60 handelt es sich um eine Gasgranate mit 7 Submunitions, die bei der Explosion auf eine Reichweite von 1 bis 8 Meter abgeschossen werden. Der Buchstabe »K« in der Bezeichnung steht für »Kassette«.
Die RGK-60RD erzeugt für 1,5 Sekunden eine Gaswolke mit einem Radius von mindestens 0,7 m. Bei der Explosion der Granate entsteht kein Risiko, dass leichtentzündliche Stoffe (wie trockenes Gras, Sägemehl, Holzmöbel, Kleidung, etc.) in Brand gesetzt werden können.
Die Gasgranate **»Vprysk-P«** (»Einspritzung-P«, FSB-Index SV-1318) wurde speziell für den Einsatz in geschlossenen Räumen entwickelt. Sie enthält 217 g CN-Pulver, das innerhalb von 10 Sekunden nach der Explosion einer 4,5-g-Zündladung in der Luft zerstreut wird und eine 250-m³-Gaswolke produziert. Die Einsatztemperatur beträgt -3 bis +50°C, die Verzögerungszeit 4 Sekunden. Nach dem Einsatz der »Vprysk-P« in einem Raum kann ein Mensch dort maximal fünf Minuten bleiben; bei einer längeren Verweildauer wäre eine tödliche Wirkung möglich. Die Gasgranate ist bei FSB und FSIN (Nachfolger des KGB bzw. GULAG) im Einsatz.
Aus offiziellen Quellen gibt es nur wenig Informationen über die Gasgranate **»Basalt«**: Entweder ist sie geheim oder sie hat keine breite Verwendung gefunden. Die Granate erzeugt eine Gaswolke für die Dauer von 8 bis 25 Sekunden, die Verzögerungszeit beträgt 3,2 bis 4,2 Sekunden.
Zu den besonderen Merkmalen der Aerosol-Handgranate **RGR »Rulet-VV«** (»Rulet« bedeutet auf Deutsch: »die Rolle«) gehören ihre

Die Handgranate »Dreif« mit CN-Gas. *(Foto: KardeN)*

stärkere Leistung und die erhöhte Sicherheit. Bei ihrem Einsatz wird für 20 Sekunden eine Wolke aus Schwebepartikeln von CS-Reizstoff erzeugt, die Staubzucker ähnlich sind. Die Wirkungsfläche beträgt bis zu 220 m^2, die Verzögerungszeit des Zünders U-715 3 bis 5 Sekunden. Da sich die auf dem Boden gefallene Granate mittels einer Ladung um die eigene Achse dreht, kann der Täter sie nicht zur Seite werfen. Die RGR »Rulet-VV« hat eine Übungsversion mit der Bezeichnung RGR-B, die bei der Explosion statt einer Gaswolke eine Wolke aus weißem Rauch erzeugt.
Im Jahr 2013 meldete die Presse, dass das MWD (MWD steht als Abkürzung für das Ministerium für Innere Angelegenheiten; russisch: »Ministerstwo Wnutrennich Del«) die Entwicklung einer neuen Gasgranate **»Tomat«**, die mit einem Gasmix aus den Reizstoffen CS und CR gefüllt ist, beauftragt habe. Im Unterschied zu früheren Granaten explodiert sie beim Anschlag enorm schnell, mit einer Verzögerung von nur 0,1 Sekunden. Die erzeugte Gaswolke ist in der Lage, eine Gruppe aus 20 Personen zu vertreiben, wobei diese weder weglaufen noch die Granate zurückwerfen können. Der Wirkungsradius der Granate beträgt ca. 8 Meter. Der Granatkörper besteht aus Leichtmetall und verhindert so ernsthafte Verletzungen bei den angegriffenen Personen. Allerdings ist der Körper fest genug, um Doppelfensterglas (sowohl beim Handwurf als auch beim Abschuss) zu durchbrechen. Die Granate kann auch durch einen Signaldraht gezündet werden. Der direkte Auftraggeber, das russische Innenministerium, plante ursprünglich, für die Entwicklung und Produktion einer Versuchsvorserie mit 1.000 Exemplaren ca. 3,8 Mio. Rubel auszugeben – aber wenig später nahm es von diesem Vorhaben Abstand.

Gasgranaten RG-60Az »Dreif-2« (links) und RGR »Rulet-VV«. *(Foto: Vitaly V. Kuzmin)*

1.4.2. Schockgranaten

Die Blend- und Knallgranate **»GSZ«** ist eine psychologische Waffe, die dazu dient, den Gegner mittels eines kleinen Schocks für kurze Zeit außer Gefecht zu setzen. Sie besteht aus dem zylindrischen Handgranatenkörper, in dem die Übertragungsladung und die Licht- und Knallladung sich befinden, und einem Reibungszünder. Die Verzögerungszeit beträgt 3–4 s.

Die Schockgranate **»Veresk-PR«** (»Veresk« bedeutet im Deutschen die Blumensorte »Erika«) dient zum verdeckten Tragen. Man kann sie leicht in der Hand oder in der Kleidungstasche verstecken, wobei der Werfer nur eine Hand für ihre Bedienung braucht. Dank des Granatkörpers aus Metall ist die Granate in der Lage, Glasscheiben zu zerbrechen und das Ziel hinter Glashindernissen (Fenster, Vitrinen) zu erreichen. Da ihre Metallhülle bei der Explosion Splitter erzeugt, ist ihr Einsatz für Menschen gefährlich, weshalb sie nur bedingt zur Kategorie der »nichttödlichen« Waffen gehört. Licht- und Knallstärke sowie Verzögerungszeit sind mit der Granate GSZ identisch. Die Granate wird über ein 40 m langes Kabel ferngezündet, weshalb sie sowohl als Landmine als auch als Wurfgranate eingesetzt werden kann.

Gasgranate »Vprysk-P« (links) und kombinierte Schockgranate »Vjuschka«. Sie werden unter der Bezeichnung SW-1318 bzw. SW-1319 von Spezialeinheiten des FSB verwendet.

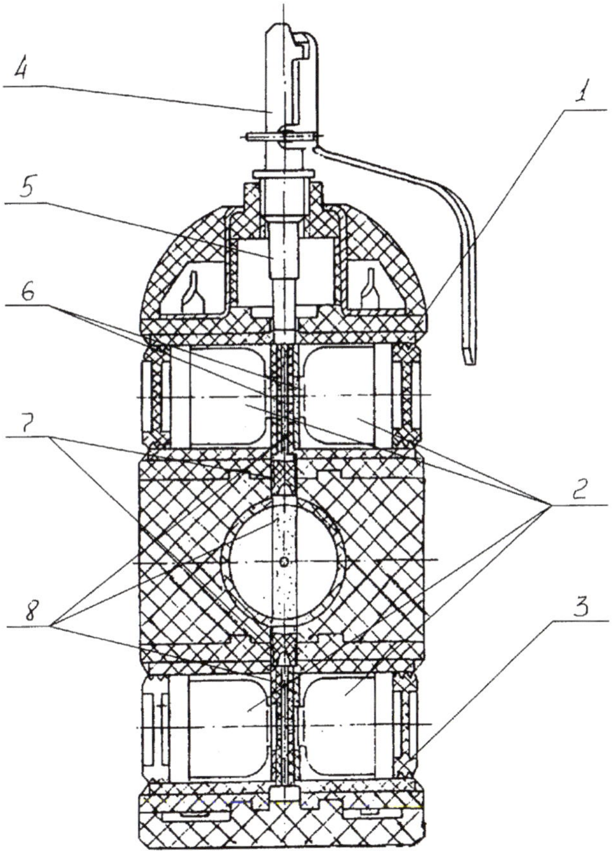

Aufbau der Schockgranate »Fakel«: 1 – Körper; 2 – Blend- und Knallelemente; 3 – Haltemuffen; 4 – Zünder; 5 – Übertragungsladung; 6 – Ladungen; 7 – Verzögerungsladungen; 8 – Schießpulverladung.
(Bild: Beschreibung des Gebrauchsmusters 55462)

Schockgranate »Fackel-S«.

Die Granate **»Fackel«** wurde für den Einsatz bei Massenkrawallen oder bei Geiselnahmen entwickelt und stellt ebenfalls eine sogenannte psychologische Waffe dar. Ihr zylindrischer Granatkörper besteht aus drei Schaumstoffmodulen und einer Sprengladung. Jedes Element wiegt 20 g. Die kugelförmigen Elemente sind aus Kunststoff gefertigt und enthalten einen Blend- und Knallsatz aus 37% Alu-Pulver und 63% Kaliumperchlorat. Wird durch das Ziehen eines Sicherheitssplints der Zünder U-517M betätigt, zündet die Übertragungsladung die 3KD-6-Sprengkapsel der Blend- und Knallelemente. Jedes Element erzeugt helle Lichtblitze und ohrenbetäubende Schläge. Der Granatkörper ist weiß, die Stirnseiten der Module sind rot. Der effektive Wirkungsradius beträgt 20 m, die Lichtstärke eines Elementes ca. 10 Millionen Candela und der Schalldruck beläuft sich auf mindestens 145 dB bei einer Distanz von 10 m. Die Sicherheitsdistanz für Einsatzkräfte beträgt 2 Meter, die Verzögerungszeit liegt bei 2,5 s.

Die **»Fackel-S«** (S steht für Salon) ist die kleinere Version der Granate »Fackel« für den Einsatz in Gebäuden, Fahrzeugen, Zügen und Flugzeugen. Sie hat nur ein Blend- und Knallelement, deshalb ist ihr Wirkungsradius im Vergleich zur »Fackel« vierfach kleiner. Die Granate verfügt über einen Schlagzünder, der dem USRGM-Zünder ähnlich ist. Der Granatkörper ist grau und besteht aus Karton.

Die **»Zarja«** (auf Deutsch: »Morgenrot«; in der Umgangssprache auch »Zorjka«) wurde im NPO »STiS« des Innenministeriums entworfen. Das ist die erste Variante der »Zarja«-Familie. Heute ist ihr Einsatz wegen des unzuverlässigen Zünders verboten. Nichtsdestoweniger diente sie als Prototyp für zahlreiche Nachfolgemodelle. Die Granate hat einen dünnen, hellgrauen Kunststoffkörper in Form einer Kugel. Der untere Teil des Körpers ist mit einem schwarzen Gummimantel umhüllt, auf dessen Oberfläche viele kleine Nocken sind. Diese Nocken schützen den Handgranatenkörper vor Bruch beim Aufschlag auf den Boden oder ein Hindernis. Auf der oberen Halbkugel ist ein Zylinder, in dem sich der Reibungszünder befindet. Er ist ebenfalls mit einem Gummimantel geschützt.

Um die Granate zu zünden, muss man den konischen Zapfen des Zünders aus dem zylindrischen Teil kräftig ziehen. Die »Zarja« explodiert ca. 4 Sekunden nach der Zündung und erzeugt neben einem Lichtblitz einen Knall, der mit der Explosion eines 122-mm-Geschützgeschosses vergleichbar ist. Der Wirkungsradius beträgt 2,5 bis 10 Meter, die Einsatztemperatur liegt bei -25° bis +50° C. Aus Sicherheitsgründen wird die Granate in einem Kartonrohr aufbewahrt. Obwohl es sich bei der »Zarja« um eine reine Polizeiwaffe handelt (ihr dünner Körper produziert keine gefährlichen Splitter), wurden diese Granaten sogar in Kämpfen in der Ukraine eingesetzt. Die russischen Soldaten warfen die Granaten des Modells »Zarja« aus Hubschraubern, um Fahrzeugkolonnen mit Freischärlern zu stoppen.

Das Manko des »Zarja«-Zünders wurde später mit den Varianten **»Zarja-2«** und **»Zarja-M«** beseitigt. In diesen Granaten wird der Zünder erst unmittelbar vor dem Werfen mit dem Handgranatenkörper verbunden. Die beiden Granaten haben ähnliche Eigenschaften – der Unterschied liegt lediglich in der Konstruktion des Zünders. Während die »Zarja-M« mit einem Reibungszünder ausgestattet ist, verwendet die »Zarja-2« den Zeitzünder Typ U-515 (U-515M) mit der pyrotechnischen Verzögerung (analog des USRGM-Zünders, die Verzögerungszeit ist 4 Sekunden). Die Lichtstärke der Granate »Zarja-2« beträgt 30 Millionen Candela und der Schalldruck liegt bei 172 dB. Sie ist im Einsatz bei MWD, FSIN und den russischen Zollbeamten.

Die Granate **»Plamja«** stellt die stationäre Variante der Granate »Zarja« dar, die per Draht elektrisch ferngezündet wird. Ihre untere Halbkugel hat eine flache Stütze, auf die die Granate gestellt wird. Man verwendet die »Plamja« als kleine Signalmine für den Schutz von Banken, Büros und anderen Objekten. Der Schalldruck der

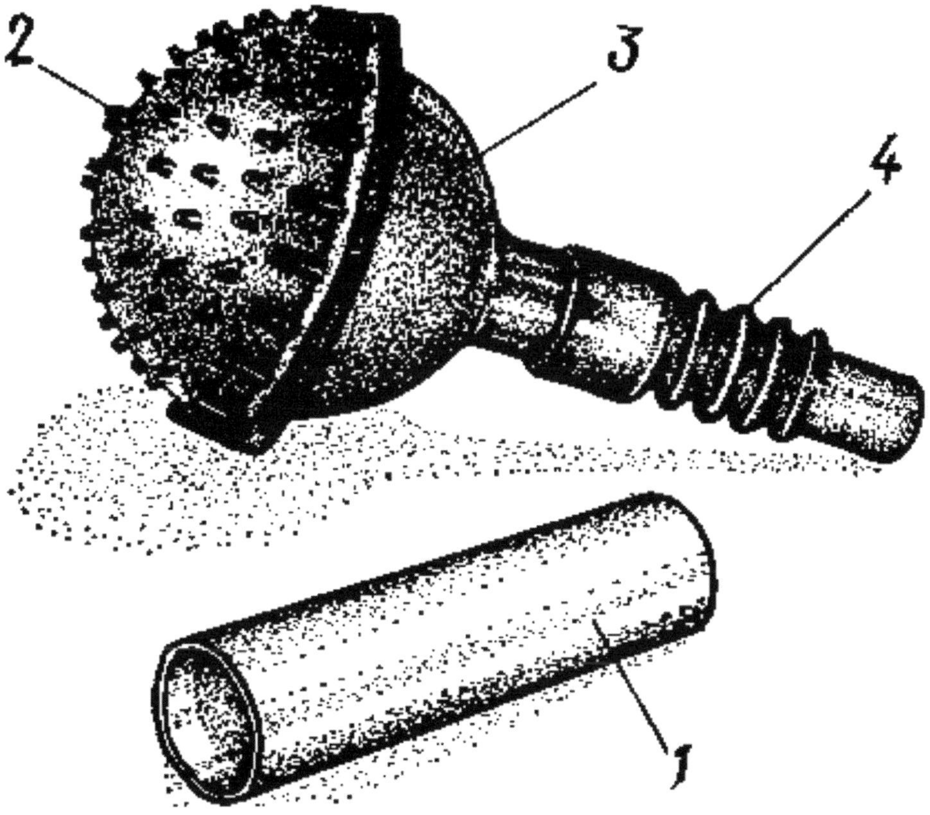

Hauptbestandteile der Granate »Zarja«: 1 – Schutzrohr; 2 – Schutzmantel; 3 – Kunststoffkörper; 4 – wellenförmiger Gummimantel. *(Bild: Dienstvorschrift)*

Schockgranaten »Plamja«, »Plamja-M« und »Plamja-M2«. *(Foto: KardeN)*

Granate liegt bei 170 dB, die Lichtstärke beträgt enorme 60 Millionen Candela und der effektive Wirkungsradius umfasst 15 Meter. Ihre modernisierte Version hat die gleichen Eigenschaften, aber sie kann sowohl mit dem elektrischen Zünder (**»Plamja-M«**) als auch mit dem mechanischen Zünder (**»Plamja-M2«**) ausgestattet werden. Sie ist im Einsatz bei MWD und FSIN.
Die Granate **V-5110 »Vsljet-M«** (auf Deutsch: »Aufschwung-M«) dient ebenfalls der psychologischen Wirkung auf den Gegner (Täter). Sie besteht aus einem sphärischen Körper, in dem sich vier Elemente mit 15-g-Blend- und Knallladung sowie der Reibzünder befinden. Drei Sekunden nach der Zündung der Sprengkapsel werden alle vier Elemente aus dem Körper ausgeworfen, wodurch der Schockeffekt verstärkt wird. Die Lichtstärke eines Elementes beträgt 2 Millionen Candela, der Knalldruck auf eine Distanz von 10 Metern liegt bei extrem lauten 135 bis 165 dB. Sie wird vor allem von russischen MWD-Spezialeinheiten verwendet.
Die Granate **RGK-60SZ i**st dem Modell RGK-60RD sehr ähnlich, aber sie enthält statt Gas-Submunitions sieben Submunitions mit Licht- und Knallsätzen. Die Verzögerungszeit beträgt 3 bis 5 Sekunden. Im Jahr 2015 wurde auch eine neue Generation der Schockgranaten unter den Bezeichnungen **»Rokot«** und **»Raskat«** eingeführt. Ihre technischen Details werden in der Tabelle auf Seite 63 vorgestellt.

1.4.3. Kombinierte Granaten

Diese Munitionsart gewährleistet eine kombinierte kinetische Wirkung im Verbund mit anderen nicht-tödlichen Wirkungsfaktoren (Knall, Licht, Reizgas, elektrischer Impuls, Markierung mit Farbe), da ihre Bestandteile in der Zusammenwirkung wesentlich effektiver sind. Ein gutes Beispiel für eine Handgranate mit kombinierter Wirkung ist die Sturmhandgranate **»Krol«** (auf Deutsch: »Kraulen«). Ihr roter Kunststoffkörper enthält eine kleine Sprengladung, ein Pulver mit einem Reizstoff sowie neun Gummikugeln. Bringt der Verzögerungs-Aufschlagszünder die Sprengladung zur Explosion, wird sehr schnell (in ca. 0,1 Sekunden) eine Aerosolwolke mit einem Volumen von 50 m^3 erzeugt. Die von der Ladung beschleunigten Gummikugeln besitzen genügend Energie zur Mannstoppwirkung, aber sie sind für den Gegner nicht tödlich. Der Zünder der Granate ist dem Zünder UDZ für die Splittergranaten RGO und RGN sehr ähnlich.

Der Splitterradius beträgt 2 bis 10 Meter. Die Verzögerungszeit liegt bei 2–3 Sekunden. Die Betriebstemperatur betragt -40° C bis +40°C. Dieses Modell ist aktuell im Einsatz bei der russischen Polizei.

In den Jahren 2006–2007 wurde die kombinierte Granate **1-OP-06 »Drofa«** (auf Deutsch: »Trappe«) getestet, die sich durch drei Wirkungsweisen (Reiz-, Knall- und Lichteffekt) auszeichnet. Die Granate erzeugt für 10 Sekunden eine 50-m^3-Gaswolke aus Tränengas CR (Dibenzoxazepin) oder CS-Reizgas. Die Lichtstärke beträgt 2 Millionen Candela, der Schalldruck liegt bei 120 dB auf eine Distanz von 5 m. Da die Orientierung der Zielperson durch die Zündung der Granate vorübergehend eingeschränkt wird, ist diese nicht in der Lage, rechtzeitig die entsprechenden Schutzmaßnahmen gegen Reizgas (Verwendung von Atemmasken, nassen Tüchern, Antidot-Tranquilizern oder Zurückwerfen der Granate) auszuführen.

Schockgranate GSZ-F »Vystrel«: rechts – vor dem Einsatz, links – gebraucht.

Die Granaten »Drofa« haben sich sehr gut in der Praxis bewährt. Die russische Miliz verwendete sie zum Beispiel bei Krawallen nach einigen Fußballspielen. Die Fußballhooligans konnten nicht, wie gewöhnlich, die Granaten greifen und zurückwerfen. Deshalb ist es mit dem Einsatz dieser Modelle sehr schnell gelungen, die randalierende Masse der Fußballfans zu vertreiben.
Die »Drofa« wurde vom MWD (dem Russischen Innenministerium) eingeführt und in FKP »SMZ« in kleinen Serien produziert. Derzeit stellt das russische Werk die Granate mit einer verstärkten Leistung unter der Bezeichnung »Drofa-PM« her. Die verstärkte Version hat einen blauen Körper, während die normale »Drofa« über einen grünen Granatkörper verfügt. So kann man beide Varianten besser voneinander unterscheiden.
Die Schockgranate **»Vjuschka«** (»Seilkorb«, FSB-Index SW-1319) explodiert mit einem lauten Knall (130 dB in 10 Meter Entfernung) und sehr hellem Licht (2 Millionen Candela). Durch die Lautstärke und die Druckwelle lenkt sie den überraschten Täter von der eigentlichen Polizeiaktion ab. In der Zündmischung befinden sich auch 750 Gummikugeln mit einem Durchmesser von 7,5 mm, die bei der Explosion mechanisch auf den Täter wirken. Der Kunststoffhandgranatenkörper hat eine knallrote Farbe. Die Betriebstemperatur ist -30 bis +50°C. Optisch unterscheidet sich die Granate »Vjuschka« von der Granate »Vprysk-P« lediglich durch die Farbe des Körpers.
Die Granaten-Modelle **GSZ-T** und **GSZ-Sch** sind die verstärkten Ausführungen der Granate GSZ, die neben einem Lichtblitz mit einer Stärke von 2 Mio. Candela durch einen lauten 130-dB-Knall (GSZ-T) oder Gummiposten (das Modell GSZ-Sch, enthalt 44 Gummikugeln) auf den Täter zusätzlich wirken. Außerdem erzeugen sie bei der Explosion für 4 Sekunden eine starke Rauchentwicklung.
Die Schockgranate **GSZ-F »Vystrel«** (auf Deutsch: »Schuss«) wirkt auf die Zielperson durch einen sogenannten Blitz-Knall-Satz sowie mit 24 Gummikugeln. Im Unterschied zu anderen Schockgranaten ist sie in Form einer Scharfgranate F-1 ausgeführt, wodurch ihr Einsatz einen starken psychologischen Effekt hat. Optisch kann man die »Vystrel« kaum von der in Russland sehr bekannten und weit verbreiteten Granate F-1 unterscheiden. Die Granate verwendet den Zünder USRGM mit einer speziellen Sprengkapsel. Die Blitz- und Knall-Eigenschaften sind der Granate GSZ ähnlich.
Die **RGK-60KD i**st eine Kombination der Granaten RGK-60RD und RG-60SZ, die sowohl mit Gas-Submunitions RZ als auch mit Knall- und Licht-Submunitions ausgestattet ist.

Die Granate »Drofa« 1-OP-06. *(Foto: Vitaly V. Kuzmin)*

1.4.4. Thermobarische Granaten und Brandgranaten

Thermobarische Granaten gehören zu den tödlichen Waffen. Allerdings haben sie einen kleineren, aber stabilen Wirkungsradius, da keine großen Splitter bei ihrer Explosion entstehen. Im Unterschied zu Splittergranaten vernichten sie das Ziel nur durch eine Druckwelle und die große Hitzeentwicklung. Deshalb ist diese Waffe insbesondere für den Antiterror- und Polizeieinsatz gut geeignet.

Die thermobarische Handgranate **RG-60TB** gehört zu einer Anfang der 2000er Jahre vom Forschungsinstitut NIIPKh entwickelten Familie von speziellen Handgranaten, die einen ähnlichen Aufbau und einen identischen Durchmesser von ca. 60 mm haben. Die RG-60TB eignet sich für Sturmangriffe und kann gegen Feinde im offenen Gelände sowie in unterschiedlichen Befestigungen oder auch in geschlossenen Räumen eingesetzt werden. Außerdem ist die Granate in der Lage, ein ungepanzertes Fahrzeug, z.B. ein Auto, völlig zu zerstören. Sie verfügt über einen ovalen Handgranatenkörper und einen traditionellen Verzögerungszünder vom Typ USRGM. Die brennbare Substanz der RG-60TB enthält fast kein Oxidationsmittel.

Die Explosion wird durch die Luftentzündung wesentlich erhöht. Das TNT-Äquivalent dieses Brennstoffes beträgt 0,5 kg, wodurch die Wirkung der RG-60TB einem Geschoss des Kalibers 76–85 mm vergleichbar ist. Der Wirkungsradius beläuft sich auf 7 Meter. Zudem hat die russische Armee die Brandgranate **ZMG**, die sowohl als Landmine wie auch als Handgranate eingesetzt werden kann. Durch Brennen ihres Leichtmetallkörpers entwickelt die ZMG bei der Explosion eine Temperatur von ca. 2000–2300° C für eine Dauer von 7–15 Minuten.

1.4.5. Nebelgranaten

Die bekannte und weit verbreitete Granate **RDG-2** wurde am Ende der 1940er Jahre im NIIPKh (damals NII-862 GKOT) entwickelt und 1949 in die Bewaffnung der Sowjetarmee und des Warschau Paktes aufgenommen. Sie wird zur Tarnung und Blendung des Gegners sowie als Übungsmittel zur Imitierung von brennender Militärtechnik benutzt. Die Granate besteht aus einem Kartonzylinder, der von oben und unten mit zwei Kartondeckeln geschlossen ist. Innerhalb des Zylinders befinden sich die Aersol- und Brandmischung sowie der Reibungszünder. Um die Granate zur Explosion zu bringen, muss man eine von zwei Maschen herausreißen. Die Mischung fängt an zu brennen und erzeugt eine Nebelwolke. Die RDG-2 ist wasserdicht und kann einen Nebelvorhang auf dem Wasser erzeugen. Die Granate RDG-2 gibt es in drei Versionen, die optisch identisch aussehen und sich nur durch die Markierung unterscheiden: **RDG-2b, RDG-2tsch** und **RDG-2kh.** Die Zündungszeit beträgt 10 Sekunden, die Wurfweite 30 bis 35 Meter. Der Nebelvorhang der Granate RDG-2b ist weiß und ca. 30–35 Meter lang. Er wird 50–90 Sekunden nach der Explosion erzeugt. Die Granate RDG-2tsch besitzt die gleichen Eigenschaften, aber ihre Nebelwolke ist schwarz.

Die Variante RDG-2kh erzeugt eine Nebelwolke aus Reizgas und imitiert so einen chemischen Angriff des Gegners. Die Granaten der RDG-2-Familie wurden intensiv im Afghanistankrieg eingesetzt, wobei sie nicht nur als Schutzschirm (er reduzierte die Verluste von Personal und Technik um den Faktor 2 bis 4), sondern auch zum Ausräuchern der Mudschaheddin-Kämpfer aus Deckungen und Gebirgshöhlen eingesetzt wurden.

Bei der Handgranate **RDG-P** (im Dienst seit 1981) handelt es sich um eine verbesserte Ausführung der RDG-2 mit dem Handgranatenkörper aus Kunststoff, der mit einem Metallring verstärkt ist. Der vor dem Wurf abzunehmende Gummideckel schützt den Reibungszünder. Die Granate entwickelt 3 Sekunden nach der Zündung dunkelgrauen bis hell-grauen Tarnrauch. Durch Zugabe von Aluminiumpulver erzeugt die RDG-P eine

Nebelgranaten RDG-2tch (links) und RGD-2kh. *(Foto: Vitaly V. Kuzmin)*

besonders hohe Temperatur/Druck-Kombination. Deshalb kann man mit ihr auch Angriffs-Ziele in Brand stecken. Der Einsatzbereich der Granate bewegt sich in einem Temperaturspektrum von -50°C bis +50°C. Überwiegend wird diese Granate bei Marineinfanterie, Aufklärungs- und Spezialeinheiten eingesetzt, wo eine besonders zuverlässige Zündung, insbesondere bei Feuchtigkeit und Nässe, notwendig ist.
Die **RDG-K** gehört zu den Signalgranaten. Sie erzeugt innerhalb von 60 Sekunden eine Nebelwolke, die unterschiedliche Farben haben kann. Die Granate verfügt über einen langen, zylindrischen Körper, den üblichen Verzögerungszünder mit einem Sicherheitshebel und einem Sicherheitssplint mit Ring. Die Brand- und Nebelgranate **RG-60DZ** der vereinheitlichten Granatenfamilie RG-60 bringt eine Nebelwand von mindestens 10 Meter Länge und 3 Meter Höhe hervor. Zudem ist sie in der Lage, bis zu zehn Brandherde gleichzeitig zu produzieren.
Die Nebelgranate **RDG-M »Dym«** (auf Deutsch: »Nebel«; sie gehört zu der RG-60-Familie von FGUP »NIIPKh«) ist für den Einsatz auf kurze Distanz (5–20 Meter) entwickelt worden und dient zur Tarnung von Soldaten im offenen Gelände. Sie kann sehr schnell, in nur 1–2 Sekunden, eine 10 Meter lange und 3 Meter hohe Aerosol-Nebelwolke erzeugen. In Abhängigkeit von der Windstärke beträgt ihre Nebeldauer 20 bis 30 Sekunden (mindestens 15 Sekunden). Die Granate wurde laut Verordnung der russischen Regierung Nr. 261-r vom 10.03.2007 in die Bewaffnung von Truppen des Innenministeriums aufgenommen.
Die Nebelgranate **GRD** mit sehr hoher Augenblickswirkung erzeugt schnell (unter 1 Sekunde) eine 250-m^3-Nebelwolke. Dafür ist sie mit einem Aufschlags-/Verzögerungs-Standardzünder ausgestattet. Sie wurde im Auftrag des FSB (Russischer Geheimdienst) entwickelt und mit den Granaten »Vprysk-P« und »Vjuschka« technisch vereinheitlicht. Damit die GRD sich von diesen Granaten unterscheidet, ist ihr Körper schwarz gefärbt.
Die chemische Übungsgranate **IGN** imitiert die Explosion einer chemischen Munition, die einen flüchtigen Kampfstoff enthält. Sie besteht aus zwei Kartonzylindern und ist mit einem Reizstoff

Die Nebelgranate ZIGZAG (Exportname »Wasp«) ist eine Version der Granate RDG-2 für Paintball und Airsoft. Sie wurde im Oktober 2010 von FNPZ »NIIPKh« und ZAO »NPK-ZIGZAG« entwickelt und hat das Gewicht 140 g, den Durchmesser 53 mm, die Länge 105 mm und die Verzögerungszeit 3 s. *(Foto: Autor)*

vom Typ UBNOV-1 gefüllt. Das ist eine Mischung aus 52% Cloracetofenon und 48% Torfmehl. Als Zünder dient ein zylindrischer Standard-Knallkörper, der in den inneren Zylinder gesteckt werden muss. Bei der Explosion erzeugt die IGN eine Gaswolke von 5 x 5 m Durchmesser, wobei der Übungsgiftstoff auf eine Distanz von 100 bis 500 m wirkt. Der Sicherheitsradius beläuft sich auf 50 m. Die Granaten IGS und IGS-P imitieren die Wirkung von sesshaften Kampfstoffen und werden vor der Verwendung mit flüssigem Übungskampfstoff IV-B gefüllt. Sie unterscheiden sich nur durch das Material des Körpers.

1.4.6. Brandschutzgranaten

Die Granate **RISP-1 »Lotos«** dient dem Löschen von Bränden in Gebäuden, insbesondere falls eine Explosionsgefahr in einem kleinen Raum (bis zu 10 m³) entsteht. Im Unterschied von üblichen Feuerlöschmitteln braucht man hier keinen Zutritt in den brennenden Raum: die Granate »Lotos« kann durch Fenster oder Türen eingeworfen werden. Die »Lotos« besteht aus dem Zünder und dem runden Körper aus Polyethylen, der mit Sodapulver gefüllt ist. Die Granate zündet mit einer Verzögerung von 3 bis 5 s. Dann zerstört der Zünder den Körper an den vorgesehenen Sollbruchstellen, sodass die Granate sich einer Lotosblume ähnlich öffnet. Löschpulver wird aus dem Granatkörper ausgestoßen und wirkt auf die Flamme mechanisch (durch den Pulverstrahl) und chemisch. Zudem durchdringt der Strahl jedes Hindernis, verursacht dabei aber keine Schäden an der Innenausstattung des Raums. Die »Lotos« wurde im Auftrag des russischen Ministeriums für Zivilschutz im Ingenieur-Forschungsinstitut FGUP »NIII« in der Stadt Balaschicha bei Moskau entwickelt, das mit Minenabwehr und Unterseebootbekämpfung beschäftigt ist. Im Jahr 2010 wurde eine Versuchsserie der Granaten zur Erprobung beim Zivildienst hergestellt, danach sollen sie für die weitere Verwendung angeboten werden.

Schnittmodell der Granate RISP-1 »Lotos«.

Technische Daten der einzelnen Handgranaten							
Bezeichnung	Einführungsjahr	Entwickler	Granatkörper	Wirkungsladung	Gewicht, kg	Länge, mm	Durchmesser, mm
			Gasgranaten				
»Tscheremucha-1« JaDG (Tsch-1)	1970	Staatliche Unternehmen	Karton	210 g CN	0,25–0,27	135	47
»Tscheremucha-5« RG-1 (Tsch-5)	1970–80er	Staatliche Unternehmen	Karton	10 g CN	0,05	ca. 45	25
»Tscheremucha-6« (Tsch-6)	1985	Staatliche Unternehmen	Kunststoff	60 g CN	0,082	88	34
»Tscheremucha-6M« (Tsch-6M)	1990er	Staatliche Unternehmen	Kunststoff	CN	0,05	75	35
»Tscheremucha-12« (Tsch-12)	1985	Staatliche Unternehmen	Kunststoff	CN	0,522	150	81
»Siren-1« (S-1)	1970	Staatliche Unternehmen	Karton	CS	0,08	75	37
»Siren-6« (S-6)	1985	Staatliche Unternehmen	Kunststoff	CS	0,05	75	35
»Siren-12« (S-12)	1985	Staatliche Unternehmen	Kunststoff	CS	0,52	150	82
K-51	Anfang 1980er	Staatliche Unternehmen	Kunststoff	CS	-	ca. 150	ca. 60
»Dreif«	1990er	NPO »STiS«	Kunststoff	CN	0,3	200	81
RG-60AZ »Dreif-2«	2006	NIIPKh	Metall	55–60 g Reizgas	0,136	175	58
RGK-60RD	2008	NIIPKh	Kunststoff	Reizgas	0,175	173	58,2
»Vprysk-P« (SW-1318)	<2007	NIIPKh	Kunststoff	222 g CN	0,325	140,5	66
»Basalt«	-	Staatliche Unternehmen	-	130 g Gas	0,31	155	58
RGR »Rulet-VV«	2007	NIIPKh	Kunst	CS	0,25	170	58
»Tomat«	Entwicklung	NPO »STiS«	Leichtmetall	CS+CR	0,35	130	60
			Schockgranaten				
GSZ	<2007	NIIPKh	Schaumstoff	30 g Pyroladung	0,135	156	63
»Veresk-PR«	<2008	Staatliche Unternehmen	Metall	Pyroladung	0,45	85	60 x 60
»Fakel«	1990er	NPO »KROST«	Schaumstoff	Submunition	0,3	250	90
»Fakel-Salon« (»Fakel-S«)	1990er	NPO »KROST«	Karton	Pyroladung	0,16	120	32
»Zarja«	<1983	NPO »STiS«	Kunststoff	Pyroladung	0,18	130	70
»Zarja-2«	1990er	NPO »KROST«	Kunststoff	Pyroladung	0,175	120	67
»Zarja-3«	1999	NIIPKh	Kunststoff	110 g Pyroladung	0,18	-	-
»Zarja-M«	-	NIIPKh	Kunststoff	Pyroladung	-	ca. 120	67

Bezeichnung	Einführungsjahr	Entwickler	Granatkörper	Wirkungsladung	Gewicht, kg	Länge, mm	Durchmesser, mm
»Plamja«	<1983	NIIPKh	Kunststoff	Pyroladung	0,2	80	70
»Plamja-M«	<2007	NPO »KROST«	Kunststoff	Pyroladung	0,2	95	75
»Plamja-M2«	<2007	NPO »KROST«	Kunststoff	Pyroladung	0,2	120	75
»Plamja-2«	1999	NIIPKh	Kunststoff	Pyroladung	0,2	80	70
V-5110 »Vsljet-M«	1990er	NIIPKh	Schaumstoff	Pyroladung	0,4	100	100
GSZ-F »Vystrel«	-	Staatliche Unternehmen	Metall	Pyroladung	-	127	55
RGK-60SZ	Anfang 2000er	NIIPKh	Kunststoff	Pyroladung	0,175	173	58,2
GRPK »Raskat-M3«	2015	NPO »STiS«	Kunststoff	Pyroladung	0,13	135	55
GRPS »Rokot«	2015	NPO »STiS«	Kunststoff	Pyroladung	0,18	122	60
GRPS »Rokot-P«	2015	NPO »STiS«	Kunststoff	Pyroladung	0,15	135	45
Kombinierte Granaten							
»Krol«	<2007	NPO »STiS«	Kunststoff	CN + Gummikugeln	0,5	200	81
1-OP-06 »Drofa«	2007	NPO »KROST«	Nichtmetall	Pyroladung + Reizgas	-	-	-
»Drofa-PM«	2015	NPO »STiS«	Kunststoff	Submunition	0,45	214	64
»Vjuschka« (SW-1319)	<2007	NIIPKh	Kunststoff	Pyroladung + Plastikkugeln	0,135	140,5	66
GSZ-T, GSZ-Sch	<2007	NIIPKh	Stahl	44 Kugeln	0,56	95	55
RGK-60KD	2008	NIIPKh	Kunststoff	Submunition	0,175	173	58,2
GRPK »Raskat-M7«	2015	NPO »STiS«	Kunststoff	Pyroladung + Reizgas	0,25	175	55
Thermobarische Granaten							
RG-60TB	2006	NIIPKh	Kunststoff	240 g Aerosolsprengstoff	0,35	175	58
ZMG	<2007	Staatliche Unternehmen	Magnesiumlegierung	271 g Brandladung	0,81	220	61
Nebelgranaten							
RDG-2kh (VO.21)	1949	Staatliche Unternehmen	Karton	450 g Nebelstoff	0,5–0,6	220	55
RDG-2b(VO.28)	1949	Staatliche Unternehmen	Karton	300–350 g Nebelstoff	0,5–0,6	215	53
RDG-2tsch (VO.22)	1949	Staatliche Unternehmen	Karton	300–350 g Nebelstoff	0,5–0,6	220	53
RDG-P (VO.2.02.00)	1981	Staatliche Unternehmen	Kunststoff oder Metall	Nebelstoff	0,52	-	-
RDG-K	-	NIIPKh	-	Nebelstoff	0,3	190	50
RG-60DZ	Anfang 2000	NIIPKh	Kunststoff	250 g Nebelstoff	0,35	175	58

Bezeichnung	Einführungsjahr	Entwickler	Granatkörper	Wirkungsladung	Gewicht, kg	Länge, mm	Durchmesser, mm
RDG-M »Dym«	2006	NIIPKh	Kunststoff	Nebelstoff	0,29	175	58,5
GRD (SW-1357)	<2007	NIIPKh	Kunststoff	Nebelstoff	0,4	140,5	66
RAG RG-42D	2015	NPO »STiS«	Karton	90 g Nebelstoff	0,13	130	55
Chemische Übungsgranaten							
Uch. JaDG	1950er	Staatliche Unternehmen	Karton	190–210 g Mix UB-NOV-2	0,25–0,27	135	47
IGN	1950er	Staatliche Unternehmen	Karton	100 g Giftstoff UBNOV-1	0,18	100	71
IGS	1950er	Staatliche Unternehmen	Karton	450 g Giftstoff IVB	0,81	100	120
IGS-P	1950er	Staatliche Unternehmen	Kunststoff	450 g Giftstoff IVB	0,5	93	105
Brandschutzgranate							
RISP-1 »Lotos« D-2	2002	FGUP »NIII«	Kunststoff	1300 g Feuerlöschstoff + 5 g Sprengladung DRP-3	1,7	241	138

Die Hersteller der sogenannten »speziellen Handgranaten« sind derzeit OAO FNPZ »NIIPKh« in Sergijew Posad (RG-60Az, »Dreif-2«, RGK-60RD, RGK-60SZ, RGK-60KD, RG-60TB, RDG-M »Dym«, RGR »Rulet-VV«, »Zarja-3«, GSZ), FKP »Mechanisches Werk Saransk« (»Drofa«, »Zarja-2«, »Plamja«, »Plamja-M«, »Fakel«, »Fakel-S«), FGUP »Produktionsvereinigung Tscheboksary namens W.I. Tschapajew« (RDG-2), OAO/FGUP »Signal« in Tscheljabinsk (RGD-P), FGKU w/tsch 44239 in Balaschicha (GRD, »Vjuschka«).

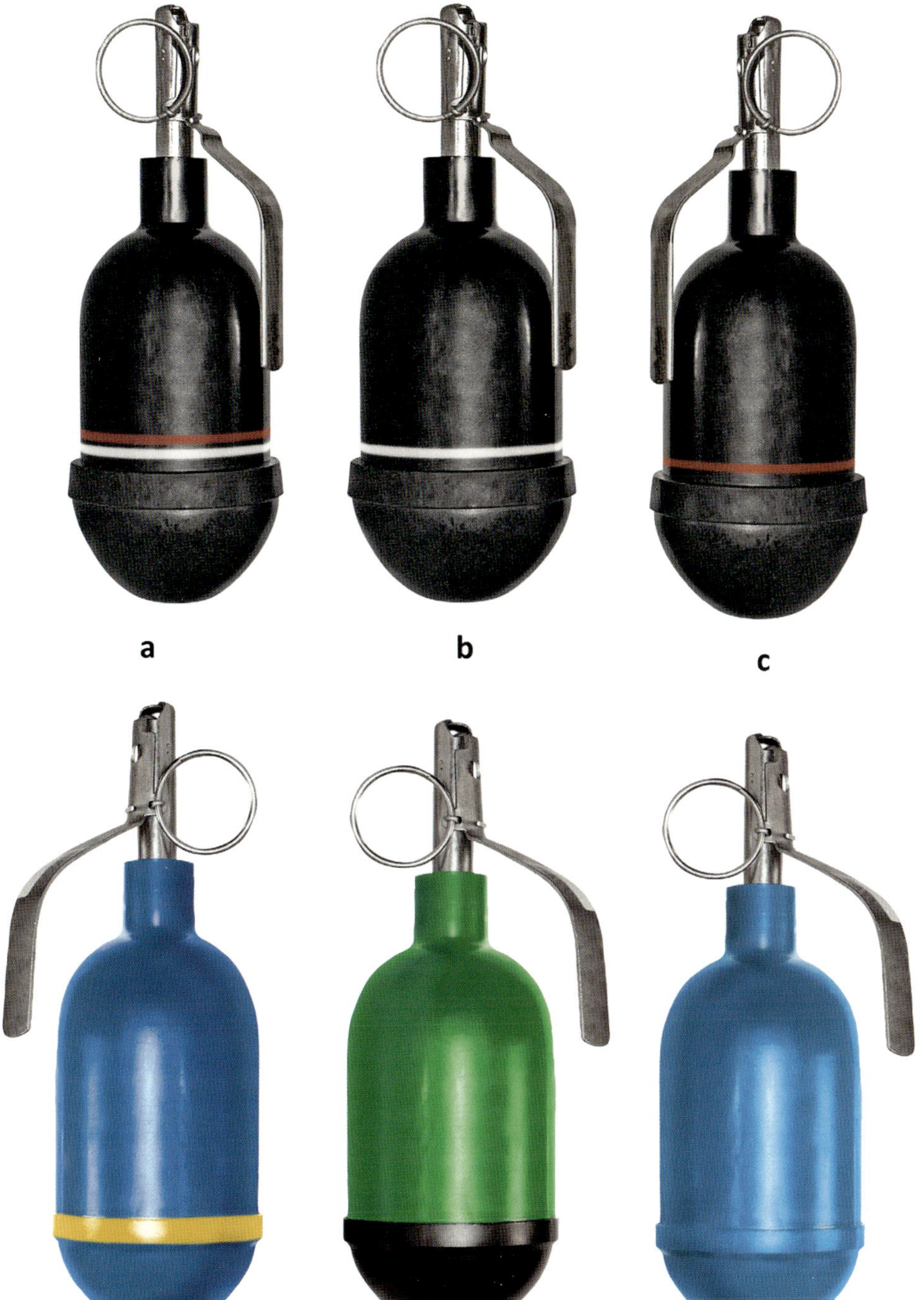

Die Granatenfamilie RG-60 von NIIPKh:
a – RGK-60KD; b – RGK-60SZ; c – RGK-60RD; d – RGR »Rulet-VV«; e – RG-60TB; f – RG-60AZ.
(Foto: NIIPKh)

2. Gewehrgranaten

und Granatwerfer

(Foto: Vitaly V. Kuzmin)

Der Granatwerfer ist eine überwiegend tragbare Waffe, die als Munition Granaten verschießt und der Bekämpfung von feindlichen Panzern, feindlicher Infanterie und ihrer Technik auf offenem Gelände sowie in Feldbefestigungen dient. Granatwerfer und Gewehrgranaten spielen heute eine wichtige Rolle im gesamten System der Infanteriebewaffnung. Sie werden zur direkten Unterstützung der Infanterie auf Ebene der Abteilung, des Zugs und der Kompanie eingesetzt, wobei ihre Reichweite (von 50 m bis 400 m und mehr) es ermöglicht, die Lücke zwischen der maximalen Wurfweite von Handgranaten und der minimalen Reichweite von Mörsern und Artillerie zu füllen. Häufig verwendet man diese Waffe – oft mit sogenannten »nicht-tödlichen« Munitionsarten – auch bei Kommando-, Antiterror- und Polizeiaktionen. Antisabotage-Granatwerfer verschießen anstelle üblicher Granaten kleine Wasserbomben und dienen der Bekämpfung von Unterwasserzielen (Kampfschwimmer, Mini-U-Boote).
Alle Granatwerfer lassen sich dahingehend klassifizieren:

- **nach der Zweckbestimmung** – Infanterieabwehr-, Antisabotage-, Spezielle- und Panzerabwehr-Granatwerfer (diese werden im nächsten Kapitel behandelt);
- **nach der Möglichkeit zur Wiederverwendung** – Einwegwaffe und wiederverwendbare Waffe;
- **nach dem Grad der Automatisierung** – nicht-automatische und automatische Granatwerfer (oder Maschinengranatwerfer);
- **nach dem Ladeschema** – Hinterlader und Vorderlader;
- **nach besonderen Merkmalen des Laufes** – Waffe mit gezogenem Lauf und Waffe mit glattem Lauf;
- **nach der Anzahl der Läufe** – einläufige und mehrläufige Waffe;
- **nach dem Aufbau** – Gewehrgranaten, Wurfbecher für Langwaffen, Granatpistolen, Granatgewehre, Unterlaufgranatwerfer und lafettierte Granatwerfer. Besonders vielfältig sind Konstruktionen von Granatwerfern.

Gewehrgranaten brauchen für ihre Verwendung kein spezielles Abschussgerät und werden zum Abschuss auf die Mündung einer Langwaffe gesetzt und mittels einer speziellen Triebpatrone abgefeuert. Zum Verschießen von Gewehrgranaten, aber auch von Handgranaten aus Langwaffen können **Wurfbecher** eingesetzt werden. Sie werden auf die Mündung eines Gewehres oder Karabiners gesetzt und können glatt oder gezogen sein. Eine überkalibrige Granate wird in den Becher von vorne eingeführt. Zum Verschießen werden auch die Gase einer Treibpatrone genutzt. Derzeit verwendet man diese Waffenart lediglich für Polizeizwecke.
Heute sind Gewehrgranaten beim Militär komplett durch **Unterlaufgranatwerfer (Unterlaufabschussgeräte)** ersetzt, die unter den Lauf einer Langwaffe (meist Sturmgewehr) anmontiert werden. Sie benötigen keine Treibpatrone, da die Granate über eine eigene Treibladung verfügt. Dadurch verhindert der Abschuss einer Granate nicht den Einsatz der Schusswaffe.
Granatgewehre sind keine Anbauwaffen, sondern eigenständige, tragbare Handwaffen, die die Form eines Gewehres haben und anstelle von Gewehrpatronen großkalibrige Munition verschießen. Da der Schütze zu seiner Verteidigung noch eine Schusswaffe mitführen muss, werden Granatgewehre heutzutage nur sehr selten für Militärzwecke eingesetzt. Die meisten heutigen Modelle sind im Gebrauch von Polizei und Sondereinheiten, welche diese Waffen zum Abschuss von Reizstoff-, Wucht- und Schockmunition verwenden.
Granatpistolen – Waffen gebaut wie Leuchtpistolen – sind relativ selten. Grund dafür ist ein starker Rückstoß beim Abschuss eines schweren Projektils, wodurch das einhändige Schießen mit dieser Waffe sehr problematisch wird. Deshalb werden Granatpistolen vor allem als spezielle (z.B. schallgedämpfte) Waffen verwendet.
Automatische Granatwerfer stellen im Prinzip schwere Maschinengewehre mit kurzem und dickem Lauf dar, die anstelle von Patronen Splittergranaten mit einem Kaliber von 30–40 mm verschießen. Im Gegensatz zu handgeführten Granatwerfern haben ihre Granaten stärkere Treibladungen, wodurch sie eine wesentlich größere Reichweite (bis 1700–2200 m) erreichen können.

Geschichte

Die Grundlage für die heutigen Granatwerfer bildete die Erfindung des Handmörsers Ende des 15. Jahrhunderts. Er stellte eine kurzläufige Waffe dar, die zum Abschuss von damaligen Handgranaten geeignet war und bei vielen europäischen Armeen eingesetzt wurde.

In Russland wurden die Handmörser unter Peter dem Großen eingeführt. Sie dienten der Abwehr von Bombardier- und Artillerie-Kompanien und konnten sowohl Handgranaten als auch Schrot verschießen. Nach dem Tod Peters des Großen wurden die Handmörser von der Infanterie ausgemustert und in Festungen gebracht, wo sie bis zum Ende des 19. Jahrhunderts zu ihrer Verteidigung eingesetzt wurden.

Seit 1914, als der Erste Weltkrieg bereits nach wenigen Monaten im Grabenkrieg erstarrte, zeigte das Militär wieder Interesse an Granatwerfern. Jedoch verwendete man ursprünglich mechanische Mittel wie Armbrüste, vorgefertigte und in Truppen hergestellte Katapulte oder andere mechanische Wurfmaschinen, um Handgranaten in feindliche Schützengräben zu schleudern. Da die treibmittelbetriebenen Gewehrgranaten und Granatwerfer jedoch eine größere Reichweite und eine höhere Präzision ermöglichten, verdrängten sie sehr schnell die mechanischen Werfer.

Erste russische Granatwerfer wurden schon im Herbst 1914 angeboten. Ihre Urheber waren V.I. Rdultovsky, V.A. Mgebrov, Selensky, A.A. Karnaukhov, S.P. Pawlowski und V.B. Segal. Die beste Konstruktion eines Granatwerfers hat Stabskapitän M.G. Djakonov entwickelt. Der Djakonov-Granatwerfer stellte einen Wurfbecher mit gezogenem Lauf im Kaliber 40,6 mm dar, der auf die Mündung eines Mosin-Gewehrs gesetzt wurde. Dank einer Bohrung in der Mitte der Granate konnte zu ihrem Verschießen eine Scharfpatrone verwendet werden. Am 24. März 1916 wurde der Djakonov-Granatwerfer an der Ostfront erprobt; die Zarenarmee bestellte 40.000 Wurfbecher und

Bombardiere mit Handmörsern.

Technische Daten der russischen Gewehrgranaten bis 1945						
Bezeichnung	**Einführungs-jahr**	**Entwickler**	**Sprengladung**	**Gewicht, kg**	**Kaliber, mm**	**Reichweite, m**
Gewehr-Stockgranate des Amtes für Artillerie Bauart I	1914	V. I. Rdultovkij	128 g Ammonal	0,614	56	169
Gewehr-Stock-granate des Amtes für Artillerie Bauart II	1915	V. I. Rdultovkij	30 g Ammonal oder TNT	0,648	32,5	200
Gewehr-Stock-granate von Stabs-kapitän V.A. Mgeb-rov Bauart 1914	1914	V. A. Mgebrov	72,5 g Tetryl	0,477	40	307
Stockgranate von Selensky	1914	Selensky	51 g TNT	0,925	51	270
VKG-40	1940	Staatliche Unternehmen	90 g TNT	0,220	40	150
VPGS-41	1941	KB des Volks-kommissariates für Kohlenindus-trie, A.K. Serdjuk	334 g TNT	0,678	64	60–140
VAG-42	1942	Staatliche Unternehmen	34–40 Propa-gandazettel	0,324–0,340	ca. 40	400–450

125.000 Granaten. Jedoch konnte die Truppe nur sehr langsam mit der neuen Waffe ausgerüstet werden, sodass nur wenige Waffen gebaut wurden.

Nach der Oktoberrevolution führte die Rote Armee (als provisorische Maßnahme) den erbeuteten deutschen Granatwerfer M1915 ein. Seine Anzahl war gering und schon bald wurde er durch die modernisierte Version des Djakonov-Granatwerfers ersetzt. Die Djakonov-Waffe wog mit Gewehr, Quadrant-Visier und Zweibein 8,6 kg und hatte mit der Zusatzladung eine maximale Reichweite von 850 m. Die UdSSR verwendete die Djakonov-Granatwerfer bis zum Ende des Zweiten Weltkriegs.

Während des Zweiten Weltkriegs wurden auch andere Modelle von Gewehrgranaten und Granatwerfern entwickelt. Hierzu zählen die kumulativen Granaten VKG-40 und VPGS-41, die der Bekämpfung von Panzerfahrzeugen dienten und eine Durchschlagskraft von 50 bzw. 40 mm hatten. Die VPGS-41 (Konstrukteur Serdjuk) ist eine sogenannte Stielgranate, deren Schaft aus einem stählernen Stiel besteht. Dieser Stiel wird direkt in den Gewehrlauf gesteckt und dient als Kolben für die Treibgase der Treibpatrone. Zum Abschuss von Propagandazetteln wurde die Gewehr-Propagandagranate VAG-42 entwickelt und eingeführt.

Im November 1941 erhielten das Forschungsinstitut NII-6 und das Werk Nr. 575 den Auftrag zur Entwicklung einer Brandgranate für die Rdultovsky-Leuchtpistole des Kalibers 26 mm. Die neue Munition wurde in kurzer Zeit konstruiert und bekam die Bezeichnung »Sabotagepatrone«. Solche Granatpistolen wurden von Partisanen und Spezialeinheiten der Roten Armee im Hinterland des Feindes eingesetzt. Die sowjetischen Partisanen improvisierten häufig auch mit Behelfsgranatwerfern. Sehr interessant war dabei beispielweise ein Wurfbecher für Gewehrgranaten, dessen Lauf aus der Hülse für die 45-mm-Patrone gefertigt wurde (Konstrukteur T.E. Schavgulidse).

Während des Zweiten Weltkrieges verwendete die Rote Armee Wurfbecher auch zum Verschießen von Flaschen mit »Molotow-Cocktails« (Flüssigkeit »KS«).

Das in der UdSSR erste Granatgewehr wurde im April 1942 vom Militärtechniker Rastorguev vorgeschlagen. Die Waffe unter dem Namen »MGR«

(Mörser-Granatwerfer Rastorguev) verwendete den Lauf des 50-mm-Mörsers und sollte als Munition die modifizierte Handgranate F-1 und die 50-mm-Wurfmine verschießen. Obwohl der MGR erfolgreich erprobt wurde, erfolgte keine Beschaffung.

Das Granatgewehr RMN-50 (Forschungsinstitut NII-6, Konstrukteur I.M. Naiman) wurde für Partisanen durch Umbau unbrauchbarer Mosin-Gewehre hergestellt. Statt eines defekten Laufes wurde ein Rohr vom 50-mm-Mörser angeschweißt, wodurch die Waffe neben 50-mm-Mörsergranaten auch spezielle Granaten verschießen konnte.

Mit der Einführung des Mosin-Karabiners M1944 und des Simovow-Karabiners SKS-45 wurden die Wurfbecher VG-44 bzw. VG-45 entwickelt. Sie wurden nur in kleiner Stückzahl gefertigt, da das im Jahr 1949 eingeführte Kalaschnikow-Sturmgewehr sehr bald die Karabiner aus der Truppe verdrängte.

In den 1950er Jahren war der sowjetische Parteichef Nikita Chruschtschow von Atom- und Raketenwaffen so begeistert, dass Artillerie und klassische Waffensysteme von ihm für »Steinzeitwaffen« erklärt wurden. Die Folge war, dass über 20 Jahre lang weder neue Granatwerfer noch

Djakonov-Granatwerfer (GAU-Index 56-G-621). (*Foto: www.otvaga2004.ru*)

Ein weiteres Einsatzgebiet von Gewehrgranaten war der Abschuss von Propagandazetteln. *(Foto: M. Berkovitsch)*

Gewehrgranaten in den Dienst der Sowjetarmee gestellt wurden – trotz eines regelrechten Gewehrgranaten-Booms der 1950er Jahre in den NATO-Staaten. Apropos: Viele ehemalige Warschauer-Pakt-Länder folgten nicht so blind dem »großen Waffenbruder«. Im Unterschied zur UdSSR entwickelten die DDR, Jugoslawien, Polen, Rumänien und Ungarn eigene Modelle von Gewehrgranaten und entsprechende Abschussvorrichtungen, die überwiegend an das Kalaschnikow-Sturmgewehr angepasst wurden.
Laut Verordnung Nr. 171 des UdSSR-Staatskomitees für Wehrtechnik vom 28. April 1960 wurde Tulas Konstruktionsbüro ZKIB SOO beauftragt, neben Sport- und Jagdwaffen auch Kriegswaffen zu entwickeln. Seitdem ist das ZKIB SOO (heute ist es eine Filiale von Tulas Konstruktionsbüro KBP) das führende russische Unternehmen auf dem Gebiet der Nahkampfmittel.
So entstand das erste Unterlaufabschussgerät für das Kalaschnikow-Gewehr, das vom Konstrukteur des ZKIB SOO V.V. Rebrikov 1966 als Gegenstück zum amerikanischen M79 entworfen wurde – TKB-048 »Iskra«. Die 43-mm-Waffe wurde unter dem Lauf des Sturmgewehrs AKM montiert und verschoss die Splitter-Hohlladungsgranate OKV-40 (Konstrukteur K.V. Demidov). Der Granatwerfer wog 1,15 kg, hatte eine Lauflänge von 140 mm und eine Reichweite von 50 bis 400 m. Und obwohl ein sowjetischer General nach der Schießerprobung des TKB-048 den historischen Satz »Packen Sie ein, ich kaufe!« von sich gab, erreichte diese Waffe nie Serienreife– bürokratische Gründe verhinderten dies.
Erst 1978 führte die Sowjetarmee den 40-mm-Unterlaufgranatwerfer GP-25 »Kostyor« ein, der von einem anderen Konstrukteur des ZKIB SOO, V.N. Telesch, entworfen wurde. Im Vergleich zu dem US-Granatwerfer M203 für das Sturmgewehr M16 besaß die russische Waffe die höhere Feuergeschwindigkeit, da sie hülsenlose Munition verwendete. Später wurde die Konstruktion des GP-25 mehrmals verbessert und diente als Grundlage für andere Unterlaufgranatwerfer und Granatgewehre. Die Einführung von Unterlaufabschussgeräten war ein großer Fortschritt in der Infanteriebewaffnung, da jeder Soldat diese bekam und nun mit seiner individuellen Waffe gleichzeitig zwei Munitionstypen – Patronen und Granaten – verschießen konnte. Das erhöhte wesentlich seine Feuerkraft. So wurden beispielweise im Tschetschenienkrieg ca. 90% der Sturmgewehre der russischen Infanteristen mit den Unterlaufgranatwerfern GP-25 und GP-30 ausgestattet.
Neben den »klassischen« Unterlaufgranatabschussgeräten entwickelten in den 1970er bis 1980er Jahren Konstrukteure des Forschungsinstituts ZNIItotschmasch in der Stadt Klimovsk bei Moskau eine Reihe von originellen schallgedämpften Granatwerfersystemen, die für den Einsatz von Spezialeinheiten im feindlichen Hinterland konzipiert wurden (»Djatel«, »Burja«, »Tischina« und »Kanareika«).

Im selben Zeitraum entsandte man noch eine weitere Art exotischer Granatwerfersysteme. Zum Schutz von Schiffen und Küstenanlagen gegen Kampfschwimmer, Mini-U-Boote und Piraten forderte die Marine eine entsprechende Bewaffnung. In diesem Zusammenhang entwickelte das Unternehmen »Basalt« aus Moskau und das ZKIB SOO einige Modelle sogenannter Antisabotage-Granatwerfer, die von der Schulter (DP-61, DP-64) oder einer Lafette (MRG-1, DP-65) abgefeuert werden konnten.
Seit den 1980er Jahren rüsten sich die Miliz (heute die russische Polizei) und Spezialeinheiten mit »nicht-tödlichen« Waffen aus, darunter mit unterschiedlichen Granatwerfern. Diese Waffen sind in erster Linie für Polizeieinsätze konzipiert, z.B. bei Massenkrawallen, Täterfestnahmen, Geiselnahmen, etc., und verwenden eine Munition, die die Gegner kampfunfähig macht, aber nicht tötet. Spezialisiert auf ihre Entwicklung ist vor allem das Zentrum für Spezialtechnik des FSB. Daneben entwickelte das Konstruktionsbüro KBP Tula den leichten Granatwerfer GM-94 auf Basis einer Pump-Action-Flinte.

Eine weitläufig verbreitete Meinung ist, dass erste Maschinengranatwerfer (zum Beispiel der amerikanische MK 19) während des Vietnam-Krieges erschienen seien. Aber schon in der Mitte der 1930er Jahre entwickelte der sowjetische Konstrukteur J.G. Taubin den Granatwerfer AG-2, der Granaten mit Kaliber 40,6 mm vom Djakonov-Granatwerfer verschoss. Die Waffe konnte entweder auf einer Räderlafette oder auf Panzerkuttern montiert werden. Nach der Erprobung 1937–1938 wurde eine kleine Serie der Granatwerfer AG-2 gebaut, die von der Roten Armee im sowjetisch-finnischen Krieg sehr eingeschränkt verwendet wurden. Schließlich bevorzugte die UdSSR die einfacheren und billigeren 50-mm-Mörser.
Erst nach etwa 40 Jahren wurde der automatische 30-mm-Granatwerfer AGS-17 »Plamja« entwickelt und eingeführt. Abgesehen von der Infanterie-Version auf einer Dreibeinlafette gibt es eine maritime Version und eine Hubschrauberversion, sowie einige Varianten für Panzerfahrzeuge und Festungen. Derzeit in der Entwicklung befinden sich neue Maschinengranatwerfer mit größeren 40- und sogar 57-mm-Kalibern.

Russischer Soldat schießt mit dem AK-74-Sturmgewehr mit einem unter dem Lauf montierten Granatwerfer GP-25. Hinter dem Rücken hängt eine Panzerfaust RPG-26. *(Foto: Vitaly V. Kuzmin)*

2.1. Schießbecher für Gewehrgranaten und ihre Munition

2.1.1. Gewehrgranatwerfer VG-44 (56-G-625) und VG-45 (56-G-626)

(Foto: Archiv des Autors)

Geschichte

Ende des Zweiten Weltkrieges führte die Sowjetarmee den Mosin-Magazinkarabiner Bauart 1944 und etwas später den halbautomatischen Simonov-Karabiner SKS-45 ein, die das Mosin-Gewehr ersetzen sollten. Deshalb wurde beschlossen, anstatt des Djakonov-Gewehrgranatengerätes auf seiner Basis neue Zusatzeinrichtungen zum Abschuss von Gewehrgranaten zu entwickeln. Diese Waffen wurden 1949 in den Dienst der Sowjetarmee unter den Bezeichnungen VG-44 und VG-45 genommen. Die beiden Modelle waren identisch aufgebaut und unterschieden sich nur durch die Basiswaffe: das VG-44 ist für die ab 1947 hergestellten Mosin-Karabiner geeignet, das VG-45 für die ab 1951 hergestellten Simonov-Karabiner. Die Geräte wurden im Maschinenbauwerk Wjatskije Poljany in kleiner Serie produziert, waren aber nur in den 1950er Jahren im Einsatz und wurden nach Einführung des Kalaschnikow-Sturmgewehrs ausgemustert.

Technik

Bei den Gewehrgranatgeräten VG-44 für den Mosin-Karabiner Bauart 1944 und VG-45 für den Simonov-Karabiner SKS-45 handelt es sich um auf die Mündung der Waffe geklemmte Wurfbecher im Kaliber 40,6 mm, die ähnlich wie

das Djakonov-Gewehrgranatgerät aufgebaut sind. Der Wurfbecherlauf ist gezogen. Für die Geräte sind zwei Munitionstypen vorgesehen: die Infanterieabwehr-Splittergranate VOG-1 und die kumulative Panzergranate VPG-1. Die erste Granate ist mit 50 g TNT gefüllt und verfügt über einen Kopfzünder vom Typ GVO. Die Granate VKG-1 ist eine Weiterentwicklung der im Jahre 1940 eingeführten Gewehrgranate VKG-40 für das Djakonov-Gewehrgranatgerät.
Die VPG-1 wurde schon 1944 mit dem Simonov-Karabiner erprobt, musste aber aufgrund ihrer relativ geringen Durchschlagskraft nachgearbeitet werden. Diese Arbeiten wurden 1946–1948 durchgeführt. Darüber hinaus können die VG-44 und VG-45 auch Leucht- und Signalgranaten verschießen. Die VKG-1 ist ebenfalls mit einem Aufschlagzünder (Typ DVP) ausgestattet, der aber in den Boden der Granate eingeschraubt wird. Ihre 100 g schwere Füllung besteht aus einer Mischung aus Hexogen und TNT.
Zum Verschießen der Granaten mussten speziell entwickelte Treibpatronen PKhS-44 und PKhS-45 eingesetzt werden. Sie wurden auf Grundlage der Platzpatrone konstruiert und verwendeten eine verstärkte Ladung aus Pistolen-Schießpulver P-45. Auf der Oberfläche des Wurfbechers gibt es eine rote (VG-44) oder grüne (VG-45) Aufschrift »Schießen nur mit Platzpatronen«, deren Farbe der Markierung der Treibpatrone entspricht.

Taktische und technische Daten	
Kaliber	40,7 mm
Gesamtlange	ca. 320 mm
Gewicht	1,7 kg
Gewicht der Granate	0,25 kg (VPG-1), 0,235 kg (VOG-1)
Visierschuss-weite	150 m (VPG-1), 200 m (VOG-1)
Magazin-kapazität	Einzellader

Visitenkarte	
Einführungs-jahr	1950–1951
Entwickler	Staatliche Unternehmen
Hersteller	Werk Nr. 367 (Maschinenbauwerk Wjatskije Poljany »Molot«)
Gebaute Exemplare	kleine Serie
Einsatzländer	UdSSR

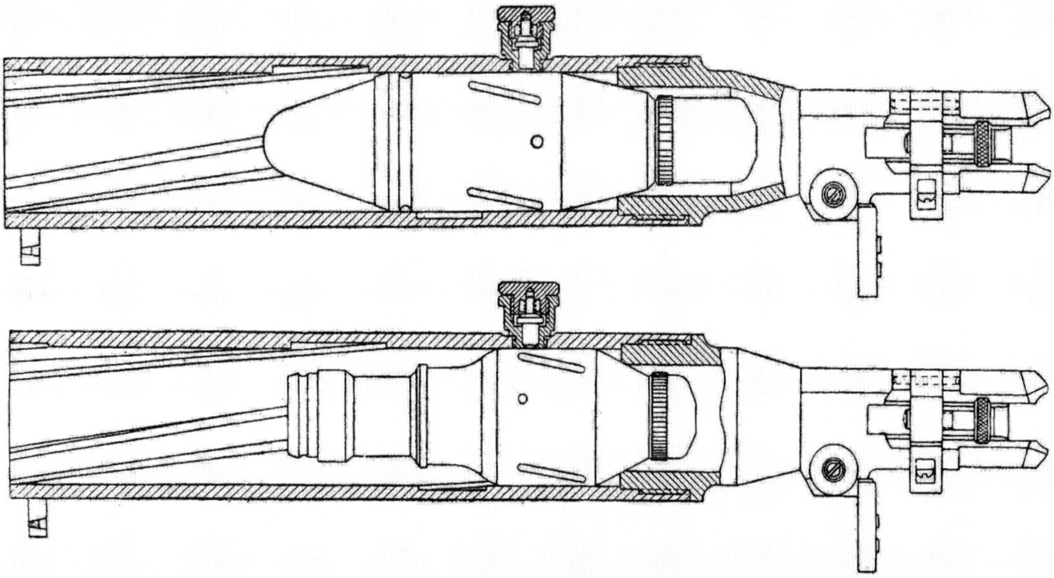

Schnitt des Gewehrgranatgerätes mit der Granate VPG-1 (oben) und VOG-1 (unten).
(Bild: Gebrauchsanleitung)

Panzergranate VPG-1. *(Foto: Costas [forum.guns.ru])*

Infanterieabwehr-Splittergranate VOG-1. *(Foto: Costas [forum.guns.ru])*

Befestigungseinrichtung und Visiereinrichtung des Gewehrgranatgerätes VG-45. *(Foto: Archiv des Autors)*

2.1.2. Granatwerfersystem »Vitrina«

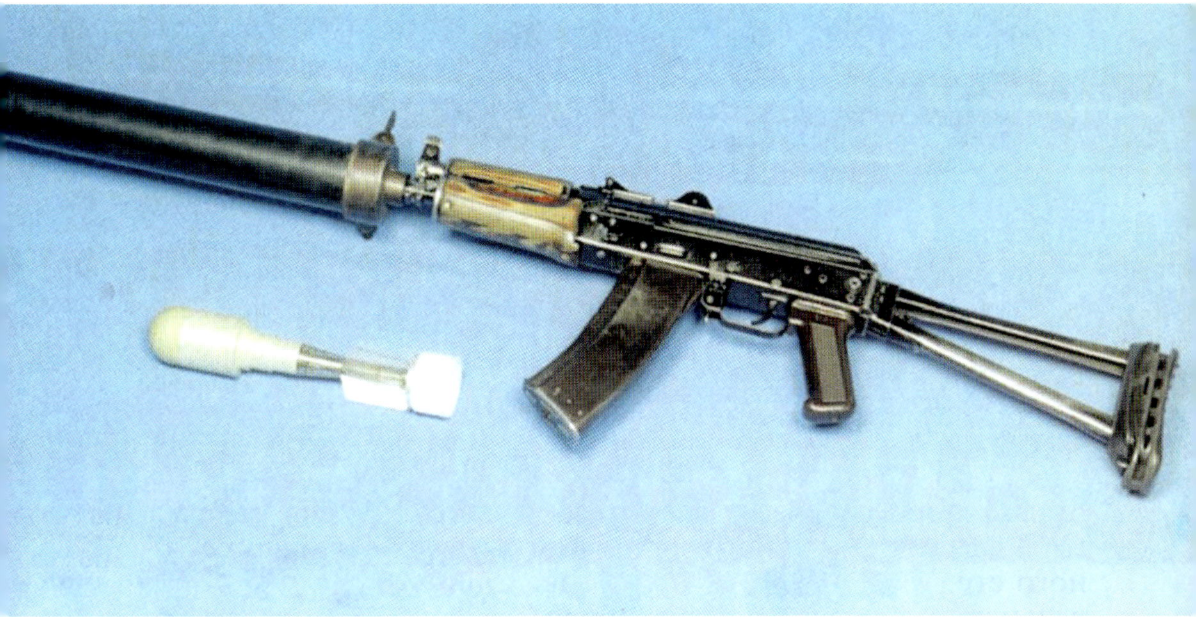

(Foto: russianguns.ru)

Geschichte

Dieses Granatwerfersystem für das Kalaschnikow-Sturmgewehr AKS-74U wurde anlässlich der Olympischen Spiele in Moskau (1980) innerhalb von nur 3 Monaten entworfen und am 6. Juli 1980 offiziell in den Dienst gestellt. Da keine professionellen Waffenkonstrukteure mit der Entwicklung dieser Waffe beschäftigt waren, hatte sie einen sehr primitiven und einfachen Aufbau mit einigen Nachteilen: den starken Rückstoßimpuls und die geringe Reichweite. Trotzdem hat das Granatwerfersystem »Vitrina« (auf Deutsch: »Vitrine«) die staatliche Erprobung erfolgreich bestanden und wurde in die Bewaffnung der Spezialeinheiten, darunter der bekannten »Gruppe A« des KGB (»Alfa«), eingeführt. Es befand sich lange Zeit im Einsatz – bis zur seiner Ablösung durch das neue Granatgewehr RGS-50, dessen Vorfahre ebenfalls das »Vitrina« war.

Technik

Der Lauf des Granatwerfers ist an einer Muffe befestigt, die an der Mündung statt der Mündungsbremse montiert wird. An der Muffe ist eine drehende Visierstange mit drei Kimmen für Distanzen 50, 75 und 100 m befestigt. Die Granate wird von einem speziellen Halter im Lauf fixiert. Die Granaten werden von Blankpatronen abgefeuert, die im Standardmagazin des Sturmgewehrs geladen sind. Auf der Kolbenkappe wird ein Gummidämpfer montiert (der Granatwerfer GP-25 benutzt den gleichen Dämpfer).
Der Granatwerfer verschießt die Granate »Vitrina-G« mit flüssiger Lösung von CN. Dieser Reiz-Tränenstoff wirkt bei der Verdünstung oder beim Sprayzustand auf die Nervenenden der Augenschleimhaut und der Oberatmungswege und erzeugt Brennen und Schmerzen in den Augen und in der Brust, sowie Tränen, Schnupfen und Husten.

Taktische und technische Daten	
Kaliber	50 mm
Gewicht	4,1 kg
Lauflänge	520 mm
Mündungsgeschwindigkeit	65 m/s
Gewicht der Granate	0,37 kg
Visierschussweite	100 m, effektive Schussweite 70 m
Feuergeschwindigkeit	Einzellader

Visitenkarte	
Einführungsjahr	1980
Entwickler	Technische Abteilung des KGB
Hersteller	Staatliche Unternehmen
Gebaute Exemplare	geheim
Einsatzländer	UdSSR

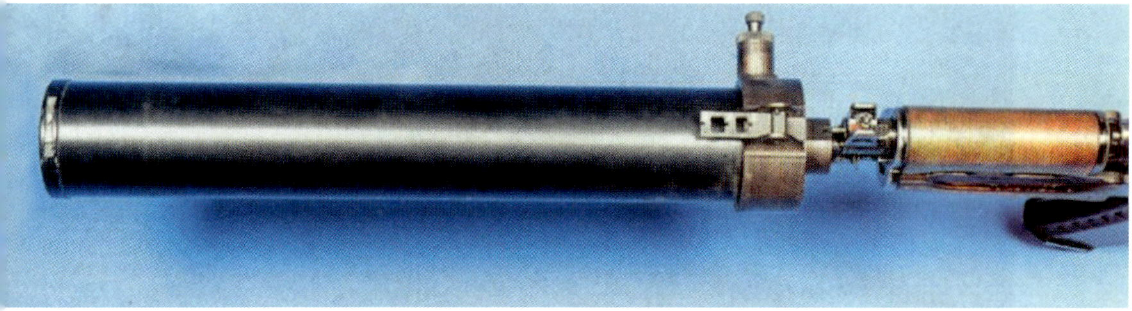

Granatwerfer »Vitrina« von oben (das Korn der Visiervorrichtung ist geklappt). (Foto: russianguns.ru)

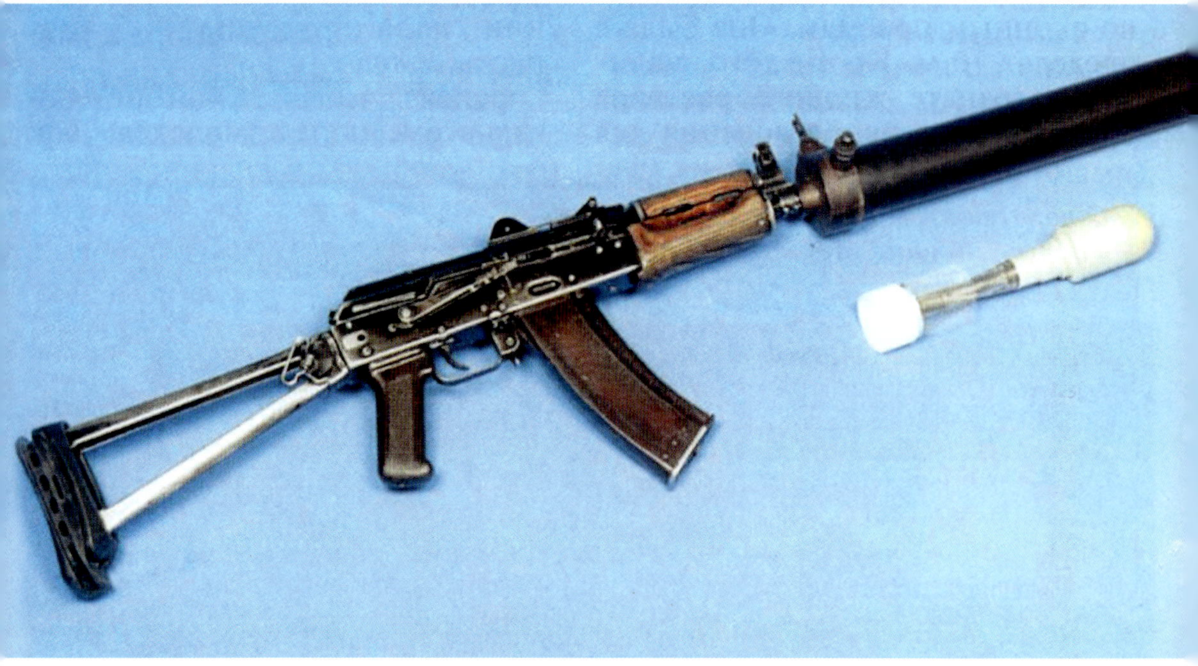

Der an dem Sturmgewehr AKS-74U angebrachte Granatwerfer »Vitrine« von rechts und die Granate »Vitrina-G«. *(Foto: russianguns.ru)*

2.1.3. Mündungsaufsätze »Nasadka-6« und »Nasadka-12«

(Foto: KardeN)

Die Mündungsaufsätze »Nasadka-6« (Kaliber 36 mm) und »Nasadka-12« (82 mm) wurden für die 23-mm-Polizeiflinte KC-23 entwickelt. Sie werden auf die Mündung der Flinte geschraubt und sind ausgelegt, die Gashandgranaten »Tschermukha-6« (mit Reizgas CN) und »Siren-6« (CS), bzw. »Tscheremukha-12« und »Siren-12« zu verschießen. Die Granate wird aus dem Wurfbecher mittels einer Treibpatrone 23 x 75 mm PV-26(M) ausgestoßen. Diese Treibpatrone besteht aus einer Hülse mit Kaliber 26 mm, in der sich eine 7,62-mm-Gewehrplatzpatrone befindet. Da die Granaten und Flintenmunition eine unterschiedliche Ballistik haben, verfügt der Wurfbecher über eine »kombinierte« Visiereinrichtung, die aus einem auf dem Wurfbecher sitzenden Korn und der Kimme der Flinte besteht.

Taktische und technische Daten »Nasadka-6 »/Nasadka-12«	
Kaliber	36/82 mm
Gesamtlange	ca. 150 mm
Gewicht der Granate	0,05–0,082/0,522–0,55 kg
Feuergeschwindigkeit	Einzellader
max. Reichweite	200/120 m

Visitenkarte	
Einführungsjahr	1985
Entwickler	NIIST und ZNIItotschmasch
Hersteller	staatliche Unternehmen
Gebaute Exemplare	geheim
Einsatzländer	Russland (UdSSR)

Der Mündungsaufsatz »Nasadka-12« mit der 23-mm-Flinte KS-23 von links und rechts. *(Foto: KardeN)*

Gasgranate »Tschermukha-6M«. *(Foto: KardeN)*

2.1.4. Mündungsaufsatz OZ-6 »Koschka«

(Foto: KardeN)

Für die KS-23 ist noch ein weiterer Aufsatz vorhanden. Er heißt OZ-06 »Koschka« (auf Deutsch: »Katze«) und wurde von ZKIB SOO Tula 1993 im Auftrag des russischen Innenministeriums entwickelt. Die Miliz wollte ein Spezialmittel auf Basis einer Standardwaffe haben, mit dessen Hilfe man sehr schnell in ein Gebäude eindringen kann. Aus dem OZ-6 wird ein Draggen-Anker mit einer 50 m langen Leine bis zu 35 m weit und 20 m hoch (diese Höhe entspricht einem 7-stöckigen Gebäude) verschossen. Der Draggen-Anker wird durch die Treibpatrone PV-23 aus dem Wurfbecher ausgestoßen und hakt sich an ein Hausdach, Fenster oder Balkon an. Er eignet sich zum Heben von bis zu 250 kg schweren Lasten. Bei der Variante OZ-06-03 handelt es sich um einen Anker mit vier ausklappbaren Flunken, während der Anker des OZ-06-02 über vier feste Flunken verfügt.
Diese »Waffe« wird auch in einer zivilen Ausführung für Feuerwehr, Rettungsdienste und Schiffsbesatzungen angeboten.

Taktische und technische Daten	
Kaliber	ca. 30 mm
Gewicht	2 kg
Gesamtlänge	ca. 250 mm
Feuergeschwindigkeit	Einzellader
max. Reichweite	35 m

Visitenkarte	
Einführungsjahr	1993
Entwickler	ZKIB SOO Tula
Hersteller	staatliche Unternehmen
Gebaute Exemplare	geheim
Einsatzländer	Russland

2.1.5. Universeller Aufsatz zum Abschuss von Spezialmitteln »Otstrel«

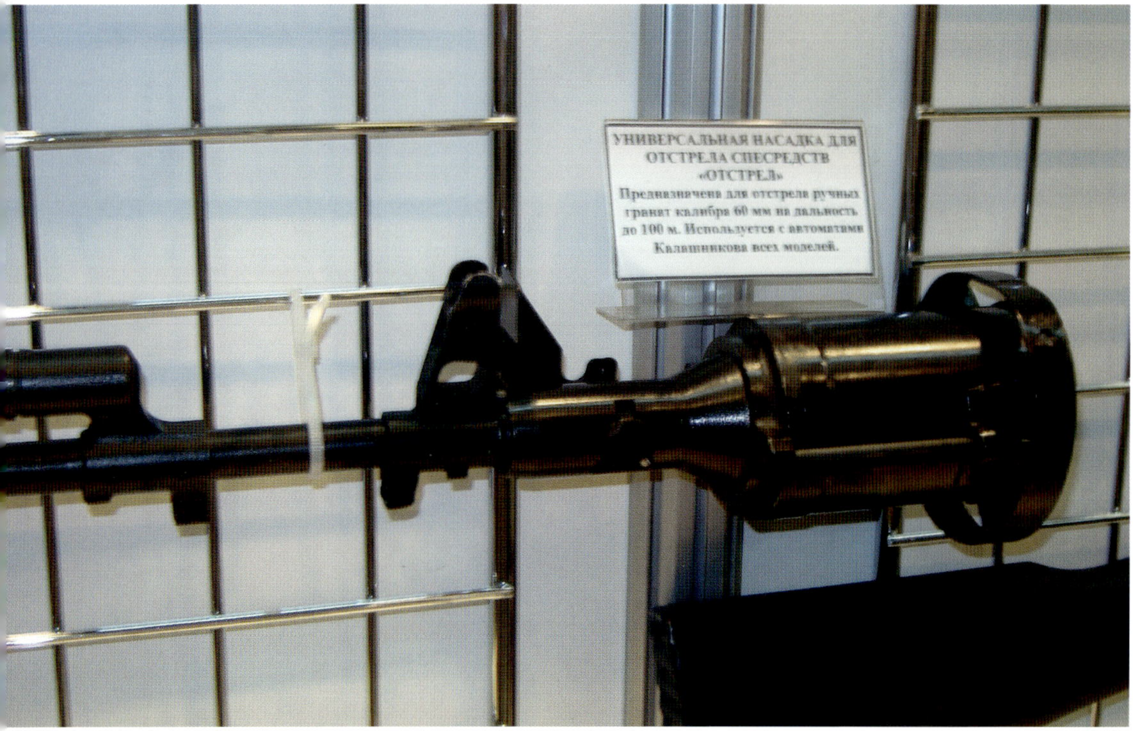

(Foto: Autor)

Der universelle Aufsatz zum Abschuss von Spezialmitteln »Otstrel« wurde im Auftrag des Forschungsinstitutes NPO STiS des MWD RF (Tender 207-0121 vom 10.05.2006) im ZNIItotschmasch entwickelt. Die Entwicklungskosten beliefen sich dabei auf 750.000 Rubel. Der universale Mündungsaufsatz »Otstrel« (auf Deutsch: »Abschuss«) dient dazu, die Effektivität von Spezialmitteln, die von der Sonderpolizei OMON und den Truppen des Innenministeriums bei Massenkrawallen eingesetzt werden, zu verbessern. Der Aufsatz stellt einen Wurfbecher zum Abschuss von Eihandgranaten dar, der aus einem Lauf mit Kaliber 60 mm besteht und auf die Mündung eines AK-Sturmgewehres geklemmt wird. Die Granaten werden von der Platzpatrone aus dem Becher abgefeuert. Für das Gerät können folgende Handgranattypen verwendet werden: »Rulet-VV«, »Dreif-2«, RDG-M (vgl. Kapitel 1).

Taktische und technische Daten	
Kaliber	60 mm
Gewicht	0,65 kg
Gesamtlänge	ca. 200 mm
Gewicht der Granate	0,136–0,35 kg
Feuergeschwindigkeit	mindestens 4 Schuss/min
max. Reichweite	100 m

Visitenkarte	
Einführungsjahr	2012
Entwickler	NPO STiS, ZNIItotschmasch
Hersteller	Staatliche Unternehmen
Gebaute Exemplare	geheim
Einsatzländer	Russland

2.2. Granatabschussgeräte, Granatpistolen und Granatgewehre

2.2.1. Unterlaufgranatwerfer GP-25 »Kastjor« (6G15, TKB-0121)

(Foto: Autor)

Geschichte

Die ersten Varianten der sowjetischen Sturmgewehre AK-47 und AKM hatten einen wesentlichen Nachteil: Sie konnten im Unterschied zu den meisten NATO-Gewehren (FN FAL, H&K G3, Beretta BM59, CETME, etc.) keine Gewehrgranaten verschießen. Die westlichen Modelle wurden allerdings mit einer speziellen Einrichtung, dem so genannten Wurfbecher, ausgestattet, mit dessen Hilfe verschiedene Munitionstypen – Splitter-, Gas-, Nebel- und Panzergranaten – abgefeuert werden konnten. Diese Waffe hatte eine Reichweite von 50 m bis 400 m und erlaubte, die Lücke zwischen der maximalen Wurfreichweite von Handgranaten und der minimalen Distanz von Mörserfeuern abzudecken.

Um dieses Problem zu lösen, begannen die sowjetischen Waffenspezialisten Mitte der 1960er Jahre mit der Arbeit an eigenen Konstruktionen des Granatabschussgerätes für die Kalaschnikow-Sturmgewehre. Dieses Thema bekam den Codenamen »Iskra« (der Funke). Schon 1966 stellte Tulas Jungkonstrukteur V. Rebrikov einen 43-mm-Granatwerfer TKB-048 für das 7,62-mm-Sturmgewehr AKM vor. Im Unterschied zu den traditionellen, an der Rohrmündung angebrachten Wurfbechern wurde die neue Waffe unter dem Gewehrrohr montiert, damit der Schütze schneller zwischen Gewehr- und Granatfeuer wechseln konnte. Das Leergewicht des TKB-048 betrug 1,15 kg, die maximale Reichweite 300 m. Bis auf die Standardgranate

Schöpfer des Granatwerfers GP-25 V.N. Telesch. *(Foto: ZKIB SOO)*

OKG-40 (TKB-047) mit einer kombinierten Splitter-Hohlladung war die Waffe in der Lage, auch den Gefechtskopf der Panzergranate PG-7 der Panzerfaust RPG-7 zu verschießen.

Dennoch war ihre Konstruktion, die auf der Idee der deutschen Sturmpistolen des Zweiten Weltkrieges basierte, unvollkommen und unhandlich. Die Waffe hatte einen sehr starken Rückstoßimpuls und die Wirkung ihrer Munitionstypen war noch verbesserungsbedürftig gewesen. Deshalb wurde das Thema »Iskra« Anfang 1971 beendet und ab 1971 begann die Entwicklung eines neuen Granatwerfers unter der Bezeichnung »Kastjor« (das Lagerfeuer).

Der Auftrag zur Entwicklung eines 40-mm-Abschussgerätes für die Sturmgewehre der Kalaschnikow-Familie wurde im Jahr 1972 gegeben. Diese Arbeit führten das Konstruktionsbüro ZKIB SOO in Tula unter Leitung von V.N. Telesch (Granatwerfer) und GNPP »Pribor« in Moskau (Granate) durch. Im Jahr 1978 fand die staatliche Erprobung der Waffe statt. Als Ergebnis wurde der Granatwerfer GP-25 »Kastjor« im Jahre 1978, der zur gemeinsamen Verwendung mit den Sturmgewehren AKM, AKMS, AK-74 und AKS-74 bestimmt ist, in die Bewaffnung der Sowjetarmee aufgenommen. Im Jahre 1979 begann seine Massenproduktion in der Waffenfabrik TOZ in Tula.

Technik

Der Granatwerfer GP-25 ist zur Bekämpfung von Personal und Feuermitteln des Gegners, welche sich offen im Gelände, im Graben oder hinter Deckungen befinden (mit der Sprenggranate) oder zur Neutralisierung des Gegners bei speziellen

Die Hauptbestandteile des GP-25. *(Foto: Dienstvorschrift)*

Der Granatwerfer verfügt über ein Quadrant-Visier mit zwei Skalen: Die rote Skala dient dem Flachschuss, während die weiße Skala für den Steilschuss vorgesehen ist.
(Foto: Valery Shilin)

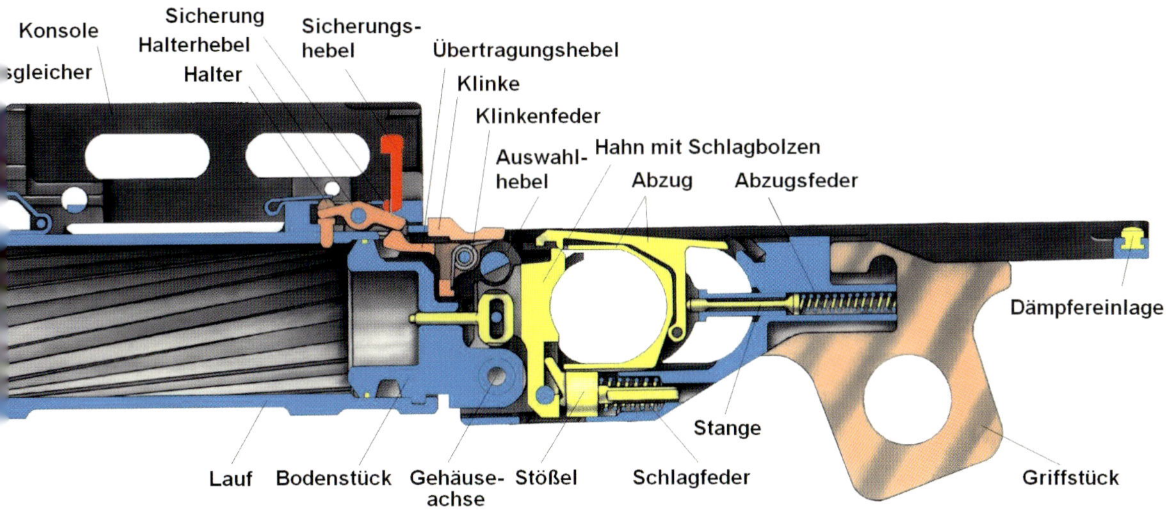

Aufbau des Granatwerfers GP-25.
(Bild: Dienstvorschrift)

Operationen (mit Tränengasgranaten) geeignet. Der Granatwerfer kann unter dem Kalaschnikow-Sturmgewehr aller Versionen (außer AKS-74U) und dem Sturmgewehr AN-94 montiert werden. Die Granaten werden über die Mündung geladen. Die Munition muss bis zum Anschlag auf das Bodenstück eingeschoben werden. Dabei wird die Munition von einem Halter fixiert, der mit einer Sicherung gekoppelt ist. Diese Sicherung sorgt dafür, dass während des Ladens der Abzug blockiert wird und ein Abschuss nicht möglich ist. Das Gerät verfügt auch über ein seitlich angebrachtes Quadranten-Visier, welches ein gezieltes Feuer von 100 bis 400 m erlaubt. Das Visier befindet sich links und hat ein Senkblei zum Schießen in der oberen Winkelgruppe, z.B.

zum Beschuss eines unsichtbaren Ziels. Auf dem Visier gibt es eine Skala für das Steilfeuer bei einem Winkel von mehr als 45 Grad.
GP-25 besteht aus einem Lauf mit einer Konsole, einem Gehäuse mit dem Bodenstück, einer Vorrichtung zur Befestigung der Verschlusskappe und einer Kolbenkappe mit Riemen. Das Gerät funktioniert im Double-Action Prinzip, d.h. man kann den Abzug vorher spannen. Das Gerät ist in sich autonom, wobei eine Sicherheitsvorrichtung es dem Gerät erlaubt, nur dann ausgelöst zu werden, wenn es fest unter einem Gewehr montiert ist. Das Rohr ist gezogen – was zu einer größeren Treffsicherheit beiträgt. Wenn nötig, kann sich die Waffe mit Hilfe eines speziellen Extraktors leicht entladen.
Die 40-mm-Standardmunition VOG-25 (7P17) ist eine Patronenmunition und hat keine getrennte Hülse, die Treibladung befindet sich am Boden des Granatkörpers. Dadurch wird die Waffe einfacher, zuverlässiger und besitzt eine höhere Feuergeschwindigkeit. Die Sprenggranate hat ein Gehäuse aus Stahl und innen ein Kartonnetz, das zum optimalen Erzeugen der Splitter dient, wodurch sich die Splitterwirkung erhöht. Die Splitterwirkung von VOG-25 ist 1,5-mal größer als beim 30-mm-Splitter-Sprenggeschoss OFZ für die Kanone 2A42 des Schützenpanzers BMP-2. Außen auf der Granate befinden sich fertige Züge, um sie im Flug zu stabilisieren. Mit Hilfe der Züge gerät die Granate bei ihrer Bewegung durch den Lauf in Rotation. Die Granate verfügt über den Aufschlagzünder VMG-K ohne Verzögerung, der in einer Distanz von 10 bis 40 m, abhängig von der Temperatur (diese kann zwischen – 40 bis + 50 Grad betragen), nach dem Abschuss gespannt wird. Die Selbstzerstörungseinrichtung funktioniert innerhalb von 14–19 s.
Im Jahre 1974 hatte die Entwicklung einer neuen Granate im GNNP »Pribor« begonnen. Sie wurde 1978 vorgestellt. Die Munition bekam die Bezeichnung VOG-25P »Podkidysch« (7P24) und unterschied sich von VOG-25 hauptsächlich durch den Zünder VMG-P. In die Konstruktion der Munition wurden eine Ausstoßtreibladung und eine pyrotechnische Verzögerungsvorrichtung eingeführt, wodurch die Granate nach dem Einschlag auf den Boden in die Luft sprang und dort explodierte, sodass der Wirkungsradius größer wurde.
Da der GP-25 in die Bewaffnung beim russischen Innenministerium (MWD) eingeführt worden ist, entwickelte das Unternehmen NII »Speztecnika« des MWD für den GP-25 den 23-mm-Stecklauf »Larri«, der es erlaubt, die Gummi-, Gas- und Plastikkugeln vom Karabiner KS-23 zu verschießen. In der letzten Zeit erweiterte das »Pribor« auch die Munitionspalette für den GP-25, die vor allem mit neuen Munitionsarten für Polizei- und Anti-Terror-Einsätze ergänzt wurde:

- **VOG-25M (7P44)** – eine verbesserte Splittergranate, die Anfang der 2000er Jahre entwickelt wurde.
- **VOG-25PM (7P45)** – eine verbesserte Spring-Splittergranate, die ebenfalls Anfang der 2000er Jahre entwickelt wurde.
- **VUS-25 (7P44U)** – eine Übungsgranate, die bei Explosion eine rot-orange Rauchwolke erzeugt.
- **VFG-25 (7P54)** – eine Sprenggranate.
- **VZG-25 (7P55)** – eine Brandgranate.
- **VSG-25 (7P58)** – eine Leuchtgranate, deren Lichtstärke 0,3 Mio. Candela beträgt.
- **VGS-40** – eine Signalgranate; die Variante VGS-40-1 hat rote Signalsterne, die VGS-40-2 grüne Signalsterne.
- **VG-40I** – eine Leuchtgranate.
- **»Gvosd«** (auf Deutsch: »Nagel«) – eine Gasgranate mit Reizstoff CS; mit ihrer Version »Gvosd-D« befindet sie sich in der Bewaffnung des MWD.
- **VDG-25** (VO.213.00) – eine Nebelgranate, sie erzeugt innerhalb von 20 s eine Rauchwolke 10 x 3 m.
- **VDG-40** »Nagar« (auf Deutsch: »Ansatz«) – eine Nebelgranate.
- **GRD-40** – eine Nebelgranate.
- **GDM-40** – eine Nebelgranate.
- **ASZ-40** – »Svirel« (auf Deutsch: »Hirtenflöte«) – eine Knallgranate, sie befindet sich in der Bewaffnung des MWD.
- **VG-40TB** – eine thermobarische Granate.
- **GRD-50, GRD-100, GRD-200** – Granaten, die für Entfernungen von 50, 100 und 200 m geeignet sind.

Granatgeschosse VOG-25P (links) und VOG-25. *(Foto: Valery Shilin)*

Varianten:

- **UBGL** – das ist eine vom bulgarischen Waffenhersteller »Arsenal« produzierte Kopie des GP-25. Seine Version UBGL-1 kann auch an die Sturmgewehre AK-47 und AKS-47, sowie an die bulgarischen Kalaschnikow-Varianten (mit einem Adapter) montiert werden.
- **BGP 40 mm M70** – eine serbische Version für die Sturmgewehre M70 (Hersteller – Zastava oružje AD).
- **ET-97/2** – eine äthiopische Version (Hersteller – Gafat Armament Engineering Complex).

Taktische und technische Daten	
Kaliber	40 mm
Gesamtlänge	323 mm
Lauflänge	205 mm (98 mm gezogen)
Gewicht ungeladen ohne Bodenstück	1,5 kg (mit dem AKM/AK-74: 5,1 kg)
Gewicht der Granate	0,255 kg
Mündungsgeschwindigkeit	76 m/s
Visierschussweite	400 m
Feuergeschwindigkeit	4–5 Schuss/min
Magazinkapazität	Einzellader

Visitenkarte	
Einführungsjahr	1978
Entwickler	ZKIB SOO, V.N. Telesch
Hersteller	TOZ, Tula
Gebaute Exemplare	Massenproduktion
Einsatzländer	UdSSR (Russland), Afghanistan, Armenien, Aserbaidschan, Bulgarien, Estland, Georgien, Nordkorea, Indien, Irak, Kasachstan, Kirgisistan, Lettland, Litauen, Moldawien, Myanmar, Nicaragua, Pakistan, Panama, Serbien, Südkorea, Syrien, Tadschikistan, Turkmenistan, Ukraine, Usbekistan, Weißrussland, Vietnam, Jugoslawien, Zypern

Anschläge zum Schießen mit dem Granatwerfer:
a, b – sitzend, der Kolben auf dem Boden, Entfernung 200 bis 400 m;
c – stehend, der Kolben unter dem Arm, Entfernung 200 bis 400 m;
d – kniend, der Kolben unter dem Arm, Entfernung 200 bis 400 m;
e – kniend, der Kolben an der Schulter, Distanz bis 150 m;
f – sitzend, der Kolben an der Schulter, Distanz bis 150 m;
g – liegend nicht aufgelegt, der Kolben an der Schulter, Distanz bis 100 m;
h – liegend aufgelegt, der Kolben an der Schulter, Distanz bis 100 m.
(Foto: Dienstvorschrift)

2.2.2. Unterlaufgranatwerfer GP-30 »Obuvka« (6G21)

(Foto: KBP)

Geschichte

Der Krieg in Afghanistan zeigte einige Nachteile des Granatwerfers GP-25: Das Schießen auf unsichtbare Ziele war nicht so effektiv, es gab einige Schwierigkeiten beim Nach- und Entladen, insbesondere bei stark verschmutzten Waffen. Deshalb erteilte das sowjetische Verteidigungsministerium im Jahr 1985 Tulas Konstruktionsbüro ZKIB SOO den Auftrag, den Granatwerfer GP-25 zu modernisieren. Die Entwicklung der neuen Waffe, die die Betriebsbezeichnung TKB-0121 und den Codenamen »Obuvka« (auf Deutsch: »Schuhchen«) bekam, wurde 1985–1988 unter Leitung von V.N. Telesch durchgeführt. Im Jahr 1987 fand die Schusserprobung des Granatwerfers statt und 1989 wurde er als GP-30 (GRAU-Index 6G21) in die Bewaffnung der Sowjetarmee eingeführt. Die Waffe wird seit Mitte der 1990er Jahre in Tulas Waffenfabrik TOZ hergestellt.

Technik

Grundsätzlich ist der GP-30 eine Weiterentwicklung des GP-25, wobei beide Waffen die gleiche Ballistik und Munition haben. Von seinem Vorgänger unterscheidet sich der GP-30 durch die folgenden Merkmale:

- die Fertigungskosten wurden um 30 % gesenkt;
- er GP-30 ist um 260 g leichter als der Granatwerfer GP-25;
- der Sicherungshebel wurde entfernt. Trotzdem ist eine ungewollte Schussabgabe durch das hohe Abzugsgewicht kaum möglich;
- das mechanische Quadranten-Visier wurde vereinfacht und an der rechten Seite des Sturmgewehrs angebracht. Dadurch fällt es bei indirektem Feuer leichter, mit der Waffe zu zielen. Darüber hinaus entsteht kein Risiko, beim Kriechen die Visiereinrichtungen zu beschädigen.

Varianten

Der Granatwerfer GP-30 hat zwei Varianten:

- **GP-30U »Granat«** – (auf Deutsch: »Granatapfel«), die zum Export geeignet ist und an den NATO-Sturmgewehren angebracht werden kann. Sie wurde 1997 entwickelt.
- **GP-30M** – die modernisierte Version mit unbedeutenden Verbesserungen des Visiers und des Laufes. Seine Fertigung hat Anfang der 2000er im Auftrag des MWD begonnen.

Granatwerfer GP-30 von links. *(Foto: ZKIB SOO)*

Taktische und technische Daten	
Kaliber	40 mm
Gesamtlänge	280 mm (GP-30M: 276 mm)
Lauflänge	205 mm (GP-30M)
Gewicht ungeladen ohne Kolbenkappe	1,2 kg (GP-30M: 1,53 kg)
Gewicht der Granate	0,250 kg
Mündungsgeschwindigkeit	76 m/s
max. Reichweite	400 m
Feuergeschwindigkeit	5–6 Schuss/min
Magazinkapazität	Einzellader

Visitenkarte	
Einführungsjahr	1989
Entwickler	ZKIB SOO, V.N. Telesch
Hersteller	TOZ, Tula
Gebaute Exemplare	geheim
Einsatzländer	Russland, Syrien (GP-30M), Ukraine, Uruguay

Granatwerfer GP-30M mit einer Granate VOG-25P geladen. Ein Drahthalter unter dem Lauf sorgt dafür, dass der Putzstock beim Abschuss nicht herausfällt. *(Foto: KardeN)*

2.2.3. Unterlaufgranatwerfer GP-34 (6G34)

(Foto: Konzern »Kalaschnikov«)

Den Granatwerfer GP-34 entwarf die Entwicklungsabteilung KOZ des Konzerns »Izhmash« unter Leitung von N.A. Besborodov und er wurde erstmals im Jahr 2007 präsentiert. Im selben Jahr begannen seine ersten Lieferungen, auch ins Ausland. Dies ist die erste Entwicklung eines eigenen Granatwerfers bei »Izhmasch«, der dafür konstruiert wurde, mit dem neuen Sturmgewehr AN-94 von »Izhmash« eingesetzt werden zu können. Zusammen mit dem Gewehr bildet der GP-34 (GRAU-Index 6G34) »den Komplex 6S15«. Außerdem kann die Waffe auch unter dem Lauf verschiedener Varianten des Kalaschnikow-Sturmgewehrs montiert werden (die Komplexe 6S12, 6S13 und 6S14). Als Prototyp für den GP-34 diente der Granatwerfer GP-25, der sich zuverlässiger als sein Nachfolgermodell GP-30 erwies und eine längere Lebensdauer hatte. Dennoch befindet sich die Visiereinrichtung beim GP-34 rechts wie beim GP-30. Das Visier kann zur Korrektur von Windabweichungen seitlich verstellt werden. Eine zusätzlich eingeführte Sicherung sorgt dafür, dass die Granate bei einem negativen Abschusswinkel aus dem Lauf nicht herausfallen kann. Der Auszieher wurde nachgearbeitet und ermöglicht es dadurch, die nicht abgefeuerte Granate bei starken Temperaturschwankungen oder Verschmutzungen des Laufs aus dem selbigen zu ziehen. Die Waffe verschießt die Splittergranaten VOG-25, VOG-25M, Spring-Splittergranaten VOG-25P und VOG-25PM, sowie die Nebelgranate VDG-25.

Taktische und technische Daten	
Kaliber	40 mm
Gesamtlänge	315 mm
Lauflänge	205 mm
Gewicht	1,4 kg
Gewicht der Granate	0,250 kg
Mündungsgeschwindigkeit	76,5 m/s
Visiersschussweite	400 m
Feuergeschwindigkeit	5 bis 6 Schuss/min, theoretische Kadenz: 20 Schuss/min
Magazinkapazität	Einzellader

Visitenkarte	
Einführungsjahr	2009
Entwickler	KOZ des OAO »Izhmasch«, N.A. Besborodov
Hersteller	Konzern »Kalaschnikow« (OAO »Izhmasch«)
Gebaute Exemplare	geheim
Einsatzländer	Russland

Die Visiereinrichtung des Granatwerfers GP-34. *(Foto: KardeN)*

2.2.4. Unterlaufgranatwerfer GP-97

(Foto: KBP)

Das 40-mm-Granatabschussgerät GP-97 ist eine Entwicklung von Tulas Unternehmen FGUP »KBP« und stellt eine Komponente der in diesem Unternehmen hergestellten Schusswaffen-Granatwerferkomplexe A-91 dar. Der Komplex besteht aus dem nach dem Bullpap-Schema konstruierten Sturmgewehr im Kaliber 7,62 x 39 mm oder 5,56 x 45 mm (5,56A-91) mit dem integrierten Granatwerfer GP-97. Der Granatwerfer benutzt die konstruktiven Prinzipien der früheren russischen Granatabschussgeräte GP-25/GP-30 und verschießt dieselben Munitionstypen, die Granaten VOG-25 und VOG-25P. Jedoch ist die neue Waffe wesentlich kompakter und hat ein relativ kleines Gesamtgewicht: Das Sturmgewehr mit dem Granatwerfer wiegt ohne Magazin und Kolbenkappe nur 3,97 kg. Ursprünglich trug der Granatwerfer den Namen GP-95 und wurde am Mini-Sturmgewehr 9A-91 angebracht. Diese kompakte Waffe war aber zu leicht und nicht fest genug, um dem Rückstoß der starken 40-mm-Granate stand zu halten, daher wurde diese Version nicht weiterentwickelt.
Die neue Version, die als GP-97 bezeichnet wird, benutzte schon als Basisgewehr eine andere Waffe – das Sturmgewehr A-91. In den ersten Varianten des A-91 (Mitte der 1990er Jahre) hatte der GP-97 sich über dem Lauf befunden, später aber nahm er seinen üblichen Platz – wie der GP-95 und die meisten anderen Granatabschussgeräte – unter dem Lauf ein. Das Sturmgewehr

Taktische und technische Daten	
Kaliber	40 mm
Gesamtlänge	660–670 mm (mit der Waffe)
Lauflänge	ca. 130 mm
Gewicht	4,3–4,4 kg (mit der Waffe)
Gewicht der Granate	0,25 kg
Visierschussweite	400 m
Feuergeschwindigkeit	5 Schuss/min
Magazinkapazität	Einzellader

Visitenkarte:	
Einführungsjahr	Entwicklung
Entwickler	KBP Tula
Hersteller	Staatliche Unternehmen
Gebaute Exemplare	geheim
Einsatzländer	Russland

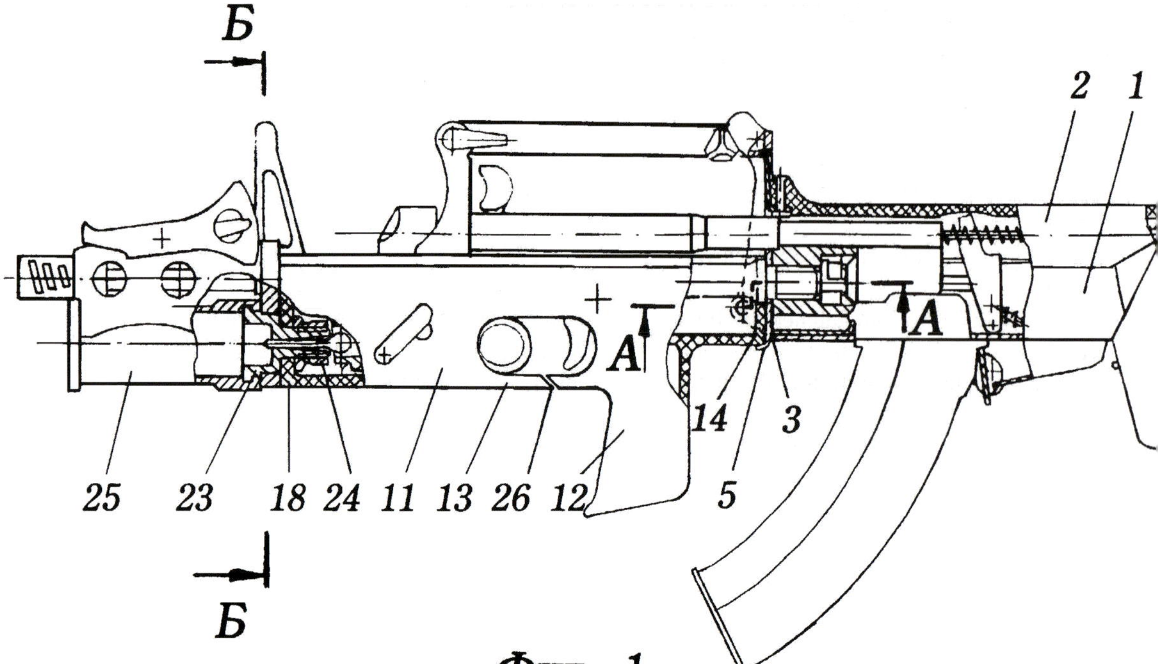

Schema des Sturmgewehrs A-91 mit dem Granatwerfer GP-97.

verfügt über zwei Abzüge, der hintere dient dem Gewehrfeuer, der vordere löst den Abzugsmechanismus des Granatwerfers aus. Die Entwickler des GP-97 versichern, dass der integrierte Granatwerfer die gesamte Waffenbalance nicht störe und die Treffgenauigkeit des Gewehrfeuers nicht verschlechtere. Auf der Basis des A-91 wurde auch das Amphibien-Sturmgewehr ADS entwickelt, mit dem sowohl unter Wasser als auch an Land geschossen werden kann.

A-91M und GP-97 von links.
(Foto: KBP)

2.2.5. Schallgedämpfter Unterlaufgranatwerfer GSN-19 (SSK-1 »Tischina«, 6P15)

Geschichte

Simultan mit der Erprobung des ersten sowjetischen 40-mm-Unterlaufgranatwerfers TKB-048 »Iskra« begannen die Versuche der Entwicklung einer lautlosen Version. Im Jahr 1968 entwarf der Konstrukteur V.N. Telesch aus Tulas Konstruktionsbüro ZKIB SOO im Rahmen des Themas »Fackel« einen Schalldämpfer TKB-069, mit dem die modernisierte Variante TKB-048M ausgestattet wurde. Über diese Entwicklung ist nur wenig bekannt, bis auf die Tatsache, dass die Waffe über einen ungewöhnlichen Schalldämpfer in Form eines Kastens verfügte. Nach dem Tod eines Militärbeamten, der dieses Projekt unterstützte, wurden die Entwicklungsarbeiten am TKB-048 und TKB-048M eingestellt und es wurde beschlossen, ein spezielles Waffensystem zu entwickeln.

Erteilt wurde der Auftrag für diese Entwicklung dem Forschungsinstitut ZNIItotschmasch in der Stadt Klimovsk bei Moskau, das zu dieser Zeit schon viel Erfahrung auf dem Gebiet schallgedämpfter Waffen hatte. Das System bekam den Namen SGK »Tischina« (steht auf Deutsch für Sturmgewehr-Granatwerfer-Komplex »Geräuschlosigkeit«) und bestand aus dem Kalaschnikow-Sturmgewehr AKMS (6P4), Schalldämpfer PBS-1 (6Tsch12) und Unterlaufgranatwerfer GSN-19 (der GRAU-Index ist unbekannt). Das Sturmgewehr verschoss eine besondere Unterschallpatrone US (57-N-231U) im Kaliber 7,62 x 39 mm.

Der Konstrukteur des Systems war Georgy Petropawlow, der für seine Verdienste den Staatspreis der UdSSR erhielt. Als Grundlage für den Granatwerfer wurde die lautlose 30-mm-Granatpistole »Isdelie D (Djatel)« verwendet. Da ihre spezielle 9-mm-Treibpatrone zu teuer war, entwickelten sowjetische Konstrukteure eine neue Treibpatrone auf Basis der Kurzpatrone 7,62 x 39 mm. Um ihre Konstruktion zu vereinfachen, verzichteten sie auf den Kolben in der Hülse, welcher beim Schuss die Granate herausdrückt. Der Kolben wurde in den Granatwerferlauf untergebracht und die Waffe bekam ein Magazin für die Treibpatronen. Eingeführt wurde das System im Jahr 1979. Die Waffe wurde von Spezialeinheiten der Sowjetarmee eingesetzt, aber hat – vermutlich wegen ihrer Unzuverlässigkeit – keine große Verwendung gefunden.

Technik

Der GSN-19 ist eine Einzelschusswaffe, die von vorne geladen wird und kumulative 30-mm-Granaten vom Typ VOG-T verschießt. Der gezogene Lauf hat nur drei Züge, anstatt eines normalen Dralles mit zwölf Zügen. Die Granate besitzt einen – an die Züge des Laufes angepassten – Drallführungsring und verfügt über keine eigene Treibladung. Sie ist ähnlich aufgebaut wie die Granate BMJa-31 »Jaschtschritza« der Granatpistole »Isdelie D«, aber es gibt einige Unterschiede.

30-mm-Granate VOG-T.
(Foto: forum.guns.ru)

Die Treibpatrone PKhS-19.
(Foto: forum.guns.ru)

Zunächst hat die VOG-T keinen Stößel auf ihrem Boden und ist darüber hinaus etwas länger. Ein weiterer wichtiger Unterschied ist die Treibpatrone. Sie hat die Indexbezeichnung PKhS-19 und verwendet die Hülse für die Patrone 7,62 x 39 mm M43, deren Hülsenmund – wie bei Platzmunition – gekrimpt (zusammengefaltet) ist. Dennoch sind die Platzpatronen 7,62 x 39 mm 57-Kh-231 für das Kalaschnikow-Sturmgewehr und die PKhS-19 nicht austauschbar, da sie unterschiedliche Längen haben. Die Treibpatronen wurden vom Werk Nr. 711 (Blechwarenfabrik Klimovsk, heute – KSPZ) produziert. Ihr Konstrukteur war M.I. Lyssenko aus dem ZNIItotschmasch. Die Treibpatronen befinden sich in einem 8-schüssigen Magazin im Pistolengriff. Ins Patronenlager werden sie durch Repetieren des Drehverschlusses zugeführt. Bei der Zündung einer Treibpatrone wirken die Pulvergase auf einen Teleskop-Kolben innerhalb des Laufes, der die Granate auswirft und nach dem Schuss im Lauf stecken bleibt. Dadurch werden die Treibgase im Inneren des Laufes gefangen und der Mündungsknall und das Mündungsfeuer werden verhindert. Allerdings muss man nach dem Abschuss eine bestimmte Zeit warten, bis die heißen Treibgase abgekühlt sind. Dann darf der Schütze den Kolben in seine Anfangsposition bringen und die Waffe kann nachgeladen werden. Damit die Granate aus der geladenen Waffe nicht herausfallen kann, gibt es innerhalb des Laufes eine Blattfeder. Um den Schlag des Kolbens in der Vorderposition zu verhindern, ist eine »gasdynamische« Bremse vorgesehen.

Der GSN-19 wird in zwei Punkten – unter dem Lauf und unter dem Handschutz – an der Waffe angebracht und kann im Unterschied zu anderen Unterlaufgranatwerfern (GP-25, M203, usw.) lediglich mit einem bestimmten Modell des Basisgewehrs eingesetzt werden.

Taktische und technische Daten	
Kaliber	30 mm
Gesamtlänge	ca. 400 mm
Lauflänge	ca. 250 mm
Gewicht	1,5 kg (ungeladen), 2 kg (geladen)
Gewicht der Granate	0,5 kg
Mündungsgeschwindigkeit	ca. 100 m/s
Visierschussweite	300 m
Magazinkapazität	Einzellader

Visitenkarte	
Einführungsjahr	1979
Entwickler	ZNIItotschmasch, Klimovsk, Konstrukteur G.P. Petropavlov
Hersteller	Staatliche Unternehmen
Gebaute Exemplare	geheim
Einsatzländer	UdSSR

Das System SGK »Tischina« (unten) und das Kalaschnikow-Sturmgewehr AKML.
(Foto: Vitaly V. Kuzmin)

2.2.6. Schallgedämpfter Granatwerfer BS-1 (6S1 »Kanareika«)

(Foto: Zeitschrift »Kalashnikov«)

Als die Sowjetarmee im Jahr 1974 die Patrone 5,45 x 39 mm als Standardmunition einführte, wurde beschlossen, das Granatwerfersystem SGK »Tischina« auf Basis des 7,62-mm-Sturmgewehrs AKMSB für den neuen Munitionstyp einzurichten. Das neue lautlose Granatwerfersystem bekam die Bezeichnung 6S1 »Kanareika« (auf Deutsch: »Kanarienvogel«) und verwendete eine neue Basiswaffe, das 5,45-mm-Mini-Sturmgewehr AKS-74UB (6P27) mit dem Schalldämpfer PBS-4 (der Versuch mit dem AK-74 als Basiswaffe war ein Misserfolg). Durch die Verwendung der neuen und stärkeren Treibpatrone im Kaliber 5,45 x 39 mm wurden die Anfangsgeschwindigkeit der Granate und die Reichweite erhöht. Die vermutete Indexbezeichnung der Treibpatrone ist PKhS (7Schtsch5). Das kleinere Kaliber erlaubte auch, die Magazinkapazität des Granatwerfers von 8 auf 10 Treibpatronen zu vergrößern. Zudem wurde eine kumulative Brandgranate VKZG (7P25) eingeführt. Ansonsten bleiben der Aufbau und das Aussehen des modernisierten Granatwerfers BS-1 gleich dem Granatwerfer GSN-19 »Tischina«. Die Pulvergase der Treibpatrone kommen in eine Expansionskammer des Laufes und setzen einen Kolben in Bewegung, der aus dem Lauf seinerseits die Granate ausstößt. Nach einem solchen Prinzip funktionieren auch viele andere Modelle der russischen lautlosen Schusswaffen des ZNIItotschmasch: die schießenden Messer NRS und NRS-2, Pistolen MSP, S-4, PSS, Sturmgewehre MA, AS und das Gewehr VSS.

Die Granate des BS-1 ist in der Lage, 15-mm-Panzerstahl zu durchdringen. Dies ist nicht so viel, reicht aber aus, um z.B. die Wand eines Treibstofftanks zu durchschlagen und dabei das ganze Tanklager in Brand zu setzen – gerade für solche Aufgaben wurde diese Waffe konzipiert. Um den Rückstoß zu vermindern, ist eine Gummikappe der Granatwerfer GP-25 an der Schulterstütze vorgesehen. Selbstverständlich bekam das System aufgrund der veränderten Ballistik eine neue Visiereinrichtung. Außerdem verfügt es über ein justierbares Rahmenvisier mit Klappkimme, die auf dem Kimmefuß des Gewehrs montiert ist. Das Leergewicht des Gewehrs AKS-74UB mit dem ungeladenen Granatwerfer BS-1 beträgt 5,43 kg, sodass die Waffe mit einem leichteren 20-schüssigen Magazin ausgestattet werden kann.

Taktische und technische Daten	
Kaliber	30 mm
Gesamtlänge	ca. 400 mm
Lauflänge	ca.250 mm
Gewicht	1,5 kg
Gewicht der Granate	0,5 kg
Mündungsgeschwindigkeit	100 m/s (BS-1M: 175 m/s)
Visierschussweite	400 m
Magazinkapazität	Einzellader

Visitenkarte	
Einführungsjahr	Anfang 1980er
Entwickler	ZNIItotschmasch, Klimovsk, Konstrukteur G.P. Petropavlov
Hersteller	Staatliche Unternehmen
Gebaute Exemplare	geheim
Einsatzländer	UdSSR

Das 6S1 »Kanareika« in einem Museum. *(Foto: Vitaly V. Kuzmin)*

2.2.7. Schallgedämpfte Granatpistole »Isdelie D« (»Djatel«)

(Foto: Dienstvorschrift)

Geschichte

Die russischen Spezialeinheiten der Armee (SPEZNAS der GRU) wurden in den 1950er Jahren aufgestellt und hatten den Auftrag, auf feindlichem Territorium die wichtigsten Objekte zu zerstören – wie Führungszentren, Flug- und Raketenstartplätze, Radarstationen, Verbindungswege, Munitions- und Tanklager. Dazu brauchten sie die entsprechenden Waffen. Am 20. August 1961 erschien die Verordnung des ZK der KPdSU namens »Über die Personalausbildung und Entwicklung der Spezialtechnik für die Aufstellung und Ausrüstung von Streifkommandos«. Das war vermutlich Ausgangspunkt für die Entwicklung der auf der Welt ersten lautlosen Granatpistole zur Durchführung von Diversionsaufgaben. Diese Waffe bekam den Namen »Isdelie D« (Erzeugnis D; D steht auf Deutsch für »Specht«) und diente der Bekämpfung von leicht gepanzerten Fahrzeugen und Tanklagern mit 30-mm-Spreng- und Brandgranaten. Zur Anwendung gegen weiche Ziele, wie Wachsoldaten, verwendete man spezielle 9-mm-Patronen mit einem Panzergeschoss. Die Waffe blieb bis heute im Dienst bei den Spezialeinheiten des FSB und der Armee, obwohl ab den 1970er Jahren einige Nachfolgemodelle als Ersatz erschienen.

Technik

Bei »Isdelie D« handelt es sich um eine kombinierte Waffe, die als Pistole mit Kaliber 9 x 93 mm sowie auch – bei Montage auf der Mündung einer Abschussvorrichtung für 30-mm-Granaten – als Granatpistole eingesetzt werden kann. Sie ist ein Einzellader mit manuell repetierendem Drehverschluss, d.h. jede Patrone muss einzeln von Hand eingebracht werden. Um die fast 3 kg schwere Pistole ruhig zu halten, sind ein in der Höhe verstellbares Zweibein und ein abnehmbarer Anschlagschaft, der gleichzeitig als Holster dient, vorgesehen. Oben auf dem Systemgehäuse befindet sich eine offene, verstellbare Visiervorrichtung zum Schießen mit Pistolenpatronen; beim Schießen mit Granaten wird noch ein

Taktische und technische Daten (Pistole/Granatwerfer)	
Kaliber	9/30 mm
Gewicht	2,8/4,5 kg
Gesamtlänge	400 mm
Mündungsgeschwindigkeit	260/110 m/s
Gewicht der Kugel/Granate	0,028/0,13 kg
Effektive Reichweite	200/300 m
Magazinkapazität	Einzellader

Visitenkarte	
Einführungsjahr	1960er
Entwickler	ZNNItotschmasch (?)
Hersteller	staatliche Unternehmen
Gebaute Exemplare	geheim
Einsatzländer	UdSSR (Russland)

mechanisches Visier seitlich links an der Waffe angebracht.
Mit der »Isdelie D« ist das Verschießen von zwei Munitionstypen möglich. Die 9-mm-Patrone PFAM »Falanga« (auf Deutsch: »Walzenspinne«) wiegt 150 g und ist mit einem 28 g schweren panzerbrechenden Geschoss laboriert. Die zweite Patrone heißt PMAM »Mundstück« (Gewicht 130 g) und hat kein Geschoss – sie dient lediglich als Treibpatrone zum Abschuss von Granaten des Typs BMJa-31 »Jaschtscheritza« (Kampfmine »Eidechse«, Modell 31). Die Granate ist entweder mit Sprengstoff oder mit einer Brandmischung gefüllt. Es gab auch eine Übungsgranate mit einer inerten Füllung. Auf eine Entfernung von 100 m durchschlägt das Geschoss der Patrone PFAM eine 5 mm dicke Stahlplatte. Die Granate BMJa-31 ist in der Lage, 10 mm dickes Stahlblech zu durchdringen und dabei den sich hinter dem Hindernis befindenden Treibstoff in Brand zu setzen.
Ungewöhnlich ist der Aufbau der 9-mm-Patronen für die »Isdelie D«. Innerhalb der massiven Stahlhülse befindet sich ein Kolben, der beim Schuss das Geschoss (bei PFAM) oder die Granate (PMAM) beschleunigt. Verlässt das Projektil die Waffe, ist die Hülse abgeschlossen und Pulvergase können nicht austreten. Eine solche Konstruktion verhindert nahezu einen Schussknall und ein Mündungsfeuer durch expandierende Gase, ohne Verwendung eines Schalldämpfers. Dieses Prinzip wurde schon im Jahr 1929 von den russischen Brüdern Mitin – sie wurden durch die Erfindung des Schalldämpfers »Bramit« für den Nagant-Revolver bekannt – patentiert und bekam den umgangssprachlichen Namen »Russisches Flüstern«.

Hauptteile der Granatpistole »Isdelie D« (»Djatel«): 1 – Rahmen mit Griffstück; 2 – Gehäuse mit Läufen; 3 – Verschluss; 4 – Abzugsmechanismus; 5 – Zweibein; 6 – abnehmbarer Mündungsaufsatz; 7 – abnehmbares Visier; 8 – Anschlagschaft. *(Foto: Dienstvorschrift)*

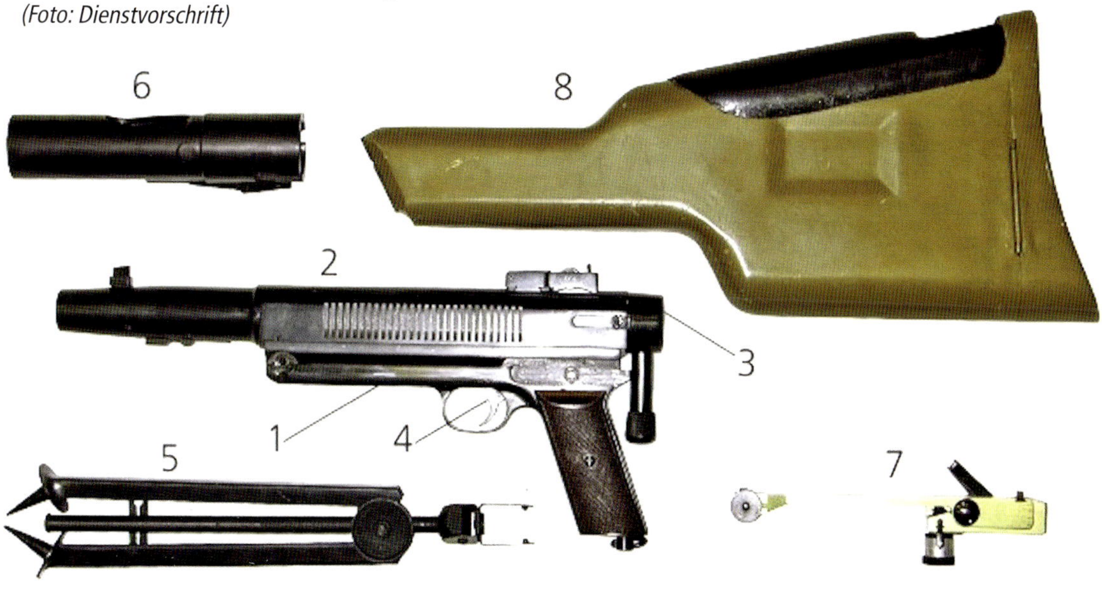

2.2.8. Schallgedämpfter Granatkarabiner »Isdelie DM« (»Burja«)

(Foto: Dienstvorschrift)

Der Granatkarabiner »Isdelie DM« oder »Burja« (auf Deutsch: »Sturm«), ist eine modernisierte Version der Granatpistole »Isdelie D« (»Djatel«). Er wurde in den 1970er Jahren für die Armee-SPEZNAS entwickelt. Von seinem Vorgängermodell unterscheidet er sich durch eine höhere Feuergeschwindigkeit aufgrund der Verwendung eines Kastenmagazins für die 9-mm-Patronen und eine kürzere Zeit zur Herstellung der Feuerbereitschaft – dank der Einführung einer klappbaren Metallschulterstütze anstatt einer abnehmbaren Holsterschulterstütze. Da der normale Pistolengriff der Waffe fehlt – auf seinem Platz befindet sich das große Magazin –, soll sie der Schütze etwas ungewöhnlich halten. Die Waffe verwendet die gleiche Munition wie ihr einschüssiger Vorläufer.

Taktische und technische Daten (Karabiner/Granatwerfer)	
Kaliber	9/30 mm
Gewicht ungeladen	3,9 kg
Gesamtlänge	720 mm (480 mm geklappt)
Mündungsgeschwindigkeit	260/110m/s
Gewicht der Granate	0,028/0,13 kg
Effektive Reichweite	200/300 m, Visierschussweite: 300/300–800 m
Feuergeschwindigkeit	12/6 Schuss/min
Magazinkapazität	6 Schuss/Einzellader

Visitenkarte	
Einführungsjahr	1970er
Entwickler	ZNNItotschmasch (?)
Hersteller	staatliche Unternehmen
Gebaute Exemplare	geheim
Einsatzländer	UdSSR (Russland)

Der »Isdelie DM« war so streng geheim, dass er erst über 30 Jahre nach seiner Indienststellung öffentlich vorgestellt wurde. *(Foto: forum.guns.ru)*

Der Granatkarabiner »Isdelie-DM« mit Zubehör. *(Foto: Dienstvorschrift)*

2.2.9. Revolvergranatwerfer RG-6 »Gnom« (6G30)

(Foto: KBP)

Geschichte

Diese Waffe – eine russische Nachahmung des südafrikanischen Revolvergranatwerfers Milkor MGL Mk 1 – wurde 1993–1994 eiligst (in nur 11 Tagen) für den Bedarf der russischen MWD-Truppen entwickelt, die damals sehr intensiv in zahlreichen lokalen Konflikten eingesetzt wurden. Der Auftrag wurde von Tulas ZKIB SOO vergeben und die Arbeit an der Waffe führten die Konstrukteure B. A. Borsov und V.N. Telesch, der der Erfinder der GP-25 war, aus. Aus diesem Grund verwendet die Waffe viele Bauteile des Granatwerfers GP-25 (den Lauf, den Abzugsmechanismus und die Munition). Sie bekam die Bezeichnung RG-6 »Gnom« (auf Deutsch: »Zwerg«) und den offiziellen GRAU-Index 6G30. Der Granatwerfer wurde während des Krieges in Tschetschenien eingesetzt, wo er sich einen guten Ruf als robuste und zuverlässige Waffe erwarb. Von Nachteil sind sein hohes Gewicht und seine Unhandlichkeit. Obwohl die Waffenfabrik TOZ in Tula schon 1994 seine Serienproduktion begonnen hatte, wurde er erst 2002 offiziell in den Dienst eingeführt und steht heutzutage im Dienst der Armee und der MWD-Truppen.

Technik

Der Granatwerfer ist eine Revolverwaffe, deren Trommel aus sechs gezogenen Läufen besteht. Er verschießt Granaten des russischen Kalibers 40 x 47 mm, die aber mit den westlichen nicht kompatibel sind: die Splittergranate VOG-25 und die Spring-Splittergranate VOG-25P vom Granatabschussgerät GP-25. Nach dem Abschuss braucht man nicht die leere Hülse aus der Trommel auswerfen, da sie samt Granate beim Abfeuern den Lauf verlässt. Die Waffe wird von vorne geladen, wodurch der Falschlauf nach oben und zur Seite abgeklappt werden soll. In den Kammern sind die Granaten mittels spezieller Federn fixiert. Die Trommel dreht sich anhand einer Feder, die beim Laden manuell gespannt wird. Die Drehbewegung der Trommel erfolgt über eine Abzugsbetätigung, weshalb die Wiederzündung einer versag-

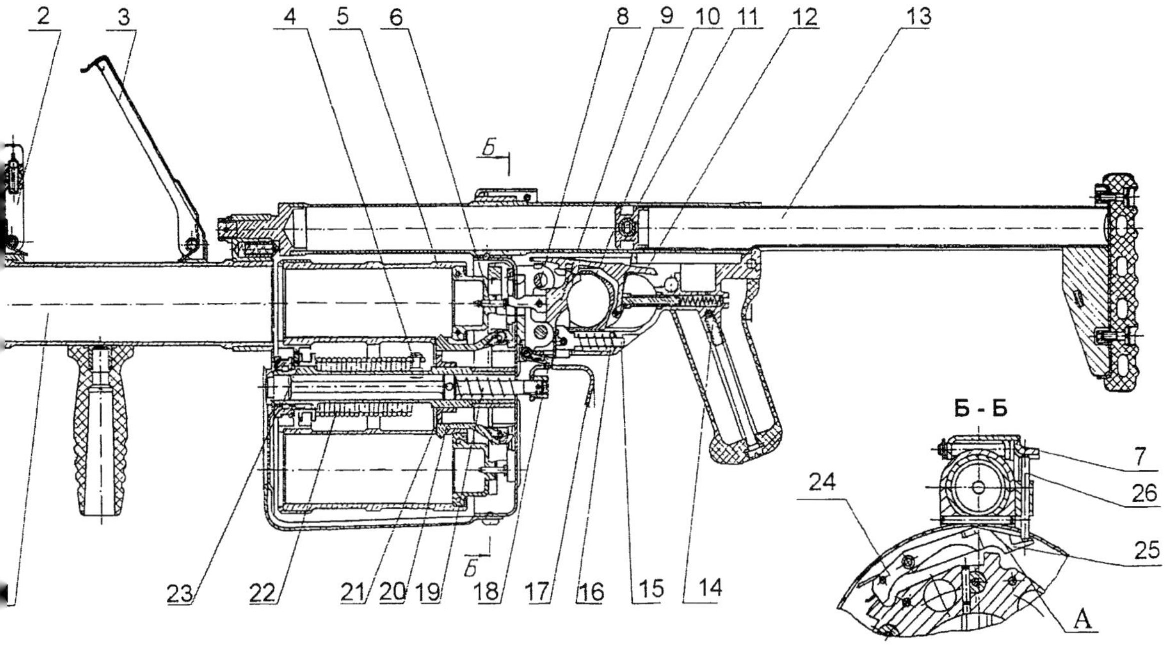

Aufbau des Granatwerfers RG-6. *(Bild: Gebrauchsanleitung)*

ten Granate nicht möglich ist. Die Waffe verfügt über den Spannabzug vom Granatwerfer GP-25, den Pistolengriff vom Sturmgewehr AK-74, den gummierten Vordergriff vom Sturmgewehr OZ-14 »Grosa«, eine automatische und eine manuelle Sicherung, das mechanische Klappvisier und die ausziehbare teleskopische Schulterstütze.

Taktische und technische Daten	
Kaliber	40 mm
Gesamtlänge	690 mm
Lauflänge	205 mm
Gewicht ohne Riemen	6,2 kg
Gewicht der Granate	0,250 kg
Mündungsgeschwindigkeit	73,5 m/s
max. Reichweite	380 m, effektive Reichweite: bis 350 m
Feuergeschwindigkeit	12–15 Schuss/min
Magazinkapazität	6 Schuss

Varianten

RGM-40 »Kastet« (auf Deutsch: »Schlagring«) – auch als RG-1 bekannt. Diese Waffe ist die einzeln zu ladende Granatpistole, die von V.N. Telesch 1997 für das Innenministerium auf Grundlage der Granatwerfer RG-6 und GP-30 konstruiert wurde. Die 2,5 kg schwere Waffe ist insgesamt 615 mm lang. Die Visierschussweite beträgt 250 m, die Feuergeschwindigkeit 5–8 Schuss/min. Aufgrund ihrer geringen Feuerkraft im Vergleich zum RG-6 gab es keinen Auftrag der russischen Behörden für die RGM-40. Trotzdem ist sie in einigen Exportkatalogen zu finden.

Visitenkarte	
Einführungsjahr	2002
Entwickler	ZKIB SOO, V.N. Telesch und B.A. Borsov
Hersteller	TOZ Tula
Gebaute Exemplare	Kleinserienfertigung (einige Hundert)
Einsatzländer	Russland

Schießen mit dem RG-6.
(Foto: Vitaly V. Kuzmin)

Beim RG-6 handelt es sich um eine 6-schüssige Waffe mit Ausschwenktrommel.
(Foto: KardeN)

2.2.10. Magazingranatwerfer GM-94

(Foto: KBP)

Geschichte

Diese Waffe wurde Anfang der 1990er Jahre auf Bedarf der russischen Sicherheitsorgane im KBP Tula entwickelt. Ihre Konstruktion basierte auf der Pump-Action-Flinte RMB-93 »Rys« des Kalibers 12 und hatte ursprünglich zwei Ausführungen: die GM-93 mit einem unter dem Lauf angeordneten Integralmagazin und die GM-94 mit dem Magazin über dem Lauf. Letztere Variante fand weitere Verbreitung, da sie eine bessere Stabilität beim Abfeuern gewährleistete. Für die GM-93 und GM-94 wurde eine spezielle Familie der 43-mm-Granaten »VGM-93« entwickelt: die thermobarische, splitterlose Sprenggranate VGM-93.100, die Gasgranate VGM-93.200 mit Tränengas CS und die nicht letale Granate VGM-93.600 mit einem Gummigeschoss. Der Erfinder der Waffe war der Chefkonstrukteur des KBP V.P. Grjasew, der durch die Entwicklung von Maschinenkanonen besonders bekannt gewesen war. Der GM-94 ist erstmals öffentlich 1995 vorgestellt worden; das russische Innenministerium führte ihn jedoch erst nach über zehn Jahren – Ende Juni 2005 – mit den verschiedenen Munitionstypen in seine Bewaffnung ein. Zudem bietet die russische Rüstungsexportagentur »Rosoboronexport« heutzutage den GM-94 auch auf dem Außenwaffenmarkt an.

Technik

Der Granatwerfer GM-94 dient der Bekämpfung menschlicher Kräfte in Gebäuden, Kellern, Befestigungsanlagen, Geländefalten und im Gebirge; weitere Aufgaben: Bekämpfung leichtgepanzerter Panzertechnik; Erzeugen von Nebelwänden und Brandherden. Die Waffe ist durch Verwendung verschiedener Munitionstypen universal: Spreng-, Splitter-, Leucht-, Nebel- und nicht letale Granaten. Der GM-94 kann innerhalb von Gebäuden bei Sturmoperationen eingesetzt werden, aus allen geschlossenen Räumen oder Fahrzeugen schießen, ohne auf den Schützen zu wirken und ihn zu enttarnen. Der GM-94 ist eine Repetierwaffe, die nach dem Pump-Action-Prinzip funktioniert. Pump-Laden und das geschlossene Gehäuse gewährleisten ein zuverlässiges Funktionieren der Waffe. Das Magazin ist über dem Rohr angeordnet und fasst drei Schuss, noch eines befindet sich im Patronenlager. Außerdem erleichtert seine obere Anordnung das Nachladen der Waffe. Die leere Hülse wird nach unten abgeworfen, was das Schießen aus Räumen und Fahrzeugen erlaubt und dies auch Linkshänder-Schützen möglich macht. Der Abzugsmechanismus des Granatwerfers funktioniert nur im Double-Action-Modus. Der Spannabzug ermöglicht es, auch die geladene Waffe sicher zu tragen. Trotzdem ist eine mechanische Sicherungseinrichtung vorgesehen. Zum Zielen dient ein Klappvisier.

Taktische und technische Daten	
Kaliber	43 mm
Gewicht	5,0 kg
Gesamtlänge	820/545 mm
Lauflänge	406 mm
Mündungsgeschwindigkeit	100 m/s
Gewicht der Granate	0,25 kg, Granatgeschoss: 0,31–0,35 kg
Feuergeschwindigkeit	3–4 Schuss/min
max. Reichweite	500 m
effektive Reichweite	75–300 m
Visierreichweite	300 m
Magazinkapazität	3 Schuss + 1 im Patronenlager

Varianten

Zwei Versionen sind bekannt, eine mit einer seitlich abgeklappten, metallischen Schulterstütze mit Rundprofil, eine andere hat einen festen Skelett-Kolben aus Kunststoff mit Kastenprofil, dessen Konstruktionsweise dem Scharfschützengewehr VSK-94 entnommen ist. Die metallische Schulterstütze dient gleichzeitig als Tragegriff beim Transport der Waffe. GM-94 und der Flammenwerfer LPO-97 sind vereinheitlicht, der Letztere unterscheidet sich lediglich durch die verwendete Munition. Seine Beschreibung wird aber in einem separaten Kapitel gegeben.

Visitenkarte	
Einführungsjahr	2005
Entwickler	KBP Tula
Hersteller	KBP Tula
Gebaute Exemplare	>81 (2013) und >88 (2014)
Einsatzländer	Russland, Indien, Kasachstan, Libyen, Mongolei, Ukraine

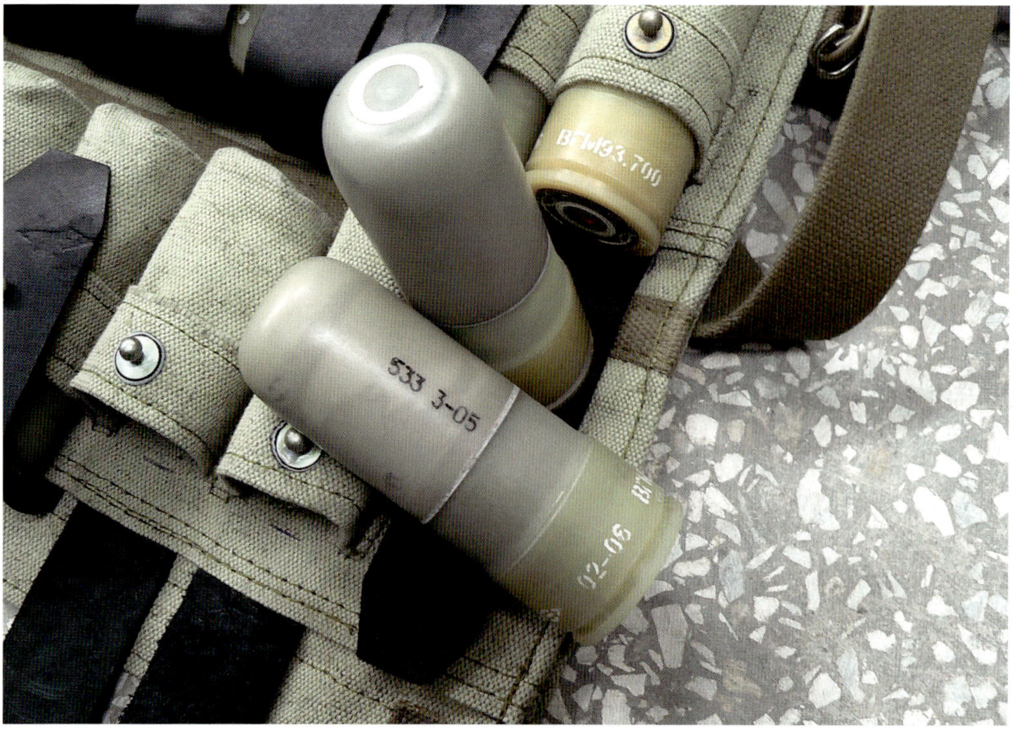

Munition für Granatwerfer GM-94. *(Foto: KardeN)*

Bedienungselemente des GM-94. *(Foto: KardeN)*

GM-94 und seine Munition von rechts, die Schulterstütze ausgeklappt, Rohrmagazin vorne. *(Foto: KardeN)*

2.2.11. Spezieller Granatwerfer RGS-50 (SW-1301)

(Foto: KardeN)

Geschichte

Der spezielle Granatwerfer RGS-50 löste Ende der 1980er Jahre den Granatwerfer »Vitrina« ab, der unter russischen Soldaten aufgrund des starken Rückstoßes nicht besonders beliebt war. Die neue Waffe wurde prinzipiell neu als Granatgewehr konzipiert und konnte getrennt vom Sturmgewehr eingesetzt werden. Außerdem hat das System »Vitrina« nur einen Munitionstyp, die Gasgranate »Vitrina-G«, zur Verfügung. Im Gegensatz zum alten Modell wurde für den RGS-50 eine ganze Munitionsfamilie entwickelt, darunter nicht-tödliche Granaten (mit Tränengas und Gummigeschossen) und diverse Sturmgranaten. Der RGS-50 steht seit 1989 im Dienste des FSB und der Spezialeinheiten der Miliz (Polizei).

Technik

Der RGS-50 stellt einen schweren Granatwerfer dar, der zum Schießen auf relativ große Distanzen, ab 150 m, ausgelegt ist und bildet zusammen mit dem leichten Granatwerfer RGS-33 ein System der Granatwerferbewaffnung für die Antiterror-Einheiten. Der RGS-50 ist ein schultergestütztes System und ähnlich einer einzeln zu ladenden Jagdflinte mit einem Kipplauf aufgebaut. Er besitzt einen glatten Lauf und verschießt pfeilstabilisierte Granaten. Um die Granate in Rotation zu versetzen, sind die schief angeordneten Stabilisatorflossen an ihrem Ende angebracht. Der Spannabzug funktioniert nur im Double-Action-Modus. Er wird gespannt, wenn der Lauf nach unten abgekippt wird.
Schutz gegen ungewollte Schussabgabe gewährleistet eine manuelle Sicherungseinrichtung. Die Waffe hat eine metallische Schulterstütze mit Rohrprofil, einen Pistolengriff mit Abzugsmechanismus und einen Vorderschaft, der unten am Lauf befestigt ist und von der Waffe abgenommen werden kann. Ein mechanisches Klappvisier mit drei Stellungen – 50, 100 und 150 m – ist vorhanden. Ein besonderes Merkmal des RGS-50 ist eine hydraulische Bremse, die in der Schulterstütze eingebaut ist und mit deren Hilfe der Rückstoß wesentlich reduziert wird. Die Waffe verwendet die folgenden Munitionstypen:

- **GS-50** und **GS-50M (SW-1301/1)** – Granaten mit Reizstoff.

- **GS-50PM (SW-1301/2), GS-50P, GS-50MI, GSZ-50P, G-50P, GP-50PV** – Übungsgranaten.
- **GSZ-50 (SW-1301/3)** – eine Licht- und Knallgranate.
- **EG-50 (SW-1301/4) und EG-50M (SW-1301/5,** mit Gummiposten) – Schockgranaten.
- **GV-50 »Vyrub« (SW-1301/6)** – Granate zum schnellen Öffnen von Türen.
- **GO-50 (SW-1301/7)** und **GO-50K** – Splittergranaten.
- **GK-50 (SW-1301/8)** und **GK-50M** – Hohlladungsgranaten.
- **GD-50 (SW-1301/9)** – Nebelgranate.
- **BK-50** – Granate zum Durchbrechen von Fenstern.

Varianten

Seit 2005 produziert Kowrows Werk OAO »ZiD« die modernisierte Waffe unter der Bezeichnung RGS-50M. Diese Variante unterscheidet sich durch das geklappte Griffstück unter dem Lauf, den Federdämpfer und den verbesserten Abzugsmechanismus. Es gibt auch Ausführungen mit kurzem Lauf (RSG-50U) und mit Gewinde zur Montage einer Mündungsbremse.

Taktische und technische Daten	
Kaliber	50 mm
Gesamtlänge	890 mm (RGS-50), 895 mm (RGS-50M)
Lauflänge	295 mm
Gewicht ungeladen	6, 3 kg (RGS-50), 6,8 kg (RGS-50M)
Gewicht der Granate	0,2 kg; Granatgeschoss: 0,39–0,42 kg, Sprengstoff: 0,13 kg
Mündungsgeschwindigkeit	92 m/s
Visierreichweite	150 m, max. Reichweite: 400 m
Feuergeschwindigkeit	2–3 Schuss/min
Magazinkapazität	Einzellader

Visitenkarte	
Einführungsjahr	1989
Entwickler	Zentrum für die spezielle Technik des FSB
Hersteller	OAO »ZiD«, Kowrow
Gebaute Exemplare	RGS-50M: >30 (2013) und >23 (2014)
Einsatzländer	UdSSR (Russland)

Der Granatwerfer RGS-50M mit abgetrennter Schulterstütze, Mündungsbremse und Granate. *(Foto: KardeN)*

Die Waffe wird ähnlich einer Jagdflinte geladen. *(Foto: KardeN)*

Der Granatwerfer RGS-50M auf der Messe INTERPOLITEX-2007. *(Foto: Autor)*

2.2.12. Spezieller Granatwerfer RGS-33 »Vitok« (GPM-33, SW-1317)

(Foto: Autor)

Der RGS-33 »Vitok« (auf Deutsch: »Windung«) ist eine nicht letale Waffe, die zusammen mit dem Granatwerfer RGS-50 das sogenannte »Granatwerferbewaffnungssystem« für die Anti-Terror-Einheiten der Armee, des MWD und FSB bildet. Die Waffe wurde Mitte der 1990er Jahre in den Dienst beim Anti-Terror-Zentrum des FSB gestellt. Im Unterschied zum RGS-50 dient er vor allem für den Einsatz bei Sturmaktionen in Gebäuden, z.B. bei einer Geiselbefreiung oder bei der Räumung besetzter Wohnungen. Dazu verfügt der RGS-33 über drei Läufe: In solchen Situationen gibt es keine Zeit zum Nachladen oder Repetieren. Die Einsatzdistanz des RGS-33 ist relativ kurz und beläuft sich auf 5 bis 25 m. Die Waffe ist ein dreiläufiger Hinterlader, deren Laufblock einer Jagdflinte ähnlich ist und nach unten abgekippt werden kann. Die bei allen ungewöhnlich kurzen Läufe sind ungezogen. Die kompakten Abmessungen und das geringe Gewicht erlauben es, dass die Waffe sogar mit einer Hand abgefeuert werden kann. Die Waffe ist mit einer klappbaren Skelett-Schulterstütze ausgestattet, die vermutlich dem Kalaschnikow-Sturmgewehr AKS-74 entnommen wurde.

Der RGS-33 benützt lediglich die nicht letalen Munitionstypen: die Gasgranate GS-33 (SW-1317/3) mit Tränengas CN, die nicht letalen Granaten EG-33 (SW-1317/1) und EG-33M (SW-1317/2) mit einer 80 g schweren Gummikugel bzw. mit Gummischrot (62 Kugeln mit einem Gesamtgewicht von 50 g), sowie die Licht- und Knallgranate GSZ-33 (SW-1317/4, Lichtstärke 2 Mio. Candela, Schalldruckpegel 135 dB in 10 m

Entfernung) und Übungsgranate G-33P. Zudem gibt es auch die Schockgranate GSZSch-33, deren Wirkung den Granaten GSZ-33 und EG-33 entspricht. Die Körper all dieser Granaten bestehen aus Kunststoff, weswegen sie die Zielpersonen nicht tödlich verletzen können. Sie können mit einer Einrichtung zur Selbstzerstörung und/oder mit Stabilisierungsflossen ausgestattet werden.

Taktische und technische Daten	
Kaliber	33 mm
Lauflänge	ca. 90 mm
Gewicht	2,5 kg
Gewicht der Granate	0,115 kg
Mündungsgeschwindigkeit	65 m/s (GS-33,GSZ-33), 50 bis 60 m/s (EG-33)
Visierreichweite	25 m, max. Reichweite: 400 m (GS-33), effektive Reichweite: 25 m (EG-33) und 10 m (EG-33M)
Magazinkapazität	3 Schuss

Visitenkarte	
Einführungsjahr	Mitte 1990er
Entwickler	Zentrum für die spezielle Technik des FSB
Hersteller	Staatliche Unternehmen
Gebaute Exemplare	geheim
Einsatzländer	Russland

2.2.13. Portables Abschussgerät US-50 »Vual« (SW-1316)

(Foto: Katalog »Rosoboronexport«)

Das Abschussgerät US-50 »Vual« (auf Deutsch: »Schleier«) gehört zu den nicht-tödlichen Waffen und ist für Geheimdienste und Spezialeinheiten geeignet. Die Waffe ist ein Einzellader, der aus nur einem Rohr mit Verschluss und einer primitiven Abzugsvorrichtung besteht. Das US-50 benutzt lediglich zwei Munitionstypen, das Geschoss EG-50M mit Gummischrot für die 50-mm-Granatwerfer RGS-50 und RGS-50M, und das Farbgeschoss SW-1316/2. Diese Waffe kann man einhändig abfeuern.
Zum Nachladen muss das Rohr wie bei einer Jagdflinte nach unten abgekippt werden. Mehr Details über die US-50 sind nicht bekannt, vermutlich aufgrund der »spezifischen« Zweckbestimmung dieser Waffe. Nichtsdestotrotz bietet Russland das US-50 zum Export an.

Taktische und technische Daten	
Kaliber	50 mm
Gesamtlänge	406 mm
Gewicht	1,5 kg
Lauflänge	ca. 230 mm
Gewicht der Granate	0,4 kg
effektive Reichweite	bis 10 m
Magazinkapazität	Einzellader

Visitenkarte	
Einführungsjahr	<2004
Entwickler	Zentrum für die spezielle Technik des FSB (?)
Hersteller	Staatliche Unternehmen
Gebaute Exemplare	geheim
Einsatzländer	Russland

2.3. Antisabotage-granatwerfer

2.3.1. Mehrläufiger Granatwerfer MRG-1 »Ogonjek« (TKB-099)

(Foto: VV MWD, Presse-Büro GK VV, V. Plisko und S. Korez)

Geschichte

Dies ist die erste Antisabotage-Waffe, die in den Dienst bei der russischen Marine gestellt wurde. Die Abkürzung MRG-1 steht für »mehrläufiger reaktiver Granatwerfer Modell 1«, der Name »Ogonjek« bedeutet auf Deutsch »das Flämmchen«. Während der Entwicklung in den Jahren 1969–1973 trug die Waffe die Indexbezeichnung TKB-099, die Indexbezeichnung der Marine ist nicht bekannt. Den im Jahre 1973 eingeführten Granatwerfer entwickelte das ZKIB SOO (Konstrukteur A.I. Borisov). Ursprünglich verwendete die Waffe als Munition die Sprenggranate RG-55 (Entwickler: das Konstruktionsbüro GSKBP, das heutige FGUP »GNPP Basalt«).

Später wurden auch die verbesserten Granaten RG-55M (1976) sowie die Signalgranate GRS-55 (1979) entworfen und eingeführt. Der MRG-1 kann nicht nur auf Schiffen, sondern auch an der Küste eingesetzt werden.

Der Granatwerfer wurde auf Basis einer speziellen Vorrichtung – einem einzelnen Rohr auf einem Dreibein – entwickelt, die dem Abschuss des IWZ-21-Zielflugkörpers diente (der IWZ-21 ist ein zur Zieldarstellung modifiziertes Raketengeschoss M-21 des Mehrfachraketenwerfersystems BM-21 »Grad«; er wurde zur Simulation von Seezielflugkörpern verwendet).

Mit dem Granatwerfer MRG-1 sind die folgenden Schiffe ausgerüstet:

- Schwerer Flugdeckkreuzer »Admiral Kusnezow« des Projektes 1143.5 (5 x 7-läufige Granatwerfer MRG-1).
- Schwere Kreuzer des Projektes 1144 »Orlan« (2 x 7, 420 Granaten).
- Fregatten der Projekte 1135 »Burewestnik«, 1135M »Burewestnik-M«, 11351 »Nerei« (2 x 7, 420 Granaten RG-55).
- Fregatten des Projektes 1155 »Fregat« (2 x 7, optional).
- Korvetten des Projektes 1241.2 »Molnija-2« (1 x 7).
- Korvetten des Projektes 20351 (1 x 7).
- Korvetten des Projektes 133 »Antares« (1 x 7, 70 Granaten RG-55M).
- Patrouillenboote des Projektes 14-083 »Mustang« (? x 7).
- Patrouillenboote der Projekte 10410 und 10411 »Svetljak« (1 bis 2 x 7 oder DP-64).
- Patrouillenboote des Projektes RVN-376 »Jaroslawetz«.
- Antisabotage-Boote des Projektes PV-1415 »Kulik« (1 x 7).
- Waffentransportschiffe des Projektes 115790 »Sadko« (4 x 7).
- Spionageschiffe des Projektes 1826 »Rubidiy« (1 x 7).
- Minenabwehrschiffe des Projektes 1258 und 1258E »Korund« (1 x 7).
- Minenabwehrschiffe des Projektes 1332 (2 x 7).

Technik

Der Granatwerfer MRG-1 dient der Bekämpfung von Kampfschwimmern in der Selbstverteidigungszone von Schiffen, U-Booten und Küstenanlagen. Dargestellt ist ein Dreibein mit sieben montierten Abschussrohren, die per Kabel mit der Steuerungseinheit und dem Stromversorgungsblock (ein elektrischer Impulsgenerator) verbunden sind. Der Granatwerfer ist aus Alu-Legierungen gefertigt und kann leicht getragen und zerlegt werden. Um eine optimale Streuung zu gewährleisten, ist der Laufbündel in Form eines Trichters gestaltet (sieben Rohre sind unter einem Winkel von 7° montiert). Die Waffe wird von zwei Personen bedient. Ein Soldat ist gleichzeitig Richt- und Ladeschütze. Er lädt die Waffe manuell und richtet sie nach Schießunterlagen (Azimut und Reichweite), die ihm von einem Sonar per Telefon oder Lautsprecher geliefert werden. Der Operator befindet sich an der Steuereinheit und ist für das Abfeuern der Waffe per Fernbedienung (aus bis zu 30 m Entfernung) verantwortlich. Der MRG-1 kann sowohl Einzelschüsse als auch Salven abgeben.

Die Granate RG-55 sieht wie eine Mörsergranate aus, ist aber eine kleine Wasserbombe, die über einen Sprengkopf mit einem hydrostatischen Zünder (Druckzünder mit zwei Einstellungen: 15 und 30 m) und einem Ringleitwerk als Stabilisator verfügt. Die RG-55 hat einen tödlichen Wirkungsradius von 16 m gegenüber Kampfschwimmern und eine Einsatztiefe von bis zu 40 m. Später wurden verbesserte Varianten dieser Granate eingeführt (RG-55M, sowie die

Granaten RG-55-1 und RG-55M-1 mit einer bis zu 1000 m erhöhten Reichweite).
Die Granate GRS-55 wird als Zielmarkierung eingesetzt. Ihr Gefechtskopf enthält keine Sprengladung und ist mit einem Aufschlagzünder ausgestattet. Bei Auslösung des Zünders wird der Gefechtskopf geöffnet und eine Feder stößt einen schwimmfähigen Rauchkörper aus. Er wird durch eine spezielle pyrotechnische Ladung gezündet und erzeugt auf der Wasseroberflache eine helle, rote Rauchfahne, die auf eine Entfernung von ca. 500 m das Ziel weisen kann.

Taktische und technische Daten	
Kaliber	55 mm
Gesamtlänge	967,5 mm
Lauflänge	ca. 900 mm
Gewicht	53 kg
Gewicht der Granate	0,93 kg
Reichweite	50 bis 500 m
Anzahl der Rohre	7

Visitenkarte	
Einführungsjahr	1973
Entwickler	ZKIB SOO, Konstrukteur A.I. Borisov; GSKBP (FGUP »GNPP Basalt«)
Hersteller	OAO »ZiD«, Kowrow
Gebaute Exemplare	Serienproduktion
Einsatzländer	UdSSR (Russland), Irak, Ukraine

Die Granatwerfer MRG-1 während einer Schießerprobung. *(Foto: A.V. Karpenko)*

2.3.2. Antisabotagegranatwerfer DP-61 »Duell« (TKB-0119)

(Foto: Verteidigungsministerium der RF)

Der Granatwerfer DP-61 »Duell« wurde Ende der 1970er Jahre im GSKBP entwickelt und bei der UdSSR-Marine eingeführt. Damals entstand die Nachfrage nach einer leichten und mobilen Waffe zur Abwehr von Kampfschwimmern, die von Schiffsmannschaften und Küstenwacht eingesetzt werden kann. Um ihre Entwicklung zu vereinfachen, verwendeten die sowjetischen Konstrukteure die Munition und ein Rohr des fest montierten, siebenläufigen Antisabotage-Granatwerfers MRG-1 »Ogonjek«. Im Unterschied zum schweren MRG-1 kann der Granatwerfer DP-61 von der Schulter abgefeuert werden. Das Rohr wurde in einer waagrechten Rohrwiege befestigt, die über eine Schulterstütze und eine in Form eines Pistolengriffs gestaltete Abzugsvorrichtung verfügt. Diese elektrische Abzugsvorrichtung (Konstrukteur A.T. Alekseev, ZKIB SOO Tula) ist der Panzerfaust RPG-16 »Udar« entnommen. Der Höhenrichtbereich erstreckt sich von –45 bis +45°. Der DP-61 verwendet zwei Munitionsarten: die Sprenggranate RG-55M zur Bekämpfung von Kampfschwimmern mit einem effektiven Wirkungsradius von 18 m und die Signalgranate GRS-55 (erzeugt eine Rauchfahne innerhalb von 50 s), die als Zielmarkierung eingesetzt wird. Die Waffe hat sich im Laufe ihres Dienstes sehr gut bewährt – z.B. im Bürgerkrieg in Angola, wo die UdSSR-Schiffsmannschaften diese Granatwerfer gegen südafrikanische Taucher einsetzten, und sie befindet sich auch heute noch in Verwendung der russischen Marine.

Taktische und technische Daten	
Kaliber	55 mm
Gesamtlänge	ca. 900 mm
Lauflänge	ca. 900 mm
Gewicht	6 kg
Gewicht der Granate	0,93 kg
effektive Reichweite	500 m, Einsatztiefe: bis 40 m
Anzahl der Rohre	1

55-mm-Granate für den Granatwerfer DP-61. *(Foto: A.V. Karpenko)*

Der Granatwerfer DP-61 »Duell« in Feuerbereitschaft. *(Foto: Verteidigungsministerium der RF)*

2.3.3. Antisabotagegranatwerfer DP-64 »Neprjadwa« (97U, TKB-0171, Isdelie 395)

(Foto: ZiD)

Geschichte

Der Granatwerfer DP-64 »Neprjadwa« (der Name entstammt einem russischen Fluss) wurde 1981–1989 als Ergänzung zum DP-61 »Duell« entwickelt. Die Waffe konstruierte V. Rebrikov aus dem ZKIB SOO; für die Entwicklung der 45-mm-Granate war zuerst N.A. Suprunov, dann V.N. Sutschkov aus dem NPO »Basalt« verantwortlich. Mit der Entwicklung des neuen Granatwerfers sollte der Hauptnachteil des DP-61, dass hinter dem Schützen ein großer Freiraum benötigt wurde, beseitigt werden. Der DP-64 unterscheidet sich von seinem Vorgänger durch zwei übereinander liegende, von hinten geschlossene Läufe, deren Kaliber auf 45 mm verkleinert wurde. Deshalb hat die Waffe hinter ihr keine Sicherheitszone mehr und kann von jeder Stelle des Schiffes, auch aus geschlossenen Räumen durch Luken und Schiffsfenster, abgefeuert werden. Der Abschuss von der Küste, z.B. von einer Kaimauer, funktioniert beim DP-64 ebenfalls unproblematisch. Dank des Doppellaufschemas kann die Waffe mit einer höheren Kadenz schießen und gleichzeitig unterschiedliche Munitionsarten (Spreng- und Signalgranaten) verwenden.
Die Vorerprobung des Granatwerfers wurde 1987 in Sewastopol durchgeführt, die Staatserprobung fand 1988 statt. Der DP-64 wurde auf Befehl Nr. 125 vom 04.03.1990 in den Dienst der russischen Marine eingeführt, wurde aber nur in einer geringen Stückzahl produziert. Eingesetzt wird die Waffe an Bord von Schnellbooten, bei der Marine-Infanterie und einigen Marineeinheiten. Die DP-64 verwendet auch der Grenzschutz des FSB und einige FSO-Einheiten. Seit 1993 wird der DP-64 auch zum Export angeboten, wobei in den letzten Jahren seine Entwickler diese Waffe im Kampf gegen moderne Piraten einsetzen wollten. Die Serienfertigung begann erst 2014, als der erste große Auftrag vom russischen Verteidigungsministerium erteilt wurde.

Technik

Der DP-64 »Neprjadwa« ist eine speziell zur Bekämpfung von Kampfschwimmern entwickelte Waffe, die zum Schutz von Schiffen auf Reeden in

Hafen und Stützpunkten sowie zur Abwehr von Küstenanlagen, Bohrinseln und anderen wichtigen See- und Küstenobjekten gegen Kampfschwimmer dient. Die Waffenrohre werden durch einen gemeinsamen, nach unten abgekippten Verschluss verriegelt, wodurch beim Schuss kein reaktiver Strahl entsteht (Patent Nr. 2192600 vom 15.06.2000). Salvenschuss ist nicht möglich: es wird abwechselnd abgefeuert.
Die Lebensdauer eines Rohres beläuft sich auf mehr als 1000 Schuss. Da die Granaten keine eigenen Hülsen haben, wird die Liderung der Rohre durch zwei im Verschluss eingebaute Hülsen gewährleistet. Der DP-64 verfügt über ein mechanisches Quadrant-Visier (erlaubt direktes und indirektes Feuer), eine Abzugsvorrichtung, eine Sicherheitsvorrichtung und zwei Griffstücke zur leichten Handhabung. Auf dem Bodenstück befindet sich eine Schulterstütze mit Gummikappe, die den ziemlich starken Rückstoß (45 Joule) mindert. Manchmal muss bei Küstenpatrouillen der Schütze die Waffe lange Zeit tragen, weshalb sie einen Trageriemen besitzt, der vom Kalaschnikow-Sturmgewehr stammt.
Für den DP-64 wurden spezielle, gummierte Waffenhalter entwickelt, mit denen die Waffe z.B. am Schotten eines Beobachtungspostens befestigt werden kann. Damit kann der Wachmatrose beim Angriff eines Kampfschwimmers den Granatwerfer sehr schnell in Feuerbereitschaft versetzen.
Zur Verfügung stehen zwei Munitionsarten: die Sprenggranate FG-45 und die Signalgranate SG-45, die die gleichen Abmessungen und das gleiche Gewicht haben und optisch wie eine Mörsergranate aussehen. Die beiden Granaten sind flügelstabilisiert. Zum Antrieb der Granate (Treibladungsindex 97Schtsch) dient Pyroxilinpulver P-200, das für Unterlaufgranatwerfer entwickelt wurde. Dieses Pulver brennt sehr schnell; dadurch werden der starke Schussknall und das Mündungsfeuer nahezu vollständig eliminiert.
Die Sprenggranate FG-45 funktioniert ähnlich einer Wasserbombe: Sie hat einen mechanischen Druckzünder Typ I-359 (97V) und taucht auf

Der Verschluss ist zum Laden oder Entladen der Waffe 90° nach unten abgekippt. *(Foto: ZiD)*

eine vorher definierte Wassertiefe von 0 bis zu 40 m, bevor sie explodiert. Der tödliche Radius für Mini-U-Boote und Kampfschwimmer beträgt rund 14 m. Die mit einem Aufschlagzünder ausgestattete Granate SG-45 dient der Markierung der Position des entdeckten Kampfschwimmers oder der Beleuchtung der Position in Dunkelheit. Erreicht die Granate die Wasseroberfläche, so schiebt eine Ausstoßladung aus der Granate eine pyrotechnische Fackel heraus. Die Fackel taucht auf und beleuchtet 50 Sekunden lang alles überall mit rotem Licht.

Später wurde auch eine nicht-tödliche Granate entwickelt, die mit einem Reizstoff gefüllt ist und über einen Schwimmkörper verfügt. Beim Einsatz einiger DP-64 kann man mit diesen Munitionstypen auf der Wasseroberfläche eine »Wand« aus Reizgas erzeugen. Man glaubt in Russland, dass diese Munitionsart gegen moderne Seeräuber eingesetzt werden könnte.

Im Waffenkatalog von »Rosoboronexport« gibt es noch einen Munitionstyp für den DP-64: die Universalgranate UG-45 mit Splittergefechtskopf, die dank eines neuen Zünders neben Unterwasserzielen auch gegen weiche Ziele auf See und an Land eingesetzt werden kann. Die Splitterfläche beläuft sich dabei auf 80 m^2.

Taktische und technische Daten	
Kaliber	45 mm
Gesamtlänge	820 mm
Lauflänge	600 mm
Gewicht	10 kg
Gewicht der Granate	0,65 kg
Visierreichweite	50 bis 400 m, Einsatztiefe: bis 40 m (FG-45), bis 60 m (UG-45)
Mündungsgeschwindigkeit	78 m/s
Feuergeschwindigkeit	5 bis 6 Schuss/min
Anzahl der Rohre	2

Visitenkarte	
Einführungsjahr	1990
Entwickler	ZKIB SOO, Konstrukteur V. Rebrikov, NPO »Basalt« (FGUP »GNPP Basalt«), Konstrukteure N.A. Suprunov, V.N. Sutschkov
Hersteller	OAO »ZiD«, Kowrow
Gebaute Exemplare	Serienfertigung
Einsatzländer	UdSSR (Russland), Vietnam

Der DP-64 auf einer Waffenausstellung. Gut zu erkennen ist die Indexbezeichnung der Marine »97U« auf dem Verschluss. *(Foto: Vitaly V. Kuzmin)*

2.3.4. Mehrläufiger Antisabotagegranatwerfer DP-65 (98U »Ozherelje«)

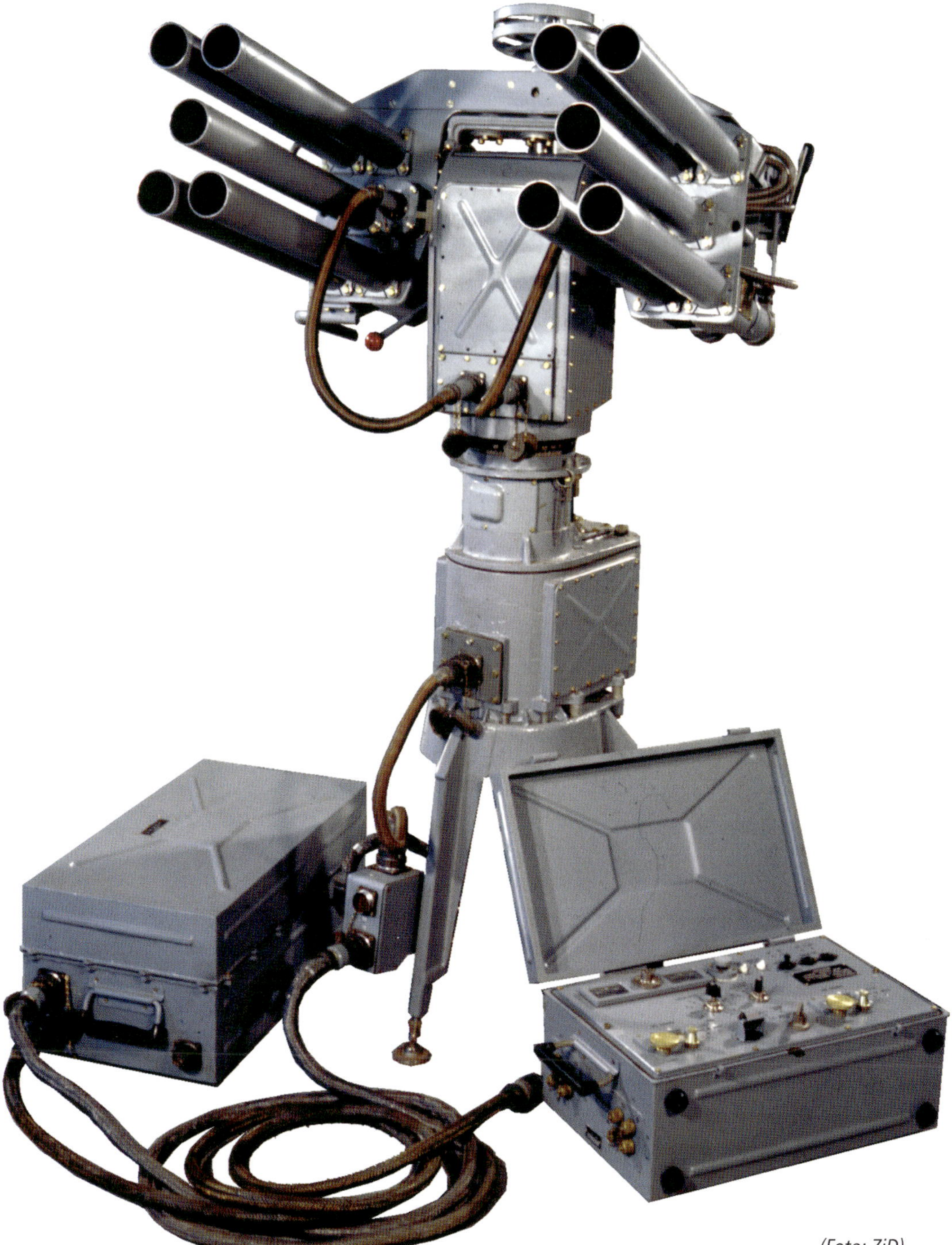

(Foto: ZiD)

Geschichte

Der Granatwerfer DP-65 »Ozherelje« (auf Deutsch: »Kollier«) wurde im Jahre 1991 vom GNPP »Basalt« entwickelt. Das System ist eine – mit Fernbedienung ausgestattete – Verbesserung des Granatwerfers MRG-1, die über zehn anstatt sieben Röhren verfügt, und ist im Dienst der russischen Marine seit 1991. Die Waffe dient dem Schutz von Schiffen, Küstenanlagen, Bohrinseln und anderen See- und Küstenobjekten vor Kampfschwimmern und Diversanten (Saboteuren). Sie kann entweder in einer schiffs- oder in einer küstengeschützten Variante verwendet werden. Der DP-65 wird auf Fregatten der Projekte 11540 »Jastreb« und 11541 »Korsar« (2 oder 3 x 10 Werfer), Korvetten des Projekts 20380 »Stereguschtschi« (2 x 10, Munitionsvorrat 240 Granaten) und des Projektes 21630 »Bujan« (?), sowie auf Antisabotage-Booten des Projektes 21980 »Gratschonok« (1 x 10) eingesetzt. Dank seiner kleinen Abmessungen kann der Granatwerfer während der Seefahrt vom Deck abmontiert und in einen Schiffsraum gebracht werden. Liegt das Schiff auf Reede, stellt man ihn wieder auf dem Deck auf. Produzent ist das Werk ZiD in Kowrow, das mit dem »Basalt« (unter der Ägide von »Rosoboronexport«) die Waffe zum Export anbietet. Eine fast genaue Kopie von DP-65 produziert die chinesische Firma NORINCO unter der Bezeichnung CS/AR1 55 mm.

Technik

Das System besteht aus dem 10-läufigen, auf einem Sockel lafettierten Granatwerfer, der Steuereinheit, dem Stromversorgungsblock, der Hoch- und Seitenrichtmaschine und dem Set von Verbindungskabeln. Abmessungen des Werfers (Länge x Breite x Höhe) sind 780 x 970 x 1280

Der DP-65 an Bord eines russischen Kriegsschiffes. *(Foto: A.V. Karpenko)*

mm. Höhenrichtbereich: -38° bis +48°, Seitenrichtbereich: -168° bis +168° (für die Granate RG-55-1).
Abfeuern und Richten erfolgen entweder manuell oder per Fernsteuerung (aus bis zu 100 m Entfernung), wobei ein bis vier Granatwerfer an einer Steuereinheit und einem Stromversorgungsgerät gleichzeitig angeschlossen werden können. Eine Sicherungsverrichtung sorgt dafür, dass die Waffe bei ihrem Nachladen und Entladen nicht abgefeuert werden kann, außerdem verhindert sie das Schießen, wenn die Waffe in den für Beschuss verbotenen Bereich gerichtet ist. Der DP-65 ist standardmäßig mit einem Tauchsonar vom Typ MG-747 »Amulett« (Reichweite bis zu 400 m in jeder Richtung) ausgestattet. Zur automatisierten Zielortung, Zielerfassung und Zielverfolgung dient das Tauchsonar »Anapa-M« (»Anapa-ME«), das im Sankt-Petersburger Unternehmen »Aquamarin« entwickelt wurde.
Der Granatwerfer verschießt die Granaten RG-55M, RG-55-1, RG-55M-1 und GRS-55, er kann sowohl Salven als auch Einzelschüsse abgeben. Die 0,94 kg schwere Sprenggranate RG-55M taucht bis zu 40 m tief und besitzt einen Wirkungsradius von 18 m gegenüber Kampftauchern. Optisch sieht sie wie eine kleine Wasserbombe aus und verfügt über einen elektrisch gezündeten Raketenmotor, einen Gefechtskopf mit einem Druckzünder vom Typ I-345 und ein Ringleitwerk als Stabilisator. Damit die Granate in einer bestimmten Tiefe explodiert, wird der Zünder vor dem Abschuss mit einem Schlüssel eingestellt.
Die verbesserte Granate RG-55M-1 mit thermobarischem Gefechtskopf wiegt 1,1 kg und hat eine maximale Reichweite von 1000 m. Ihr Wirkungsradius gegenüber Kampfschwimmern und ihre Einsatztiefe wurden auf 20 m bzw. 60 m erhöht. Neben Unterwasserzielen kann die Granate dank dem universellen Zünder auch gegen Ziele an der Küste und auf der Wasseroberfläche eingesetzt werden. Bei Ausfall oder Fehlfunktion des Sonars feuert man die Signalgranate GRS-55 als Zielmarkierung ab. Sie unterscheidet sich von der RG-55 lediglich durch den Gefechtskopf, der mit einem Aufschlagszünder und einer pyrotechnischen Ladung ausgestattet ist.

Das Antisabotage-Boot des Projektes 21980 »Gratschonok« mit dem Granatwerfer DP-65. *(Foto: A.V. Karpenko)*

Taktische und technische Daten	
Kaliber	55 mm
Gesamtlänge	780 mm
Gewicht ungeladen	132 kg
Gewicht der Granate	0,93 kg
max. Schussweite	500 m, min. 50 m
Anzahl der Rohre	10

Visitenkarte	
Einführungsjahr	1991
Entwickler	NPO »Basalt« (FGUP »GNPP Basalt«)
Hersteller	OAO »ZiD«, Kowrow
Gebaute Exemplare	geheim
Einsatzländer	Russland

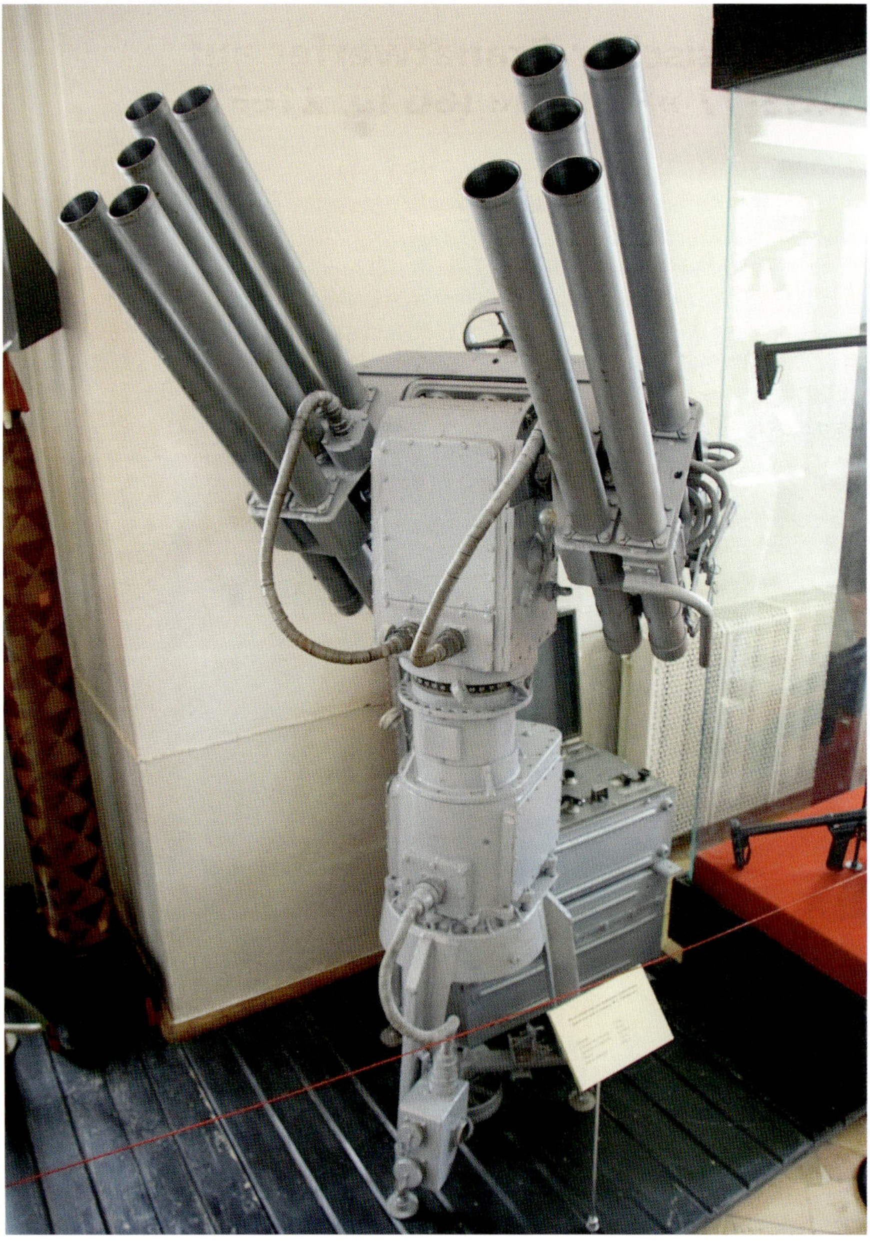

Der Granatwerfer DP-65 im Tulas Waffenmuseum. *(Foto: Vitaly V. Kuzmin)*

2.4. Maschinen-granatwerfer

2.4.1. Automatischer Granatwerfer auf Lafette AGS-17 »Plamja« (6G10, 216P)

(Foto: Reinhardt Scheiblich)

Geschichte

Nach Untersuchungen von in Südvietnam erbeuteten amerikanischen 40-mm-Maschinengranatwerfern wurde in der UdSSR beschlossen, eine gleichwertige Waffe zu entwerfen. Mit ihrer Entwicklung begann eine Gruppe von Konstrukteuren des KB »Totschmasch« im Jahre 1968. Diese Arbeit leitete A.E. Nudelman, ein bekannter russischer Konstrukteur von Flugzeugkanonen und Lenkwaffen. Schon Anfang 1969 fand die Werkerprobung des Granatwerfers, der damals die Betriebsbezeichnung 216-P hatte, statt. Im Vergleich zum US-Granatwerfer Mk19 besaß die russische Waffe ein Kaliber von 30 mm und eine etwas schlechtere Ballistik, war aber fast doppelt so leicht wie ihr amerikanischer Rivale. Nach der Indienststellung (1971) bekam die Waffe den Namen AGS-17 »Plamja« (auf Deutsch: »Flamme«). Die Abkürzung AGS-17 leitet sich aus »Avtomatitscheskij Granatomjot na Stanke-17« (etwa: Maschinengranatwerfer auf Lafette, Modell 17) ab. Ab 1971 wurde der Granatwerfer im Maschinenbauwerk »Molot« in der Stadt Wjatskie Poljany hergestellt; seine Produktion dauerte etwa 30 Jahre. Die Kopien des AGS-17 produzierten – oder produzieren bis heute – auch Bulgarien (AGL-30M), China, Irak, Iran (»Kaveh 30«), Kuba, Serbien und Montenegro (BGA, im ehemaligen Jugoslawien bekannt als M93). Mit Einführung dieser Waffe bekamen die Mot.-Schützenbataillone der Sowjetarmee einen zusätzlichen Granatwerferzug mit 6 AGS-17. Später wurden auch Versionen des Granatwerfers für Panzerfahrzeuge, Hubschrauber, Boote und sogar Festungszonen entwickelt.

Seine Feuerprobe bestand der AGS-17 im Afghanistankrieg 1979–1988, wo er in örtlichen Gebirgskämpfen die einzige leichte Infanterieunterstützungswaffe war. Zum Schutz von Truppenkolonnen wurde die AGS-17 fest auf den Schützenpanzerwagen BTR-60 und BTR-70 oder Lastwagen vom Typ KamAZ montiert und von dort eingesetzt. In Afghanistan verwendete die Sowjetarmee auch die Schützenpanzer MT-LB, die mit den AGS-17 bewaffnet wurden. Dafür wurde eine behelfsmäßige Waffenmontage an die hintere Turmseite des Fahrzeuges angeschweißt.

Die AGS-17 waren auch häufig in den Seitentüren der Hubschrauber Mi-8 angebracht. Während des Krieges wurden die Granatwerfer AGS-17 als stationäre Waffen zum Schutz von wichtigen Objekten (Pipelines, militärische Stützpunkte, etc.) verwendet. Dort wurde die Waffe auf einen 3 Meter hohen Betonturm gesetzt, damit die Waffe jedes Ziel im Umkreis von 1700 m beschießen konnte.

A.E. Nudelman (1912–1996), Chefkonstrukteur des KB »Totschmasch« (OKB-16), Schöpfer von Flugzeugkanonen, Panzerabwehr-, Flugabwehr- und Luftraketen. Der AGS-17 war eine seiner letzten Entwicklungen. *(Foto: kbtochmash.ru)*

Technik

Der Granatwerfer AGS-17 dient der Bekämpfung feindlicher Soldaten, die mit Splittermunition durch Flach- und Steilfeuer zu vernichten sind. Die Waffe ist ein nicht verriegelter Rückstoßlader mit Feder-Masse-Verschluss und einem gezogenen Wechsellauf.

Die Läufe der ersten Granatwerfer enthalten Rippen für die Luftkühlung, während die Läufe der späteren Exemplare mit Querrillen gefertigt sind. Ein besonderes Merkmal des AGS-17 ist eine hydraulische Bremse, die mit Kerosin gefüllt ist und den relativ starken Rückstoß aufnimmt. Der Abzugsmechanismus erlaubt auch, die Kadenz von 50–100 Schuss/min auf bis zu 350–400 Schuss/min einzustellen. Die Munitionszufuhr erfolgt über Metallgliedergurte. Ein 29-Schuss-Gurtkasten (6L29) hat die Form einer Trommel und kann an die linke Seite des Waffengehäuses angebracht werden. Der AGS-17 wird nur mit der Dreibeinlafette SAG-17 (6T8) verwendet. Die SAG-17 verfügt über drei klappbare Beine, ein Höhen- und Seitenrichtwerk sowie eine Vorrichtung zur präzisen Horizontierung der Waffe, die Steilfeuer ermöglicht. Als Standardvisier dient das optische Zielgerät PAG-17 (1OP78); ein mechanisches Reservevisier ist aber auch vorhanden. Das PAG-17 (Hersteller ist NPZ – das Gerätebauwerk Novosibirsk) wiegt 1 kg und hat ein Sehfeld von 12° und eine 2,5-fache Vergrößerung. Es ist interessant, dass am Gehäusedeckel jeder Waffe auch eine Schusstafel mit Werten für direktes Feuer und Steilfeuer angebracht ist.

Der Granatwerfer verschießt die Splittergranaten vom Typ VOG-17 oder VOG-17M (7P9M). Die Granate hat einen Splittermantel aus Draht mit Sollbruchstellen, eine 36-g-Sprengladung und einen Aufschlagzünder. Der tödliche Wirkungsradius der Granate beträgt 7 m. Die Granate VOG-17M hat nahezu die gleichen Eigenschaften wie VOG-17, allerdings besitzt ihr Zünder VMG-M einen zusätzlichen Mechanismus zur Selbstzerstörung, der 25 s nach dem Fehlschuss die Granate vernichtet.

Maschinengranatwerfer AGS-17 mit dem Radar SBR-5 »Fara-1« (1L111). *(Foto: A. V. Karpenko)*

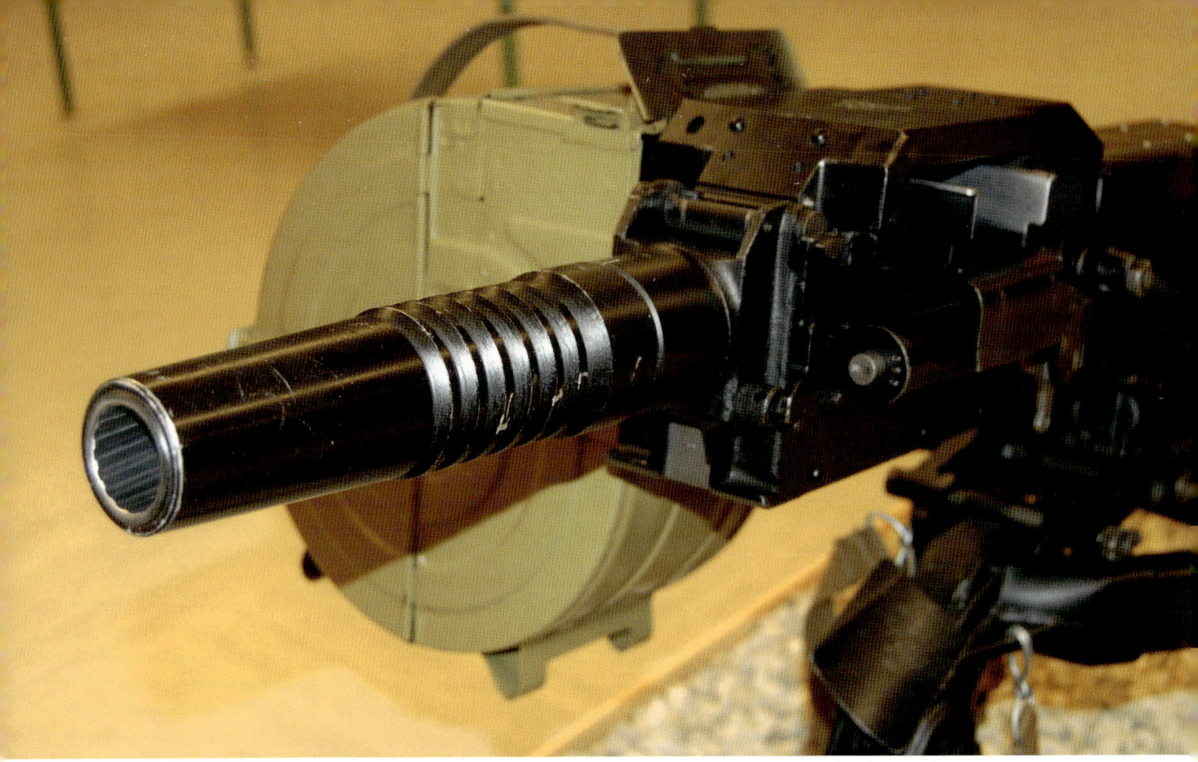

Der Lauf des Granatwerfers AGS-17 mit Rillen für die Luftkühlung. Er ist gezogen und hat 16 Züge. *(Foto: Autor)*

Der Gurtkasten hat die Form einer Trommel und wurde in Soldatensprache »Schnecke« genannt. *(Foto: Autor)*

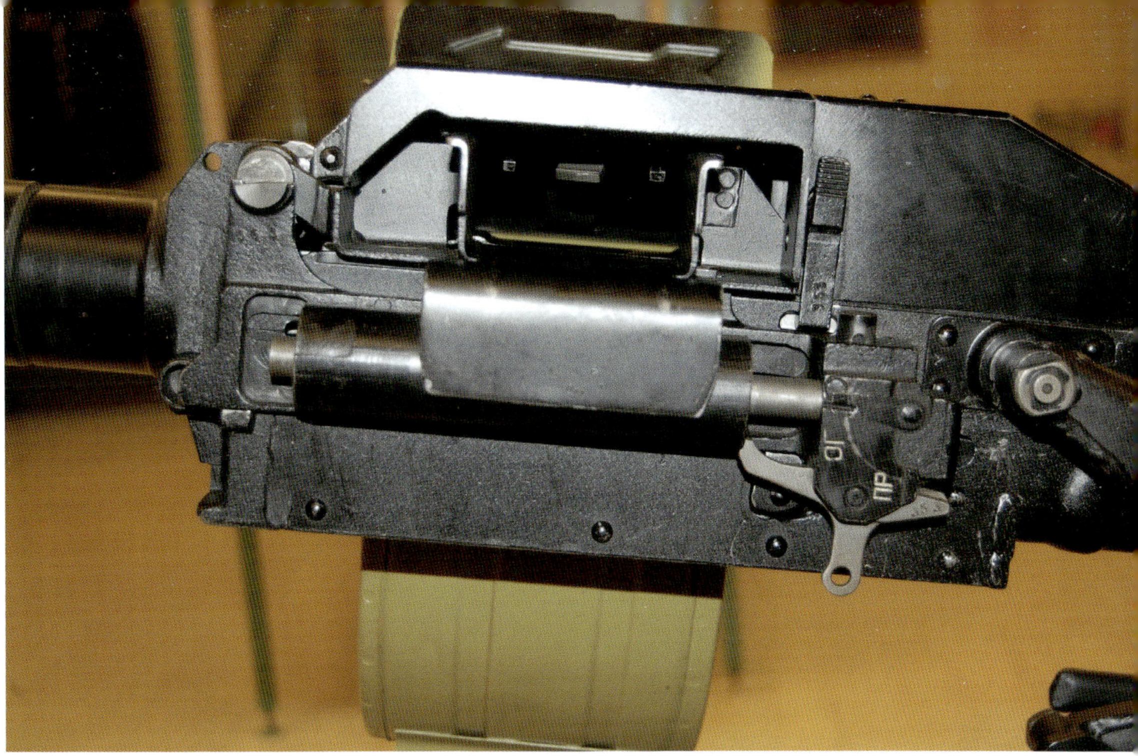

Der Abzugsmechanismus ist an der linken Seite der Waffe in einem zylindrischen Gehäuse montiert, das wie der Verschluss ebenfalls mit Kerosin gefüllt ist. Dadurch fungiert auch er wie eine hydraulische Bremse und man kann mit ihm die Kadenz einstellen. *(Foto: Autor)*

Der Verschluss des AGS-17 wiegt etwa 5 kg und braucht neben Schließfedern auch eine hydraulische Bremse, um seine Rücklaufbewegung aufzufangen. *(Foto: Autor)*

Mit einem Nachtbeleuchtungsgerät können das Aussehen und die Skalen des Zielgerätes PAG-17 beleuchtet werden. *(Foto: Autor)*

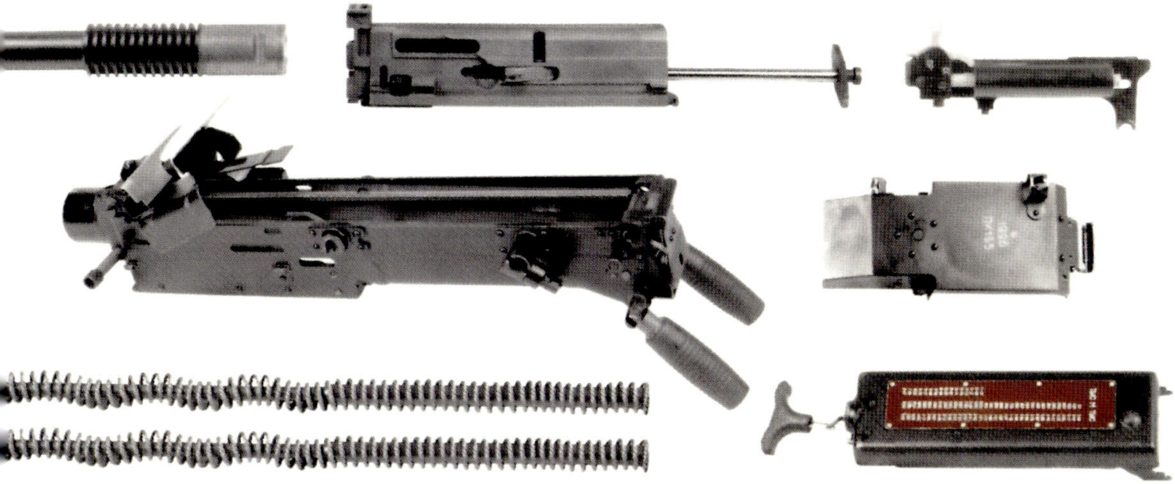

Hauptbestandteile des Granatwerfers AGS-17. *(Foto: Gebrauchsanleitung)*

Varianten

- **AG-17** – diese Version hat keine Lafette und dient dem Einsatz in gepanzerten Fahrzeugen. Diese Waffe ist entweder im Turm anstelle des koaxialen MG (Schützenpanzer BMD-3) oder am Turm in einem gepanzerten Korb (Schützenpanzer BMP-1PG, BMP-2PG, BMD-3, Schützenpanzerwagen BTR-90) montiert.
- **AG-17A »Plamja-A« (AP-30, 9A800, 213P-A)** – die Version für Hubschrauber. Sie unterscheidet sich durch den massiven Lauf, den Schusszähler, die elektrische Abzugsvorrichtung, eine veränderte Dralllänge und eine erhöhte Kadenz. Die Entwicklung des AG-17A begann laut Verordnung des UdSSR-Ministerrates 1044-381 am 26.12.1968. Die Waffe kam 1971 in die Massenproduktion, zeitgleich mit ihrer Infanterie-Version AGS-17. Schon im ersten Produktionsjahr wurden 204 AG-17A gebaut. Eingesetzt werden die Granatwerfer AG-17A in Kanonenbehältern vom Typ GUV-1 (9A669), mit denen die Hubschrauber Mi-24 bestückt werden können. Die Waffe wiegt 21–22 kg und hat die Abmessungen 895 x 159 x 66 mm. Die Lauflänge beträgt 300 mm. Als Munition werden die Splittergranaten VOG-17A mit Aufschlagzünder verwendet. Der Kampfeinsatz eines Behälters GUV-1 beträgt 300 Schuss.
- **AG-17D** – die fernbediente Version für den Einsatz in gepanzerten Fahrzeugen. Mit zwei AGS-17D wird das neue Panzerunterstützungsfahrzeug BMPT »Terminator« auf Basis des Kampfpanzers T-72 bewaffnet. Die Kursgranatwerfer befinden sich hier im Bug der Wanne, rechts und links über den Ketten, und sind vertikal stabilisiert. Der Höhenrichtbereich erstreckt sich von –5,5 bis +20°, der Seitenrichtbereich von –5 bis 27°. Diese Waffen sind in der Lage, Ziele im Nahbereich (bis 1000–1200 m) zu bekämpfen.
- **AGS-17M** – stellt eine modernisierte Variante mit Ballistikrechner und Laser-Entfernungsmesser (EG-LFR) dar. Die Waffe ist auf einem Fahrzeug vom Typ TPK (LuAZ-967M) lafettiert, wodurch ihr Kampfsatz von 87 Schuss auf 145 (Sockellafette) oder 290 Schuss (Drehkranzlafette 1B21) vergrößert ist. Übrigens kann diese Waffe auch auf anderen Fahrzeugtypen, z.B. auf einem Motorrad, montiert werden. Dank moderner Elektronik hat die Waffe im Vergleich zur Standardvariante eine 2- bis 3-fach bessere Treffwahrscheinlichkeit.
- **AG-17M** – die maritime Version, die vor allem auf Flussmonitoren verwendet wird. Sie unterscheidet sich durch einen Lauf mit vergrößertem Kühlmantel. Diese Waffe wird auch in der Wannenfront des Schützenpanzer BMP-3 eingebaut.

Auf Schiffen wird der AG-17M in einem kugelsicheren Panzerturm Typ BP-30 verwendet. Der Turm wird durch einen Zwischenboden in zwei Räume geteilt. In einem Raum befinden sich der Schütze, die Zielgeräte, Höhen- und Seitenrichtantriebe, in dem anderen sind die Waffe, der Munitionsschacht, das Magazin und zwei Ventilatoren eingebaut. Obwohl der Lauf der Waffe eine Luftkühlung hat, ist der Granatwerfer in der Lage, den ganzen Munitionsvorrat (400 Schuss) mit einem langen Feuerstoß abzugeben. Der Granatwerferturm BP-30 wiegt insgesamt 500 kg, davon der Kampfsatz 160 kg. Die Richtantriebe sind manuell angetrieben. Die Waffe hat einen Höhenrichtbereich von -12° bis +60° und einen Seitenrichtbereich von 360°. Sie wurde elektrisch durch ein mit dem Fuß zu bedienendes Pedal betätigt. Die Stromversorgung erfolgt über 27 Volt Gleichspannung aus dem Bordnetz des Schiffes.

Die Entwicklung des Schiffsgranatwerfers begann am 15. März 1971 laut Verordnung des UdSSR-Ministerrates. Sie dauerte etwas mehr als ein Jahr und schon 1974–1975 fanden Staatserprobungen statt. Mit dem 30-mm-Granatwerferturm BP-30 wurden die folgenden Schiffe bewaffnet: Flussmonitore des Projektes 1208 »Slepen« (je zwei auf jedem Schiff) und des Projektes 1248 »Moskit« (je zwei), Binnen-Patrouillenboote des Projektes 1249 »Piyavka« (je eins), Luftkissen-Panzerlandungsboote des Projektes 12061 »Murena« (je zwei) und Binnen-Landungsboote Typ 11, 21 und 22 (Kroatien).

Auf Basis des Granatwerfers AGS-17 wurden auch zwei fernbediente Granatwerfersysteme entwickelt:

- 6S3 »Tiski« (auf Deutsch: »Schraubstock«).
- 6S4 »Mius« (Mius steht für einen Fluss in der Ukraine und Russland).

Das System 6S4 »Mius« dient der Verteidigung von Festungszonen, Kontrollstellen und anderen Land- und Küstenobjekten. Es besteht aus vier kleinen Stahlbunkern, dem Bedienungspult, der doppeldrahtigen Kabelleitung und dem Laser-Entfernungsmesser. In jedem 200 kg schweren Bunker befindet sich ein Granatwerfer auf einer speziellen Lafette, sein Kampfsatz (300 Schuss), Hülsen- und Gurtgliedkasten, Richtmechanismen und elektrische Anlagen. Der Höhenrichtbereich: 0 bis +35°, der Seitenrichtbereich -150 bis +150°. Die Schussweite beträgt 300 bis 1650 m. Das ganze System wird von zwei Personen bedient.

Die Version für Hubschrauber AG-17A. *(Foto: A.V. Karpenko)*

Der Granatwerferturm BP-30 mit einem AG-17M auf dem kroatischen Landungsboot DJB-107. *(Foto: Saxum)*

Gepanzertes Fahrzeug GAZ-233014 STS »Tigr« mit einem Granatwerfer AG-17. *(Foto: Vitaly V. Kuzmin)*

Dieses Fahrzeug mit dem AGS-17 ist vermutlich eine Weiterentwicklung des Waffentransporters 2F63, einer mit dem Granatwerfer 6G10 (AGS-17 ohne Lafette) bewaffneten Version der Militäramphibie TPK (LuaZ-967M). Die 2F63 lösten ab 1986 in Luftsturm-Brigaden und -Bataillonen die Geländewagen UAZ-469 ab, die ehemals für den Transport der Maschinengranatwerfer AGS-17 in diesen Einheiten verwendet wurden.

Taktische und technische Daten	
Kaliber	30 mm
Gesamtlänge	840 mm
Lauflänge	290 mm
Gewicht	18 kg (Waffe), 45,5 kg (geladene Waffe mit Dreibein und Optik)
Gewicht der Granate	0,28 kg (VOG-17), 0,275 kg (VOG-17M)
Mündungsgeschwindigkeit	185 m/s
Visierschussweite	700 m (direktes Feuer), 1700 m (Steilfeuer)
praktische Feuergeschwindigkeit	65 Schuss/min
Magazinkapazität	29 Schuss

Visitenkarte	
Einführungsjahr	1971
Entwickler	KBTM (FGUP »Kbtotschmasch« namens A.E. Nudelman) , Konstrukteure A.E. Nudelman, A.F. Kornjakov, V.J. Nemenov, A.F. Nosov, O.V. Prjanischnikov, J.I. Pukhov, A.A. Richter und andere
Hersteller	Maschinenbauwerk »Molot«, Wjatskie Poljany
Gebaute Exemplare	Serienfertigung (1971: 117 Exemplare)
Einsatzländer	UdSSR (Russland), Afghanistan, Angola, Armenien, Aserbaidschan, Bulgarien, China, DDR, Ecuador, Finnland, Georgien, Kasachstan, Kuba, Kirgisistan, Indien, Irak, Iran, Lettland, Libanon, Libyen, Montenegro, Mosambik, Nikaragua, Nordkorea, Polen, Serbien, Slowakei, Syrien, Südafrika, Thailand, Tschad, Tschechien, Ukraine, Vietnam, Weißrussland

Das System 6S4 »Mius«. Der Waffenbunker mit dem Bedienungspult, der Kabeltrommel und Akkus.

30-mm-Granatwerfer AG-17A auf der ferngesteuerten Lafette »ADUNOK« (KB »Display«, Weißrussland). *(Foto: OAO KB »Display«)*

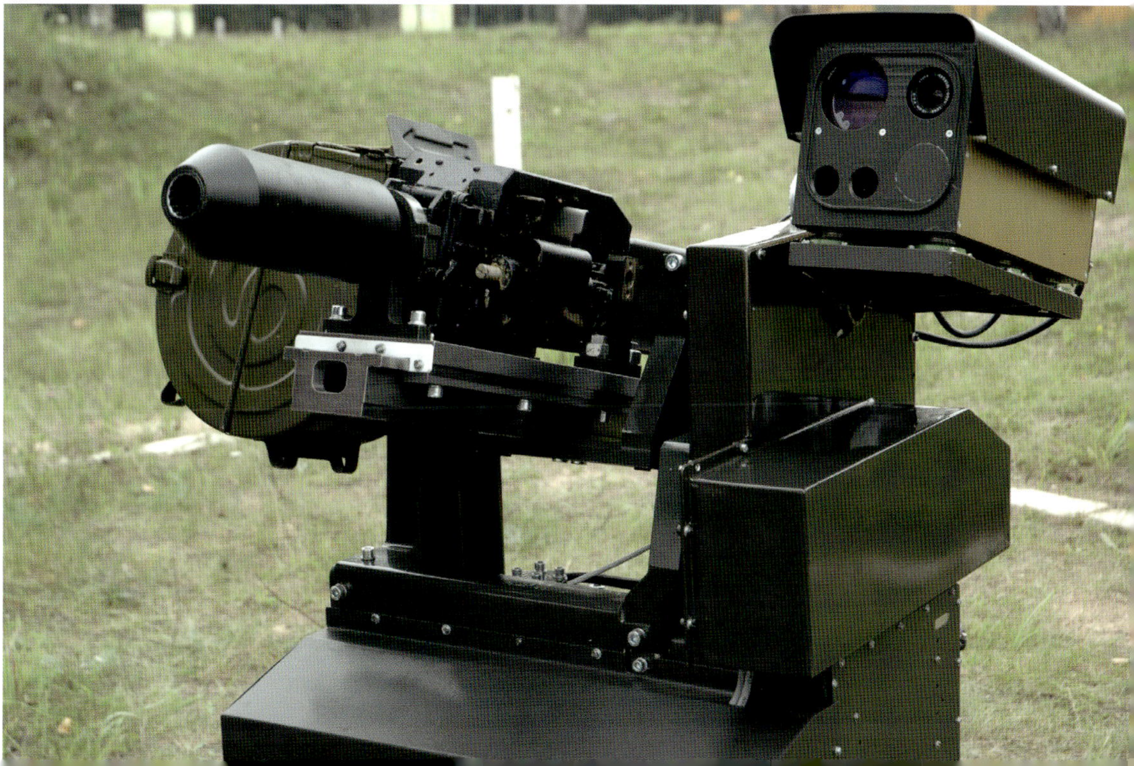

2.4.2. Automatischer Granatwerfer auf Lafette AGS-30 »Atlant« (6S9, TKB-722K, Isdelie 300)

(Foto: KBP)

Geschichte

Bei dieser erstmals 1999 vorgestellten Waffe handelt es sich um eine leichtere und einfachere Version des Granatwerfers AGS-17. Sie wurde Mitte der 1990er Jahre im KBP Tula unter Leitung von V.P. Grjasev entwickelt und unterscheidet sich von dem alten Modell vor allem durch den Aufbau des Wechsellaufes und des Verschlusses, die Form des Gehäuses und die Lafette. Zudem wurde die Bedienung von drei auf zwei Personen reduziert. Vermutlich basiert die Waffe auf der Grundlage des Granatwerfers 6G25 »Altait«, der Ende der 1980er/ Anfang der 1990er Jahre im ZKIB SOO unter Leitung von V.N. Telesch entworfen wurde. Der 6G25 »Altait« war auch eine leichtere und produktionsgünstige Variante des AGS-17, aber kam aus unbekannten Gründen nicht in die Serienfertigung. Der Granatwerfer AGS-30 »Atlant« wurde offiziell am 17. Mai 2002 in die Bewaffnung der russischen Armee eingeführt und wird derzeit im Werk OAO »ZiD« in Kowrow serienmäßig hergestellt.

Neben der Armee wird die Waffe auch von MWD-Einheiten (seit 1996) und Spezialeinheiten des Justizministeriums (seit 2000) verwendet. Die an die russischen Behörden gelieferte Stückzahl des AGS-30 ist bis heute jedoch gering geblieben; vielmehr exportiert Russland die AGS-30 in andere Staaten. So hat z.B. Indien eine Partie des AGS-30 gekauft, um diese Waffe dort in Zukunft lizenziert herstellen zu können. Die Waffe wurde im Zweiten Tschetschenienkrieg und im Krieg in Südossetien (2008) eingesetzt.

Technik

Der Granatwerfer AGS-30 ist ein Rückstoßlader mit nicht verriegeltem Massenverschluss. Durch Vorzündung (die Zündung erfolgt noch beim Vorlauf des Verschlusses) wurde die Verschlussmasse verringert und die hydraulische Bremse beseitigt. Dank dieser Maßnahmen ist der AGS-30 der leichteste Granatwerfer der Welt. Der Granatwerfer kann nur Dauerfeuer schießen. Aus ihm kann man 180 Schuss ununterbrochen abfeuern, bis das Rohr gekühlt werden muss (wobei man das Rohr mit Wasser abkühlen darf). Die Munition wird mit Metallglied-Zerfallsgurten zugeführt. Der Gurtkasten für den AGS-30 hat ein Fassungsvermögen von 30 Schuss, zum Kampfsatz gehören insgesamt 120 Schuss. Die leeren Hülsen werden nach links ausgestoßen.

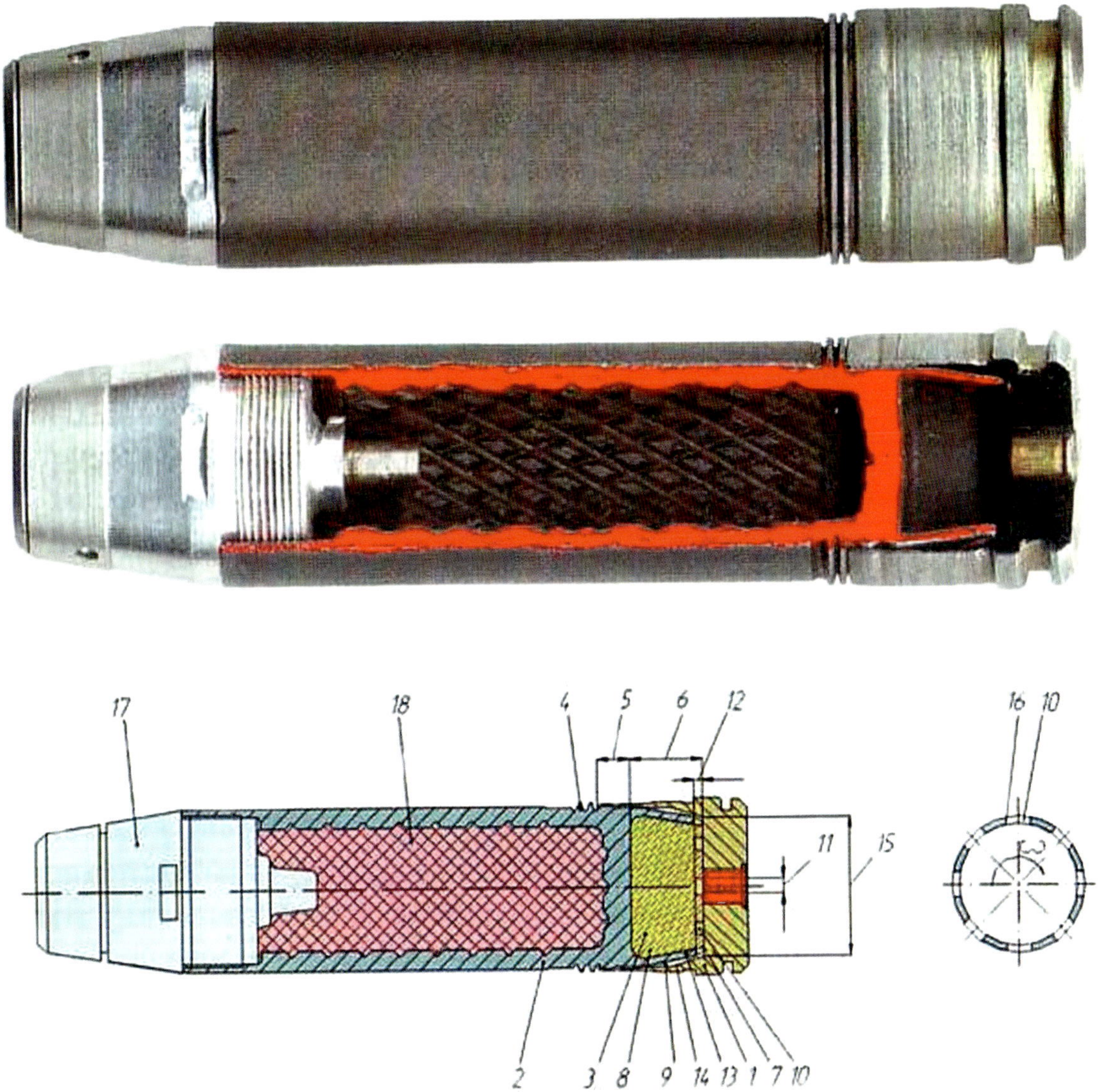

Granatgeschoss GPD-30, sein Schnitt und Aufbau. Diese Munition wurde im Jahr 2004 nach der Erprobung im Prüffeld »Rschewka« in St. Petersburg (v/tsch 33491) zur Einführung empfohlen. Jedoch fügte lediglich das MWD RF das GPD-30 seiner Bewaffnung hinzu. *(Foto: ZKIB SOO)*

Beschuss aus dem Granatwerfer AGS-30. *(Foto: KBP)*

Am Gehäuse, links, ist standardmäßig ein Reflexvisier PAG-17-30 montiert; eine offene Visierung ist aber auch vorhanden. Die Waffe wird von dem speziellen Dreibeingestell SAG-30 (6T17) von L.V. Stepanow aus abgefeuert. Dieses Dreibein ist sehr flexibel und kann auch auf weichem Untergrund sicher eingesetzt werden. Der maximale Erhöhungswinkel beträgt 70°. Dank des großen Schwenkbereichs kann man plötzlich auftauchende Ziele schnell unter Beschuss nehmen.
Im Transportzustand werden das Dreibein und die Waffe in zwei Traglasten hinter dem Rücken mitgeführt. Allerdings kann ein Soldat die Waffe mit dem Dreibein auch allein transportieren. Der AGS-30 verwendet die gleichen Munitionstypen wie der AGS-17: die Granaten VOG-17, VOG-17M und VOG-30. Im Jahr 2005 wurde eine neue Munition – GPD-30 – eingeführt, die eine wesentlich bessere Ballistik besitzt. Das KBP Tula berichtete, dass dank der verbesserten aerodynamischen Form des Geschosses seine maximale Reichweite auf bis zu 2100 m gestiegen sei.

Varianten

Neben der Infanterie-Variante auf dem Dreibein gibt es Versionen für den Einbau in Fahrzeuge, Hubschrauber, Befestigungen und Boote. Diese Waffe (ohne Lafette) wird manchmal als AG-30 oder AG-30M (TKB-844) bezeichnet.

Taktische und technische Daten	
Kaliber	30 mm
Gesamtlänge	1165 mm
Lauflänge	290 mm
Gesamtgewicht	16,5 kg (ohne Gurtkasten und Optik)
Gewicht der Granate	0,28 kg (VOG-17), 0,275 kg (VOG-17M)
Mündungsgeschwindigkeit	185 m/s
max. Reichweite	2100 m
Feuergeschwindigkeit	400 Schuss/min (theoretisch)
Magazinkapazität	30 Schuss

Visitenkarte	
Einführungsjahr	2002
Entwickler	KBP Tula unter Leitung V.P. Grjasev, Konstrukteur G.P. Nikolaev
Hersteller	OAO »ZiD«, Kowrow
Gebaute Exemplare	Serienfertigung 2500 (1999-2004)
Einsatzländer	Russland, Armenien, Aserbaidschan, Bangladesch, Indien, Kurdistan, Mazedonien, Pakistan

Eine frühere Variante des AGS-30 mit der veränderten Konstruktion der Lafette. *(Foto: ZiD)*

Granatwerfer AG-30 auf dem Schützenpanzer BMP-2M. *(Foto: A.V. Karpenko)*

2.4.3. Automatischer Infanterie-Granatwerfer auf Lafette APGS-40 (6G27 »Balkan«, 6S19)

(Foto: Vitaly V. Kuzmin)

Geschichte

Der APGS-40 »Balkan« (GRAU-Index 6G27) entstand aus dem experimentellen Granatwerfer TKB-0134 »Koslik« (auf Deutsch: »Zickel«), der im ZKIB SOO schon in den 1980er Jahren entwickelt wurde. Beim TKB-0134 handelte sich um einen Versuch, durch Vergrößerung des Kalibers von 30 mm auf 40 mm die Reichweite und Wirkung des Granatwerfers AGS-17 zu erhöhen. Ein besonderes Merkmal der Waffe war die Munition mit »herausfliegenden« Hülsen, die nach dem Abschuss der Granate das Rohr verlässt wie beim Unterlaufgranatwerfer GP-25. Anfang der 1990er Jahre begannen V.N. Telesch, J.P. Galkin und J.V. Lebedev mit der Entwicklung des Granatwerfersystems »Balkan«, das die vereinfachte Version des TKB-0134 darstellte. Die finanziellen Schwierigkeiten verzögerten jedoch die Arbeit an der Waffe. Die perfekten Kampfeigenschaften des Granatwerfers (er ist zweimal leichter als der beste US-Granatwerfer Mk19 Mod 3, bei wesentlich stärkerer Wirkung seiner dreifach schwereren Granate) haben jedoch die russischen Militärs überzeugt, seine Entwicklung fortzusetzen.

An der Entwicklung des APGS-40 »Balkan« arbeiten derzeit das Unternehmen FGUP »FNPP Pribor« (am hülsenlosen 40-mm-Geschoss 7P39) und der Konzern OAO »Izhmash« (an der Waffe). Im Jahre 2008 fanden die Truppenversuche statt, für die 6 Waffen und 20.000 Granaten angefertigt und geliefert wurden. Die Erprobung des »Balkan« zeigte viele Vorteile im Vergleich zum AGS-17: die um 47% größere Reichweite, die stärkere Splitterwirkung und die zweifach höhere Effektivität.
Der Granatwerfer sollte im Jahre 2012 in die Bewaffnung bei der russischen Armee aufgenommen werden und die früheren Modelle AGS-17 und AGS-30 ersetzen. Obwohl der »Balkan« mehrmals auf unterschiedlichen internationalen Waffenmessen präsentiert wurde, figuriert er weder in Waffenkatalogen noch in Firmenprospekten. Es gibt auch keine Angaben zum Export dieser Waffe.

Technik

Der Granatwerfer dient der Bekämpfung von Personal und Feuermitteln des Gegners im offenen Gelände, in offenen Schützengräben und hinter natürlichen Hindernissen (in Talsenken und Schluchten, hinter Hügeln) sowie von Militärtechnik (Fahrzeuge, Abschussrampen, Radare, etc.).
Er ist ein Gasdrucklader mit Drehverschluss, bei dem der fest mit der Verschlussführung verbundene Schlagbolzen als Gaskolben dient. Der APGS-40 funktioniert aufschießend und kann sowohl Einzel- als auch Dauerfeuer abgeben.
Die Munitionszufuhr erfolgt über zerfallende Metallgliedgurte. Ein Gurt fasst 20 Schuss und lagert in einem Gurtkasten, der an die rechte Seite der Waffe gehängt wird. Bedient wird der Granatwerfer von 2–3 Personen. Man kann aus ihm liegend, sitzend und kniend schießen.
Die Waffe (GRAU-Index 6G28) wird auf dem Dreibein 6T15 montiert. Dieses Dreibein wurde dem Granatwerfer AGS-17 entnommen und leicht verbessert – auf seinen hinteren Beinen ist ein Sitz für den Schützen vorgesehen. Dadurch wird die Waffe beim Schießen stabiler und beim Tragen auf dem Rücken komfortabler (im Transportzustand befindet sich der Sitz auf dem Rücken).
Die mechanischen und optischen (PAG-17) Visiereinrichtungen stammen ebenfalls vom AGS-17.
Als Munition verwendet die Waffe die hülsenlosen Geschosse 7P39 mit Splittergranaten (mit bis zu 90 g Sprengstoff) sowie die Übungsgeschosse 7P39P mit Rauchgranaten und die Exerziergeschosse 7P39U. Die Länge eines Geschosses beträgt 132 mm. Die Treibladung ist in der hinteren Höhlung der Granate untergebracht. Auf ihrem Boden befinden sich vier Öffnungen für den Austritt der Pulvergase, die von einer dünnen Membran verschlossen sind, und ein Zündhütchen. Die Waffe, das Dreibein, das Visier und das Geschoss bilden zusammen den so genannten »Granatwerferkomplex« 6S19.

Taktische und technische Daten	
Kaliber	40 mm
Lauflänge	270 mm
Gewicht	32 kg (ungeladen), 46 kg (geladen)
Gewicht der Granate	0,43 kg
max. Reichweite	2500 m
Feuergeschwindigkeit	400 Schuss/min (theoretisch)
Magazinkapazität	20 Schuss

Visitenkarte	
Einführungsjahr	2012
Entwickler	ZKIB SOO, Konstrukteure V.N. Telesch, J.P. Galkin und J.V. Lebedev; FGUP »FNPP Pribor«, OAO »Izhmash«
Hersteller	FGUP »FNPP Pribor«
Gebaute Exemplare	6 (Versuchsserie, 2008)
Einsatzländer	Russland

Munition und Gurtkasten für den Granatwerfer APGS-40 »Balkan«.
(Foto: A.V. Karpenko)

2.4.4. Automatischer Granatwerfer auf Lafette AGS-57 (LSchO-57)

Diese im Konstruktionsbüro ZKIB SOO entworfene Waffe wurde erstmals während der gemeinsamen Militärmanöver im Herbst 2005 mit China (Freedom Mission – 2005) und Indien (Indra – 2005) vorgestellt. Sie wurde im Interesse der russischen Militärs entwickelt und ist insbesondere für Antiterroreinsätze konzipiert. Ihre Truppenversuche führte die 76. Luftlande-Sturmdivision durch – die Luftlandetruppen gelten als Elite- und Krisenreaktionstruppen der russischen Armee und werden als Erste mit neuesten Waffen und neuester Technik ausgestattet. Der heutige Status der Entwicklung des AGS-57/LSchO-57 ist jedoch unklar.
Technisch stellt die Waffe eine Kombination aus einem schweren Granatmaschinenwerfer und einem leichten Geschütz dar. Darum hat sie eine doppelte Bezeichnung: Die Variante auf einer Radlafette heißt LSchO-57 (Leichtes Sturmgeschütz, Kaliber 57 mm) und die auf dem Dach des gepanzerten Transporters BTR-D montierte Version – AGS-57. Bei der Waffe handelt es sich vermutlich um einen Rückstoßlader, der von oben aus einem Kastenmagazin geladen wird und Einzel- und Dauerfeuer verschießen kann. Man berichtete, dass der Granatwerfer eine maximale Reichweite von 6 km habe und sehr präzise sei. Das LSchO-57 kann deshalb mit Steil- und Flachfeuer Gruppen von Terroristen, Feuernester und leichte Technik bekämpfen und bleibt dabei für die meisten leichten Infanteriewaffen (Handfeuerwaffen, MG, Granatwerfer und PALR) nicht erreichbar. Im Unterschied zu anderen Maschinengranatwerfern ist das LSchO-57/AGS-57 zur Bekämpfung leichter Panzertechnik geeignet. Dies ermöglicht die Panzergranate VB-57, die aus eigener Initiative in der Abteilung Nr. 30 des ZKIB SOO unter Leitung von A.V. Bryszhev entwickelt wurde.

(Foto: KBP)

Taktische und technische Daten	
Kaliber	57 mm
Gewicht ungeladen	250 kg (ohne Lafette 70 kg)
Gewicht der Granate	3,1 kg
Mündungsgeschwindigkeit	ca. 300 m/s
max. Reichweite	6000 m
Magazinkapazität	5 Schuss

Visitenkarte	
Einführungsjahr	Entwicklung
Entwickler	KBP Tula, V.P. Grjasew
Hersteller	FGUP »31. Arsenal MO RF«, Uljanowsk
Gebaute Exemplare	3
Einsatzländer	Russland

AGS-57 (LSchO-57) während der Erprobung. *(Foto: www.otvaga2004.ru)*

Granatwerfer AGS-57 (LSchO-57) auf dem Dach eines leichten Schützenpanzerwagens vom Typ BTR-D.

Die Splitter-Sprenggranate VBOF-57 wiegt 3,1 kg, enthalt 600 g Sprengstoff A-IX-2 und hat eine Wirkungsbereichsfläche von 1200 qm. *(Foto: www.otvaga2004.ru)*

AGS-57 (LSchO-57) verfügt über ein Visier vom Typ PAG-17 und ist sehr einfach in der Bedienung. *(Foto: www.otvaga2004.ru)*

3. Panzerfäuste

(Foto: Vitaly V. Kuzmin)

Klassifikation, Aufbau und Wirkungsweise

Die Panzerfaust (auch Panzerabwehrrohr oder reaktive Panzerbüchse) ist eine rückstoßfreie, großkalibrige Infanteriewaffe zur Bekämpfung gepanzerter Fahrzeuge. Die ersten Modelle von Panzerfäusten wurden im Zweiten Weltkrieg entwickelt – in Deutschland (»Panzerschreck«, »Panzerfaust« 30, 60 und 100) und in den USA (»Bazooka«). Ursprünglich diente sie als reine Panzerabwehrwaffe und verwendete nur Hohlladungsgeschosse. Heute können jedoch ihre Granaten mit verschiedenen Gefechtsköpfen (Spreng, Splitter, Brand, Nebel, Aerosol, usw.) bestückt werden. Die Durchschlagsleistung der modernen Panzerfäuste erreicht 1000 mm, jedoch können sie auch Hindernisse aus Beton, Ziegel und andere Materialien durchschlagen. Man kann die Panzerfäuste in zwei Arten aufteilen: leichte und schwere. Zur ersten Waffenart gehört die Waffe, die von der Schulter abgefeuert wird. Die leichten Panzerfäuste sind häufig als Einweg-Waffe konstruiert, sodass sie nicht nachgeladen und damit nur einmal verwendet werden. Für ihre Bauteile werden meist leichte und hochfeste Werkstoffe wie Aluminiumlegierungen und glasfaserverstärkte Kunststoffe (GFK) verwendet. Das Gewicht leichter Panzerfäuste liegt bei 2 bis 12 kg, die maximale Schussentfernung beläuft sich auf 500–700 m. Bedient wird diese Waffe durch 1–2 Soldaten.

Die schweren Panzerfäuste sind auf ein Dreibein oder eine Radlafette gestellt. Diese Waffe hat ein wesentlich größeres Gewicht (bis 50 kg) und besitzt aufgrund der besseren Stabilität die größere effektive Reichweite, die bis zu 900 m betragen kann. Gegenwärtig sind sie aber in ihren Durchschlagsleistungen den leichten Panzerabwehrrohren kaum überlegen, deshalb

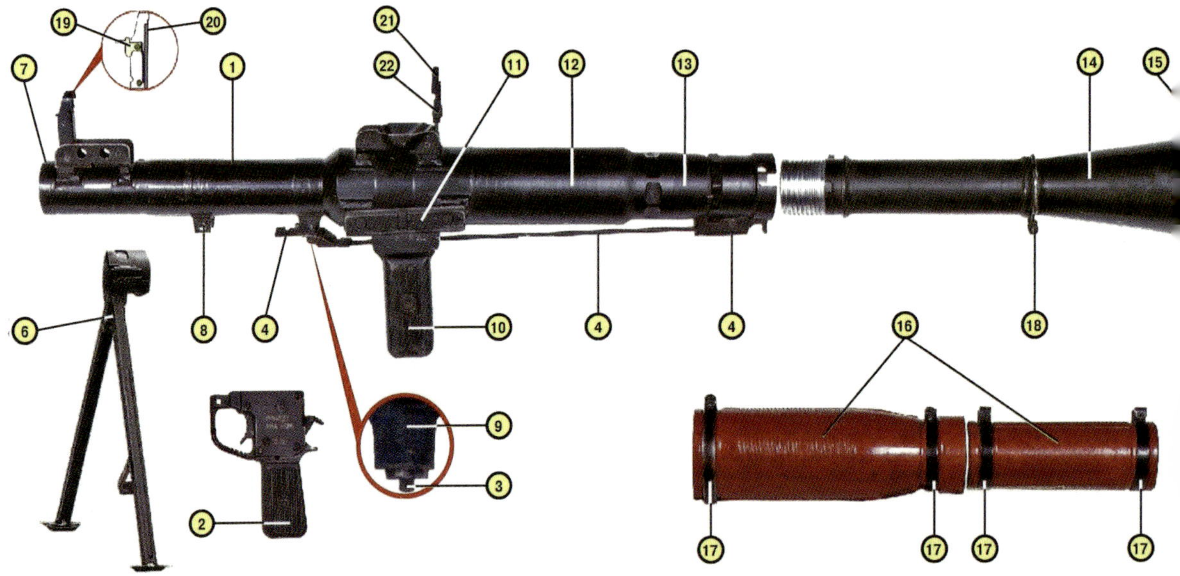

Aufbau der Panzerfaust RPG-7D1:
1 – Rohr mit mechanischem Visier; 2 – Abzug mit Sicherung; 3 – Schlagbolzenmechanismus; 4 – Blockierungsmechanismus (RPG-7D1); 5 – Zielgerät; 6 – Zweibein (RPG-7V1); 7 – Aussparung zur Arretierung der Granate; 8 – Ösen; 9 – Sitz für den Schlagbolzenmechanismus; 10 – Griffstück des Rohres; 11 – Montageschiene für Optik; 12 – Erweiterung; 13 – Düse; 14 – Austrittkonus; 15 – Teller; 16 – Handschutz; 17 – Klemmen; 18 – Riemenbügel; 19 – Hauptkorn (bei T < 0°C); 20 – Zusatzkorn (bei T > 0°C); 21 – Kimme; 22 – Kimmbügel mit Arretierungshalter.
(Foto: Dienstvorschrift)

werden sie überwiegend als leichtes Geschütz zur Infanterieunterstützung eingesetzt.
Bezogen auf den Punkt Konstruktion können die Panzerfäuste auch in nicht-zerlegbare und zerlegbare unterteilt werden. Die zerlegbare Waffe hat ein auseinandernehmbares oder faltbares Rohr, um ihren Transport zu erleichtern.
In der Regel besteht eine Panzerfaust aus dem Startrohr (Starter), dem Abzugsmechanismus und den optischen und mechanischen Visiereinrichtungen. Das mechanische Visier dient hauptsächlich als Reserve. Zur besseren Handhabung sind ein oder zwei Griffstücke und der Handschutz vorgesehen.
Fast alle Panzerfäuste funktionieren nach dem gleichen Prinzip der Davis'schen Gegenmassekanone (eines rückstoßfreien Geschützes): Ihr hinteres Rohrende ist offen und die hindurchströmenden Pulvergase gleichen den Rückstoß, der durch die Bewegung des Projektils entsteht, aus. Der Ausstoß von Verbrennungsgasen nach hinten ist jedoch ein Hauptnachteil von Panzerfäusten, da dieser Strahl aus Pulvergasen Personal und Gegenstände auf mehrere Meter Distanz gefährdet. Deshalb ist ihr Abfeuern aus geschlossenen Räumen kaum möglich oder stark begrenzt. Problematisch ist auch ihr Einbau in Geschütz-, Panzer- und Kasemattentürme.
Die Panzerfaust verschießt als Munition ein Raketengeschoss, das aus einer Granate und einem Raketenmotor besteht. Zur Bekämpfung von Reaktivpanzerung (ERA) verwenden die modernen Panzerfäuste kumulative Granaten mit einem Tandemgefechtskopf (zweistufige Hohlladung). Da die heißen Abgase beim Start den Schützen verbrennen können, zündet der Raketenmotor oft mit einer Zeitverzögerung nach dem Verlassen des Rohres. Die Granate startet aus dem Rohr in diesem Fall durch eine Ausstoßladung. Die Granate wird im Flug durch ein Flügelleitwerk oder/ und die langsame Drehbewegung stabilisiert.

Geschichte

Die Entwicklung der russischen Panzerfäuste geht auf das Jahr 1931 zurück. Der Leiter des Leningrader Gasdynamischen Laboratoriums (GDL) B.S. Petropawlowski, einer der Hauptentwickler der Feststoffraketen RS-82 und RS-132 für den legendären Raketenwerfer »Katjuscha«, entwickelte damals eine reaktive Versuchsbüchse mit Kaliber 65 mm. Drei Jahre später führte die Rote Armee die reaktive 37-mm-Panzerbüchse »K« von dem anderen talentierten Erfinder L.W. Kurtschewski ein. Sie war ein Vorderlader mit einem 5-schüssigen Rohrmagazin und wurde auf einem Dreibein, einer MG-Radlafette, einem Motorrad oder einer leichten Tankette montiert. Die 32 kg schwere Waffe hatte eine damals gute Durchschlagsleistung: Die Büchse konnte auf einer Distanz von 500 m 25-mm-Panzerstahl durchdringen. Im Jahr 1937 jedoch – auf dem Höhepunkt der stalinschen Massenrepression – wurde Kurtschewski verhaftet und erschossen. Danach wurden seine rückstoßfreien Geschütze und Büchsen außer Dienst gestellt und verschrottet.
Ein weiteres Projekt der reaktiven Panzerbüchsen wurde auch von M.N. Kondakov und S.E. Raschkov angeboten (reaktive 37-mm-Kompanie-Panzerbüchse RPTR).
Da das Hohlladungsprinzip Ende der 1930er Jahre noch nicht richtig geklärt war, verschossen diese Büchsen die üblichen Panzergeschosse, die durch kinetische Energie auf die Panzerung wirkten. Im Vergleich zu klassischen Panzerabwehrkanonen haben sie – wie alle rückstoßfreien Geschütze – eine schlechtere Ballistik bzw. Durchschlagsleistung, sodass ihre Entwicklung noch vor dem Zweiten Weltkrieg gestoppt wurde. Bis 1943 waren die Russen der Meinung, dass sie keine leichten Panzerabwehrwaffen bräuchten, da die Rote Armee genug hervorragende PAK zur Verfügung hatte. Die in großen Stückzahlen produzierten und massenhaft von der Wehrmacht und dem Volkssturm verwendeten Panzerfäuste zeigten, dass diese Ansicht jedoch falsch war. Stalin hat diesen Fehler eingesehen und sagte über rückstoßfreie Waffen, dass »wir das Kind mit dem Bade ausgeschüttet haben«. Unter dem Bade verstand der kommunistische Diktator natürlich die rückstoßfreien Büchsen und Geschütze von Kurtschewski.
Erst 1944–1945 wurden die Erprobungen der neuen leichten 30-mm-Panzerfaust RPG-1 (LPG-44) durchgeführt. Diese mehrfach verwendbare Waffe verschoss eine kumulative 70-mm-Überkalibergranate PG-1 (PG-70) und war schon zur

Die reaktive 65-mm-Panzerbüchse von B.S. Petropawlowski.

Serienfertigung gereift. Die zahlreichen Probleme mit der Granate verzögerten ihre Entwicklung bis 1948. Zu diesem Zeitpunkt entstand das noch bessere Modell RPG-2, das in den Dienst der Sowjetarmee im Jahre 1949 aufgenommen wurde. Sowohl die RPG-2 als auch die im nächsten Jahr eingeführte schwere SPG-82 mit Kaliber 82 mm wurden unter offensichtlichem Einfluss der deutschen Entwicklungen des Zweiten Weltkrieges entworfen.

Bereits bei ersten Einsätzen bewiesen die Panzerfäuste viele Vorteile:

- einfache Konstruktion und Bedienung;
- hohe Mobilität (1–3 Soldaten können die Waffe transportieren);
- hohe Effektivität und Zuverlässigkeit;
- niedriger Preis im Vergleich zu anderen Waffen;
- die Waffe kann massenhaft eingesetzt werden.

So wurde in der UdSSR beschlossen, ein leitendes Unternehmen – das staatliche Konstruktionsbüro GSKB-47 (heute FGUP »GNPP Basalt«) – mit der Entwicklung von Panzerfäusten zu beauftragen. Das »Basalt« entstammt einer im Jahre 1916 gegründeten Werkstatt zur Reparatur schwerer Geschütze und ist einer der wichtigsten russischen Munitionsentwickler für das Heer (Panzerfäuste, Mörsergranaten, Handgranaten), die Luftwaffe (ungelenkte und gelenkte Fliegerbomben) und die Marine (Granatwerfer).

Die 1961 in den Dienst gestellte Panzerfaust RPG-7, an deren Entwicklung und Fertigung neben dem »Basalt« noch zehn weitere Forschungs-, Entwicklungs- und Produktionsunternehmen teilnahmen, ist heutzutage auf der Welt genauso bekannt

Die erste russische Panzerfaust RPG-1 (LPG-44) des Kalibers 30 mm. *(Foto: A.V. Karpenko)*

Sowjetische Soldaten mit den Panzerfäusten RPG-7.

wie das Kalaschnikow-Gewehr. Wie das AK-47 hat diese russische Panzerfaust eine robuste Mechanik, eine unglaubliche Zuverlässigkeit und hervorragende Kampfeigenschaften. Die RPG-7 und ihre 19 Varianten werden in über 100 Ländern verwendet; einige Staaten produzieren diese Waffe unter Lizenz. Sogar im Irak und in Afghanistan bevorzugten US-Soldaten die leichte und führige RPG-7 gegenüber NATO-Panzerfäusten.

Später wurden auf Grundlage der RPG-7 zwei spezielle Modelle für Fallschirmjäger entworfen: ihre zerlegbare Ausführung RPG-7D (1963) und die RPG-16 (1970) mit der 58-mm-Kalibergranate. Mit der ebenfalls im Jahre 1963 eingeführten SPG-9 – Kaliber 73 mm –, deren Munition mit dem Kampfsatz des 73-mm-Geschützes 2A28 »Grom« für den Schützenpanzer BMP-1 vereinheitlicht wurde, bekam die Sowjetarmee eine

schwere Panzerfaust mit maximaler Visierreichweite von 1300 m. Die leichten Panzerfäuste RPG-7, RPG-7D, RPG-16 und die schwere SPG-9 bilden zusammen mit den zwischen 1972 und 1985 eingeführten Einwegwaffen RPG-18 »Mukha« (das Analogon der US-Panzerfaust M72 LAW), RPG-22 »Netto« und RPG-26 »Aglen« die zweite Generation der russischen Infanterie-Panzerabwehrmittel für den Nahkampf.
Die so genannten »asymmetrischen« Kriege Ende des 20. Jahrhunderts haben gezeigt, dass die Panzerfäuste trotz der zunehmenden Rolle von Lenkwaffen (wie PALR, Smart-Munitionen, etc.) weiterhin in Gebrauch bleiben. Zudem könnte ihr Masseneinsatz sehr effektiv sein. Beispielsweise verlor im Ersten Tschetschenienkrieg die russische Armee beim Sturm der tschetschenischen Hauptstadt Grosny von Mitte Dezember 1994 bis Februar 1995 insgesamt 424 Panzerfahrzeuge, darunter 65 Kampfpanzer T-72 und T-80. Die meisten von tschetschenischen Separatisten vernichteten Panzer wurden mit den ebenfalls russischen Panzerfäusten RPG-18, RPG-22, RPG-26, RPG-27 und RPG-7 zerstört. Beim Treffen eines Schützenpanzers (BMP-1, BMP-2, BMD-1 und BMD-2) schlugen 95% der Granaten der Panzerfaust RPG-7 ein Austrittsloch.
Mit Einführung von Kampfpanzern mit modernen Panzerungen (kombinierte Panzerung »Chobham«, reaktive Panzerung oder ERA) Anfang der 1980er Jahre begannen die russischen Konstrukteure mit der Suche nach einem geeigneten »Gegengift« zu ihrer Bekämpfung. Diese Aufgabe wurde von »Basalt« in kurzer Zeit gelöst: Für die modernisierte Panzerfaust RPG-7 wurde eine neue 105-mm-Granate mit Tandemgefechtskopf entworfen. Für diese Leistung wurde ihrer Entwicklungsgruppe der Staatspreis verliehen.
Mit diesem Tandem-Gefechtskopf wurden die Granaten PG-29V der neuen Panzerfaust RPG-29 »Vampire« und die Granate der Einweg-Panzerfaust RPG-27 »Tavolga« bestückt. Obwohl die beiden Waffen schon 1989 in die Bewaffnung aufgenommen wurden, sind sie dank ihrer Durchschlagsleistung (über 750 mm hinter ERA) bis heute in der Lage, moderne Kampfpanzer, die mit kombinierten und reaktiven Panzerungen ausgestattet sind, zu bekämpfen.

Schießen mit der schweren Panzerfaust SPG-9. *(Foto: O. Baschawez)*

Im ersten Jahrzehnt des 21. Jahrhunderts hat das Unternehmen »Basalt« die Entwicklung der noch stärkeren 125-mm-Panzerfaust RPG-28 »Klukwa« beendet. Diese perspektivische Waffe dient der Bekämpfung von Zielen mit passiven (kombinierten und eingebauten reaktiven) Panzerungen. Die andere perspektivische Panzerabwehrwaffe – die RPG-30 »Krjuk« – soll gegen Panzerfahrzeuge mit aktiven Panzerungen eingesetzt werden. Das Unternehmen FGUP »GNPP Basalt« hat nach Anforderungen der Jordanischen Armee auch das Granatwerfersystem RPG-32 »Chaschim« entwickelt. Die mit einem optronischen Visier ausgestattete Panzerfaust RPG-32 ist eine Multikaliberwaffe, die eine Panzerabwehrgranate und eine thermobarische Granate verschießen kann. Auf ihrer Grundlage soll ein einheitliches Multikalibersystem für die russischen Streitkräfte entwickelt werden. Das neue System wird in Zukunft die Panzer- und Bunkerfäuste RPG-7, RPG-29, RSchG-1, RSchG-2, etc. in allen Truppengattungen ersetzen.
Im Rahmen des staatlichen Rüstungsprogramms 2011–2020 ist allerdings geplant, neue Modelle von Granat- und Flammenwerfern zu entwickeln. Zurzeit arbeitet das »Basalt« zusammen mit dem russischen Verteidigungsministerium an einem Entwurf der perspektivischen Panzerfaust und den an sie gestellten Anforderungen. Diese Nahkampfwaffe soll in die Gefechtsausrüstung der Soldaten integriert werden.

3.1. Leichte Panzerfäuste und reaktive Panzerabwehrgranaten

3.1.1. Leichte Panzerfaust RPG-2 (56-G-660, DRG-40)

(Foto: A.V. Karpenko)

Geschichte

Im Jahr 1947 wurde das Konstruktionsbüro GSKB-30 des Ministeriums für Landwirtschaftsmaschinenbau unter Leitung von A.V. Smoljakow beauftragt, eine Panzerfaust zu entwickeln. Dass ein ziviles Ministerium sich mit solchen Themen beschäftigt hat, war nicht ungewöhnlich: Früher gehörte dieses Büro zum Volkskommissariat für Munition. Die Panzerfaust DRG-40 mit der kumulativen Panzergranate DG-40 war erfolgreicher als die erste sowjetische Entwicklung RPG-1 (deren Entwicklung wegen der kleinen Durchschlagskraft eingestellt wurde). Die Sowjetarmee führte sie 1949 in ihre Bewaffnung ein. Die Waffe bekam nach der Einführung die Indexbezeichnung RPG-2 (»Rutschnoi Protiwotankowiy Granatomjot-2« – Handgranatwerfer zur Panzerabwehr) und die Granate die Indexbezeichnung PG-2. Die gesamte Munition – die Granate mit der Treibladung – wird als PG-2V bezeichnet. Die RPG-2 hatte eine einfache, robuste Konstruktion und stellte damals ein effektives Panzerabwehrmittel dar. Diese Waffe blieb bis in die 1960er Jahre im Dienst der UdSSR, als sie durch die RPG-7 abgelöst wurde. Die UdSSR exportierte auch die RPG-2 weltweit; Kopien produzierten China (Type 56), Vietnam (B-40, B-50), Jugoslawien (M57), Ägypten (PG-7) und Thailand (M13). Außerdem wurde die RPG-2 in vielen lokalen Kriegen eingesetzt, darunter im Nahen Osten und in Vietnam. In einigen Staaten wird diese Waffe bis heute verwendet.

Technik

Bei der RPG-2 handelt es sich um eine klassische Konstruktion der wiederverwendbaren, reaktiven Panzerfaust mit einer raketengetriebenen, überkalibrigen Granate. Die Panzerfaust besteht aus einem Startrohr, einem Pistolengriff mit dem Abzugsmechanismus und einem mechanischen Visier. Das Rohr ist glatt und wird durch Rohrwalzen aus Stahl produziert. Sein Kaliber beträgt 40 mm. Am Rohr ist ein Handschutz angebracht, um den Schützen vor Verbrennungen zu bewah-

ren. Das Visier ist offen und hat ein abgeklapptes Korn und eine abgeklappte Kimme. Der Abzugsmechanismus verfügt über einen außenliegenden Hahn. Der Schlagbolzen wird unten auf dem Rohr montiert. Der Granatwerfer verschießt nur einen Munitionstyp – die kumulative Panzergranate PG-2 mit dem überkalibrigen 82-mm-Gefechtskopf. Aus dem Rohr wird sie mithilfe einer Schwarzpulver-Treibladung getrieben, die sich in einer Kartonhülse befindet. Die Treibladung wird getrennt von der Granate getragen und vor dem Abfeuern an sie geschraubt. Die Raketengranate ist beim Flug pfeilstabilisiert, wofür sechs flexible Stabilisatorflossen an dem Schaft des Stabilisators vorgesehen sind. Im Rohr sind sie um den Schaft herum gerollt.
Die Bedienung besteht aus zwei Mann – einem Schützen und einem Zuträger. Der Schütze trägt die Panzerfaust und drei Granaten, der Zuträger noch drei weitere Granaten. Für die RPG-2 wurde eine Übungsgranate UGVS-2 entwickelt, die mithilfe einer 7,62-mm-Pistolenpatrone das Schießen aus dem Granatwerfer auf eine Entfernung bis zu 150 m imitiert.

Varianten

Die Version mit einem IR-Nachtsichtgerät Typ NSP-2 (1PN9, Entwickler NII-801) heißt RPG-2N (56-G-660N). Sie wurde im Jahr 1957 eingeführt.

Taktische und technische Daten	
Kaliber des Rohres	40 mm
Kaliber der Granate	80 mm
Gewicht	2,86 kg
Gesamtlänge ungeladen	950 mm
Gewicht der Granate	1,84 kg
Anfangsgeschwindigkeit	84 m/s
Größte Visierweite	150 m
Feuergeschwindigkeit	4 bis 6 Schuss/min
Durchschlagskraft	200 mm

Visitenkarte	
Einführungsjahr	1949
Entwickler	GSKB-30 unter Leitung von A.V. Smoljakov; Leitende Konstrukteure S.G. Korschunov und V.F. Kusmin
Hersteller	Werk Nr. 2 (Waffe), Werk Nr. 575 (Waffe), Werk Nr. 11 (Granate)
Gebaute Exemplare	Serienproduktion
Einsatzländer	UdSSR, Ägypten, Angola, China, DDR, Ghana, Guinea, Irak, Jugoslawien, Kambodscha, Kuba, Laos, Libyen, Mali, Mazedonien, Mongolei, Myanmar, Nordkorea, Polen, Somalia, Syrien, Thailand, Tschechoslowakei, Vietnam

Der Griff mit dem Abzugsmechanismus der RPG-2. *(Foto: Autor)*

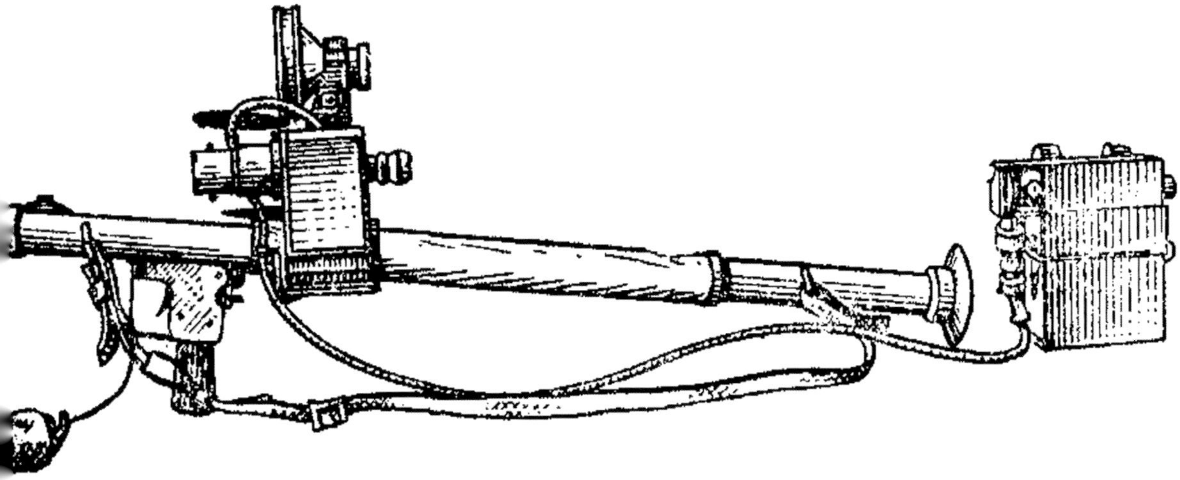

Die Panzerfaust RPG-2N (56-G-660N) mit dem Nachtsichtgerät NSP-2. *(Bild: Gebrauchsanleitung)*

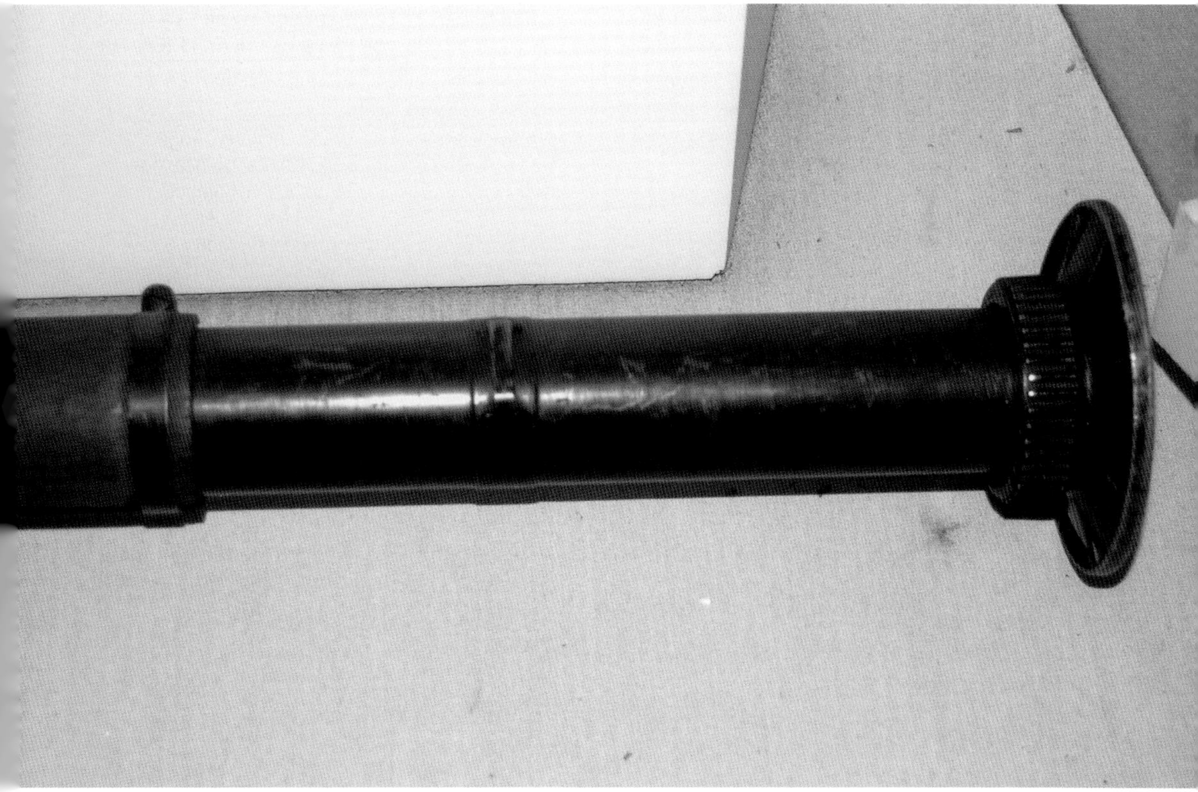

Eine Schutzkappe sichert das Rohr von hinten. *(Foto: Autor)*

3.1.2. Leichte Panzerfaust RPG-7 »Knut« (6G1, TKB-02)

(Foto: Dienstvorschrift)

Geschichte

Im Jahr 1958 begann das Konstruktionsbüro GSKB-47, der heutige Hauptentwickler der russischen Panzerabwehrrohre FGUP »GNPP Basalt«, mit der Arbeit an einem Nachfolgemodell der RPG-2, deren Durchschlagsleistung nicht hoch genug war, um die NATO-Panzer der zweiten Generation – wie M60 und »Chieftain« – erfolgreich bekämpfen zu können. An der Entwicklung der RPG-7 nahmen auch Tulas ZKIB SOO, Maschinenwerke Kovrov und Vysokogorsk, Werk »Planta« in Nischni Tagil und andere Unternehmen teil.
Im Rahmen dieses Projektes entstanden zwei Waffen: die 45-mm-Panzerfaust RPG-4 und die 40-mm-Panzerfaust RPG-7 »Knut« (»die Peitsche«). Die beiden Modelle verschossen überkalibrige Raketen-Granaten und basierten auf der überarbeiteten Konstruktion der früheren RPG-2. Die von den Hauptkonstrukteuren P.P. Toptschan, V.K. Firulin (GSKB-47) und A.M. Nikiforenko (OKB-575) entworfene RPG-7 zeigte bei der Erprobung bessere Ergebnisse als RPG-4 und wurde am 16. Juni 1961 in den Dienst der Sowjetarmee aufgenommen. Im selben Jahr begann das Maschinenwerk Kovorv mit der Serienfertigung der RPG-7.
Im Unterschied zu ihrem Vorgänger, der RPG-2, verfügt die Waffe über eine lokale Erweiterung auf dem Rohr für die Brennkammer. Diese erlaubt, die Energie der Ausstoßladung effektiver auszunutzen. Für die RPG-7 wurde auch ein prinzipiell neues Raketengeschoss PG-7V (7P1) konstruiert. Für diese Entwicklung wurde der Staatspreis der UdSSR 1964 an V.K. Firullin verliehen. Im Gegensatz zur RPG-2 hat es neben einer Ausstoßladung noch einen Raketenmotor, der am Kopfteil der Granate angebracht ist. Durch diese Verbesserung gelang es, die Schussentfernung wesentlich zu erhöhen. Zum Schießen auf eine größere Schussentfernung wurde das optische Visier PGO-7 (1OP16) eingeführt. Unter dem Rohr ist ein zweites Griffstück montiert, mit dessen Hilfe es leichter ist, beim Abfeuern die Waffe zu halten. Weil die RPG-7 stärkere Munition verschießt, bekam das Rohrende eine konische Düse. Sie kompensiert durch den Raketenschub der entweichenden Treibgase die Rückstoßkraft des Schusses und verkürzt beim Abfeuern den Sicherheitsabstand hinter der Waffe. In der Sowjetarmee ersetzte die RPG-7 in den motorisierten Schützeneinheiten die Panzerfaust RPG-2. Für die Fallschirmjägertruppen wurde eine spezielle, faltbare Version unter der Bezeichnung RPG-7D entwickelt und eingeführt.
Im Jahr 1969 wurde die RPG-7 erstmals modernisiert. Für sie konstruierten die sowjetischen Spezialisten ein neues Raketengeschoss PG-7VM. Obwohl die Granate des neuen Geschosses das kleinere Kaliber – 70 mm statt 85 mm beim PG-7V – hatte und um 0,2 kg leichter war, besaß sie etwas höhere Mündungsgeschwindigkeiten und eine bessere Durchschlagsleistung (300 mm gegenüber 260 mm). Weitere Verbesserungen waren ein zuverlässiger Zünder VP-7M, eine neue Ausstoßladung PG-7PM und ein modernisiertes optisches Visier PGO-7V (1OP19), dessen Skala korrigiert wurde, um die veränderte Ballistik des neuen Geschosses zu berücksichtigen.

Die Hauptentwickler der Panzerfaust RPG-7: P.P. Toptschan (links) und V.K. Firulin.

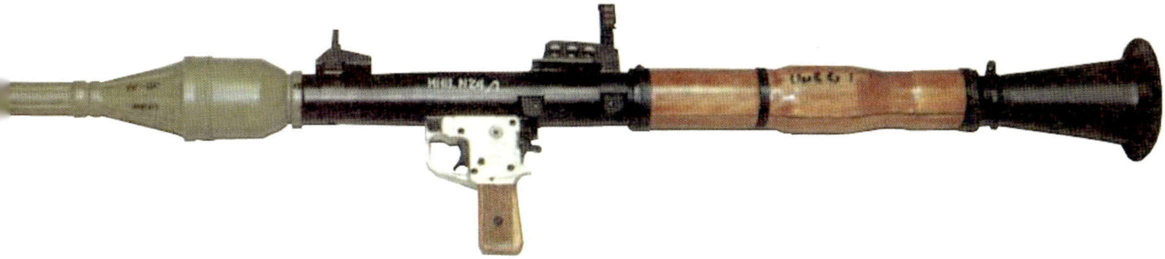

Die ebenfalls in den Jahren 1958–1961 im GSKB-47 entwickelte RPG-4 (RPG-150) mit 83-mm-Überkalibergranate war im Grunde ein Übergangsmodell von RPG-2 zu RPG-7.

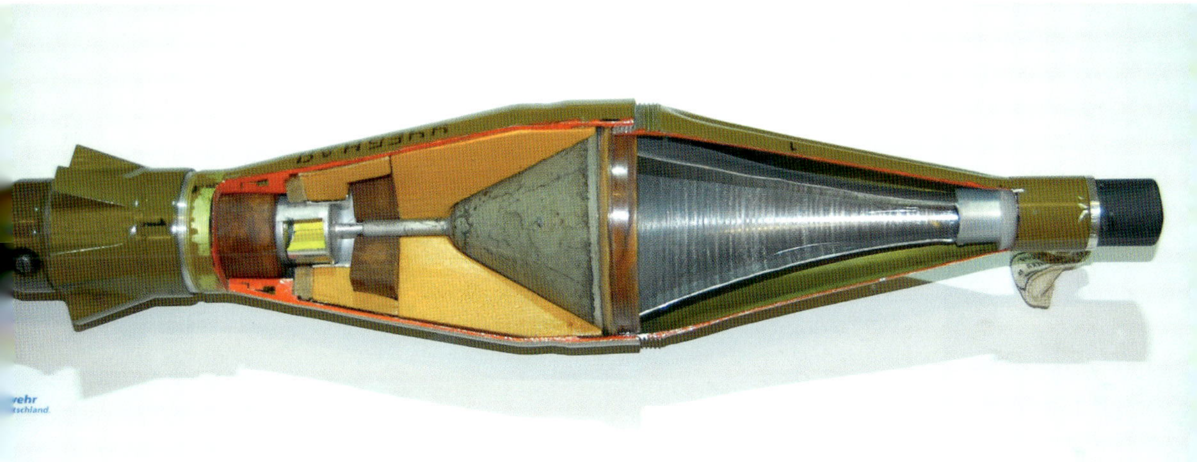

Schnittmodell des Raketengeschosses PG-7V. *(Foto: Autor)*

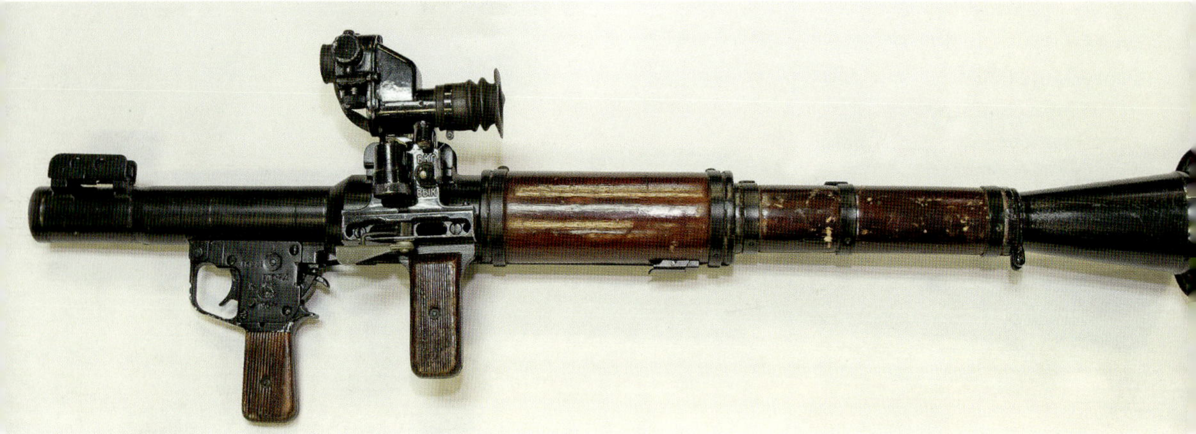

Die zerlegbare Version RPG-7D. *(Foto: ZKIB SOO)*

Dank der verbesserten ballistischen Eigenschaften der modernisierten Granate besaß die Panzerfaust die bessere Präzision: Die mittlere Abweichung lag bei 0,3 m in der Höhe und 0,4 m in der Seite. Das modernisierte Geschoss PG-7VM wurde bis 1976 produziert. Die Panzerfaust mit all diesen Verbesserungen bekam die neue Indexbezeichnung RPG-7V. Später wurden andere modernisierte Varianten der Waffe entwickelt, die Panzerfäuste RPG-7V1, RPG-7D2, RPG-7V2 und RPG-7D3 mit einer neuen Munitionsfamilie.
Die RPG-7 gehört zum weltweit verbreitetsten Typ der Panzerabwehrwaffe. Die UdSSR exportierte seit den 1960ern massenhaft diese Waffe in die Länder des Warschauer Pakts, nach Afrika und Asien. Unter Lizenz wurde die RPG-7 auch in weiteren Staaten hergestellt. Kopien der RPG-7 produzierten China (Type 69), Ägypten (Sakr »Cobra«, Sakr PG-7), Georgien, Iran (DIO RPG-7 »Sageg« und DIO »Commando«), Irak (»Al-Nassira«), Pakistan, Rumänien (?), Sudan (MIC »Sinar«), Bulgarien (ATGL-L), Tschechoslowakei (?), Polen (?), Vietnam (CT-3S) und die USA (Airtronic RPG-7V). Häufig werden die Nachbauten und Kopien auch illegal gefertigt (z. B. die palästinensische »Yasin«). Aus diesem Grund ist es schwer zu sagen, wie viele RPG-7 genau gebaut wurden. Im Jahr 2002 schätzten Experten die Zahl der gebauten Exemplare auf mehr als 9 Millionen. Heutzutage ist diese Zahl noch größer, da die Produktion der RPG-7 weiter geht.
Seit den 1960er Jahren wurde die RPG-7 in fast allen lokalen Kriegen eingesetzt, insbesondere auf orientalischen Kriegsschauplätzen, wo die sowjetische Panzerfaust den Beinamen »Schaitan-Truba« (»das Rohr des Teufels«) bekam.
Ihre einfache, aber sehr robuste Konstruktion bei gleichzeitig perfekten Kampfeigenschaften verschaffte dieser Panzerfaust ihre Popularität. Nicht grundlos vergleicht man die RPG-7 in ihrer Zuverlässigkeit und der Einfachheit des Aufbaues häufig mit dem legendären Kalaschnikow-Sturmgewehr. Trotz ihres 40-jährigen Alters ist die RPG-7 mit modernisierten Munitionstypen in der Lage, heutzutage sogar Kampfpanzer der dritten Generation mit Reaktivpanzerung zu bekämpfen. Dies zeigten die Erfahrungen der letzten Kriege in Tschetschenien, dem Irak und dem Libanon, wo die Panzerfäuste RPG-7 mehrmals erfolgreich gegen die russischen Panzer T-72, die amerikanischen M1 »Abrams« und die israelischen »Merkava« eingesetzt wurden.
Die verschiedenen Munitionstypen der RPG-7 erlauben, sie nicht nur als reines Panzerabwehrmittel, sondern als Mehrzweckwaffe zu verwenden. Typische Einsätze der RPG-7 sind auch die Bekämpfung von Feuernestern, die Vernichtung feindlichen Personals im Gelände und in Deckungen, usw. Manchmal wird die Panzerfaust RPG-7 zu solchen Zwecken eingesetzt, zu denen sie ursprünglich gar nicht bestimmt war. Beispielsweise kann die Infanterie mit den RPG-7 Hubschrauber abwehren. Dies ist dank der Splitterwirkung der Granate und der ziemlich

langen Zeitdauer bis zur Selbstzerstörung möglich, die einer Schussentfernung von etwa 1000 m entspricht. Erstmals setzten afghanische Mudschaheddin diese Taktik gegen sowjetische Mi-24 ein. Der bekannteste Einsatz der RPG-7 als Fliegerabwehrwaffe fand 1993 in Mogadischu, Somalia, statt. Damals wurden mit sowjetischen RPG zwei US-Helikopter vom Typ »Blackhawk« abgeschossen und 18 amerikanische Ranger und Soldaten der Rettungsmannschaft getötet.

Technik

Die Beschreibung bezieht sich auf die verbreitetste Version RPG-7V. Die Panzerfaust RPG-7V dient der Bekämpfung von Panzern, Selbstfahrlafetten und anderen Panzerfahrzeugen des Gegners. Außerdem kann sie auch zur Vernichtung der gegnerischen Kräfte in leichten Deckungen und in Gebäuden verwendet werden. Die Panzerfaust besteht aus einem Startrohr mit zwei Griffstücken und einem Handschutz aus Holz, einem mechanischen und einem optischen Visier.
Das optische Visier PGO-7V hat eine 2,7-fache Vergrößerung und ein Blickfeld von 13°. Es dient als Standard-Visiereinrichtung, das mechanische Visier ist sekundär und wird beim Bruch der Optik als Reserve eingesetzt. An der Waffe können auch die Nachtzielgeräte PGN-1 (NSPU, NSPUM, NSPU-3, NSP-2) angebracht werden. In diesem Fall ist ein ausziehbares Zweibein vorhanden. Früher gab es bei der Bezeichnung der Waffe mit dem Zielgerät PGN-1 (1PN24) den Index »N«

Anschläge beim Schießen mit der RPG-7 im Winter für Soldaten auf Skiern: liegend, kniend, stehend. *(Bild: Gebrauchsanleitung)*

Schießen mit dem Übungsgerät PUS-7. *(Foto: O. Baschawez)*

(z.B. RPG-7N, RPG-7VN, etc.), sodass Modelle mit den Geräten NSPU (1PN34) und NSPUM (1PN58) die Indexe »N1« bzw. »N2« besaßen. Die späteren Nachtversionen bekamen die Bezeichnung nur mit dem Buchstaben »N«.

Der Abzugsmechanismus befindet sich im vorderen Pistolengriff und verfügt über einen Sicherungshebel. Der Abzug der Panzerfaust hat eine Einzelbewegungsspannung und funktioniert im Double-Action-Only-Modus. Hinter dem Pistolengriff unter dem Rohr ist ein Schlagbolzen-Mechanismus montiert. Bedient wird die Waffe durch zwei Personen: den Schützen und seinen Helfer. Der Schütze trägt die Waffe und eine Munitionstasche mit zwei Geschossen und Zubehör, der Helfer noch eine weitere Munitionstasche mit drei Geschossen.

Die RPG-7V verschießt das Raketengeschoss PG-7V (PG-7VM), das aus der kumulativen Überkalibergranate PG-7 (PG-7M) und einer Ausstoßladung besteht. Die Ausstoßladung wird vor dem Abschuss an die Granate geschraubt und stellt eine Papierhülse mit Nitroglyzerinpulver dar. Innerhalb der Hülse befindet sich das geklappte Leitwerk mit vier Stabilisatorflossen. Nachdem die Granate das Rohr verlässt, entfalten sie sich und stabilisieren den Flug der Granate. Um Ungenauigkeiten ihrer Form zu kompensieren, dreht sich die Granate auch im Flug. Diese Rotationsbewegung verleiht ihr eine kleine Turbine an dem Schaft des Stabilisators. Dort gibt es auch einen Flugbahnzeiger. Die Granate verfügt über einen piezoelektrischen Zünder, der beim Aufschlag auf das jeweils beschossene Objekt die Sprengladung zündet.

Später wurden für die Panzerfaust noch einige Munitionstypen eingeführt. Dazu gehören:

- Raketengeschoss PG-7VS (7P13) mit der kumulativen 72-mm-Granate PG-7. Es hat ähnliche ballistische Eigenschaften wie das PG-7VM, jedoch wird der Gefechtsteil mit dem stärkeren Sprengstoff Okfol ausgefüllt. Hierdurch ist die Durchschlagleistung der Granate auf bis zu 400 mm gestiegen. Das Gewicht der Granate beträgt 1,6 kg, die Länge 665 mm. Der Zünder VP-7M wurde im Jahr 1972 entwickelt und im Jahr darauf eingeführt. Von 1972–1976 wurde auch das Raketengeschoss PG-7VS1(7P19) mit einer Durchschlagskraft von 360 mm hergestellt, das mit billigerem Sprengstoff ausgestattet ist.
- Raketengeschoss PG-7VL »Lutsch« (auf Deutsch: »Strahl«, GRAU-Index 7P16) mit der 93-mm-Granate PG-7L. Das Geschoss wurde 1977 in den Dienst eingeführt und hatte mit 500 mm eine noch größere Durchschlagskraft. Nebenbei durchbrach es auch eine 1,5-m-Ziegelwand oder einen um 1,1 m verstärkten Beton. Eine solche Durchschlagleistung wurde durch die Verwendung des stärkeren Sprengstoffes Okfol und durch ein größeres Kaliber der Granate erreicht. Dadurch wurde das Geschoss schwerer (Gewicht des PG-7VL: 2,6 kg, der Granate: 2,2 kg) und länger (Länge des Geschosses: 990 mm, der Granate: 700 mm). Wegen des schwereren Gewichtes veränderte sich die Ballistik der Granate: Die Visierschussweite verkürzte sich auf bis zu 300 m, die Mündungsgeschwindigkeit sank auf bis zu 112 m/s, die maximale Geschwindigkeit auf bis zu 200 m/s. Für die Granate wurde auch ein neuer Zünder VP-22 entwickelt, der kompakter und sicherer als seine Vorgänger war.

Zum Abfeuern der Geschosse PG-7VS und PG-7VL wurde das Zielgerät PGO-7V2 eingeführt. Für die Panzerfaust RPG-7 wurde ein Übungsgerät PUS-7 entwickelt. Das PUS-7 verschießt 7,62 x 39-mm-Sturmgewehrpatronen und imitiert das Schießen mit der Panzerfaust in einer Schussentfernung von 300 m (bewegende Ziele) oder 400 m (stationäre Ziele).

Varianten

- **RPG-7N (6G1N)** – die Version mit dem Nachtzielgerät PGN-1.
- **RPG-7V (6G3)** – die modernisierte Version (1969) mit dem verbesserten Raketengeschoss und neuer Optik.
- **RPG-7D (6G5)** – die zerlegbare Version für Fallschirmjäger. Konstrukteure V.K. Firullin (GSKB-47) und V.F. Fundaev (ZKIB SOO). Eingeführt 1963. Gewicht mit Optik 6,7 kg, Gesamtlänge schussbereit: 1380 mm (geladen) und 960 mm (ungeladen), im Transportzustand: 630 mm. Die Waffe kann in 50–60 s zusammengebaut werden.
- **RPG-7VN (6G3N)** – die Variante RPG-7 mit Nachtoptik. Sie kann mit den Nachtzielgeräten NSPU oder NSPUM ausgestattet werden.
- **RPG-7D1 (6G5M)** – die im Jahre 1969 eingeführte Version RPG-7D mit den Verbesserungen, die dem Modell RPG-7V entsprechen.
- **RPG-7DN1 (6G5MN)** – die Variante der RPG-7D1 mit Nachtoptik.
- **RPG-7V1, RPG-7D2, RPG-7V2, RPG-7D3** – vgl. hierzu den nächsten, separaten Artikel.

Taktische und technische Daten (RPG-7/RPG-7V)	
Kaliber	40 mm (Rohr), 85 mm (Granate)
Gesamtlänge ungeladen	950 mm (RPG-7D: 960/630 mm)
Gewicht mit Optik	6,3 kg (RPG-7D: 6,7 kg)
Gewicht des Raketengeschosses	2,2/2,0 kg
Anfangsgeschwindigkeit	120/140 m/s, max. Geschwindigkeit: 300 m/s
Visierschussweite	500 m, effektive Reichweite: 330/310 m
Feuergeschwindigkeit	4 bis 6 Schuss/min
Durchschlagskraft	260–500 mm

Visitenkarte	
Einführungsjahr	1961
Entwickler	GSKB-47 (FGUP »GNPP Basalt«), OKB-575
Hersteller	Werk Nr. 575 (Waffe), Werke Nr. 63,254, 613 (Granate)
Gebaute Exemplare	9 Mio. Exemplare (Massenproduktion)
Einsatzländer	UdSSR (Russland), Abchasien, Afghanistan, Ägypten, Albanien, Algerien, Angola, Äquatorialguinea, Armenien, Aserbaidschan, Äthiopien, Belarus, Benin, Botswana, Bulgarien, Burkina Faso, Burundi, Chile, China, DDR, Dschibuti, DR Kongo, Elfenbeinküste, Eritrea, Estland, Finnland, Gambia, Ghana, Georgien, Guinea, Guinea-Bissau, Guyana, Indonesien, Irak, Iran, Israel, Jemen, Jordanien, Kambodscha, Kasachstan, Kap Verde, Kirgisien, Kongo, Kosovo, Kroatien, Kuba, Laos, Lettland, Libanon, Liberia, Libyen, Litauen, Madagaskar, Makedonien, Malediven, Mali, Malta, Marokko, Mauretanien, Mexiko, Moldawien, Mongolei, Montenegro, Mosambik, Myanmar, Namibia, Nepal, Nikaragua, Niger, Nigeria, Nordkorea, Oman, Pakistan, Peru, Polen, Ruanda, Rumänien, Sambia, Sao Tome und Principe, Senegal, Sierra-Leone, Seychellen, Serbien, Simbabwe, Slowakei, Slowenien, Somalia, Sri Lanka, Südafrika, Sudan, Südossetien, Syrien, Tadschikistan, Thailand, Tansania, Togo, Transnistrien, Tschad, Tschechien, Türkei, Turkmenien, Uganda, Ukraine, Ungarn, USA, Usbekistan, Vietnam, ZAR, Zypern

Justierung der Visiereinrichtungen der RPG-7. *(Foto: O. Baschawez)*

Die Panzerfaust RPG-7VN mit dem Nachtzielgerät NSPUM (1PN58). *(Foto: www.otvaga2004.ru)*

Die iranische Kopie der sowjetischen Panzerfaust RPG-7 im Militärhistorischen Museum der Bundeswehr in Dresden. *(Foto: Autor)*

3.1.3. Leichte Panzerfäuste RPG-7V1 und RPG-7V2 (6G3-1 und 6G3-2)

(Foto: ZiD)

Zur Bekämpfung von Kampfpanzern mit ERA-Panzerung entwarf das NPO »Basalt« 1988 für die RPG-7 ein prinzipiell neues Raketengeschoss PR-7VR »Resume« (7P28) mit einem Tandem-Gefechtskopf. Es wurde auf der Basis des Geschosses PR-7VL »Lutsch« konstruiert und verfügte über eine kumulative Granate, die aus zwei Ladungen besteht. Die erste Vorladung (Predetonator) des Kalibers 64 mm besitzt einen piezoelektrischen Zünder und dient zum Durchbruch der ersten, reaktiven Schicht der ERA-Panzerung. Die zweite Hohlladung des Kalibers 105 mm durchschlägt die passive Panzerung hinter den ERA-Kacheln. Für die Entwicklung der PR-7VR sind ihre Urheber (V.N. Boltowski, E.I. Dubrovin, S.M. Kusmin, A.B. Kulakowski und I.E. Ragosin) mit dem Staatspreis ausgezeichnet worden.
Für den Einsatz gegen weiche Ziele in Bunkern und Befestigungen sowie gegen leicht gepanzerte und nicht gepanzerte Fahrzeuge wurde das Raketengeschoss TBG-7V »Tanin« (auf Deutsch: »Taninne«, der Name eines pflanzlichen Gerbstoffes) mit dem thermobarischen Gefechtskopf konstruiert. Der GRAU-Index ist 7P33. Der leitende Konstrukteur war A.B. Kulakowski. Die Wirkung der Granate TBG-7 entspricht einem 122-mm-Geschützgeschoss oder einer 120-mm-Mörsergranate (Wirkungsradius 10 m). Die Raketenteile von PG-7VR und TBG-7V sind identisch.
Für die RPG-7 in den Jahren 1998–1999 wurde auch das Geschoss OG-7V »Oskolok« (GRAU-Index 7P50, auf Deutsch: »Splitter«) mit einer Splittergranate für die Bekämpfung von weichen Zielen entwickelt. Der leitende Konstrukteur war hierbei M.M. Konovaev. Im Unterschied zu den früheren Geschossen verfügt die 40-mm-

Kalibergranate OG-7 über keinen Raketenmotor. Die OG-7 ist in der Lage, feindliches Personal in Panzerwesten auf einer offenen Fläche von 150 m^2 zu vernichten.
Da die neuen Geschosse eine ganz andere Ballistik haben, sollte die Konstruktion der RPG-7 umgearbeitet werden. Aus diesem Grund bekam die Panzerfaust das optische Visier PGO-7V3 (1OP19-3) mit einem veränderten Aussehen, ein neues mechanisches Visier und ein 0,72 kg schweres, obligatorisches Zweibein (dieses Teil war eher optional). Mit solchen Verbesserungen bekam die Waffe die Indexbezeichnung RPG-7V1. Sie wurde 1997 in den Dienst gestellt.
Simultan wurde ein spezielles Visier UP-7V eingeführt, mit dem die Waffe die Granate OG-7 auf Entfernungen von bis zu 700 m verschießen kann. Die mit der UP-7V ausgestattete Panzerfaust bekam die Bezeichnung RPG-7V2 (6G3-2) und wurde 2001 offiziell in die Bewaffnung der russischen Armee aufgenommen. Die gefalteten Varianten der RPG-7V1 und RPG-7V2 für Fallschirmjäger haben die Indexe RPG-7D2 (6G5M2) bzw. RPG-7D3 (6G5M3).
Die Konstrukteure der Waffe sind V.G. Sarkisov, V.F. Stjukhin, S.N. Abakschin. Die obigen Versionen können auch mit all den früheren Raketengeschossen für die RPG-7 schießen.
In der Nacht kann das Nachtzielgerät NSPU-3 (1PN51-2) oder 1PN93-2RPG auf der Waffe montiert werden. Darüber hinaus entwickelte das Unternehmen FKP »GkNIPAS« (das staatliche Prüffeld für die Erprobung von Flugsystemen) ein 100-mm-Raketengeschoss mit projektilbildender Ladung. Bei der Explosion eines solchen Geschosses »formt« die Hohlladung einen Penetrator, der durch den kumulativen Strahl beschleunigt wird. Dieser Penetrator besitzt eine große kinetische Energie und wirkt auf das Ziel wie ein Wuchtgeschoss. Das Raketengeschoss hatte viele Bezeichnungen: MSchV, GSch-7VT, PG-7Vja, Temp-10, etc. – kann sein, dass es sich dabei um diverse Varianten handelt. Es ist aber nicht bekannt, ob dieses Geschoss (oder Geschosse) eingeführt wurde(n).
Armenien hat auf Basis der RPG-7 auch einen Mehrraketenwerfer unter der Bezeichnung N-2 entwickelt. Dieser Werfer besteht aus einer Lafette, auf der sich zwölf Panzerfäuste RPG-7 befinden. Die Waffen werden elektrisch abgefeuert und verschießen die Granaten TB-1 mit thermobarischem Gefechtskopf und OG-7 mit Splitter-Gefechtskopf. Die maximale Reichweite beträgt 1300 m.

Panzerfaust RPG-7V2 in schussbereitem Zustand von rechts. *(Foto: KardeN)*

Taktische und technische Daten (PG-7VR/TBG-7V/OG-7V)	
Kaliber	40 mm (Rohr), 105/105/40 mm (Granate)
Gesamtlänge ungeladen	960 mm
Gewicht	7 kg
Gewicht der Granate	4,5 kg
Anfangsgeschwindigkeit	120/120/140 m/s
Visierschussweite	200/200–550/300–700 m
Feuergeschwindigkeit	4 bis 6 Schuss/min
Durchschlagskraft	über 600 mm (ERA-Panzerung), über 2,0 m (Ziegelmauer), über 1,5 m (Stahlbeton), über 3,7 m (Erdholzmauer)

Visitenkarte	
Einführungsjahr	1997 (RPG-7V1), 2001 (RPG-7V2)
Entwickler	NPO »Basalt« (FGUP »GNPP Basalt«)
Hersteller	Werk Nr. 2 (Waffe), Werk Nr. 575 (Waffe), Werk Nr. 56 (Granaten OG-7V und TBG-7VL)
Gebaute Exemplare	geheim
Einsatzländer	Russland

Panzerfaust RPG-7V2 mit einem Splittergeschoss OG-7V. *(Foto: KardeN)*

Zielgerät PGO-7V3.
(Foto: KardeN)

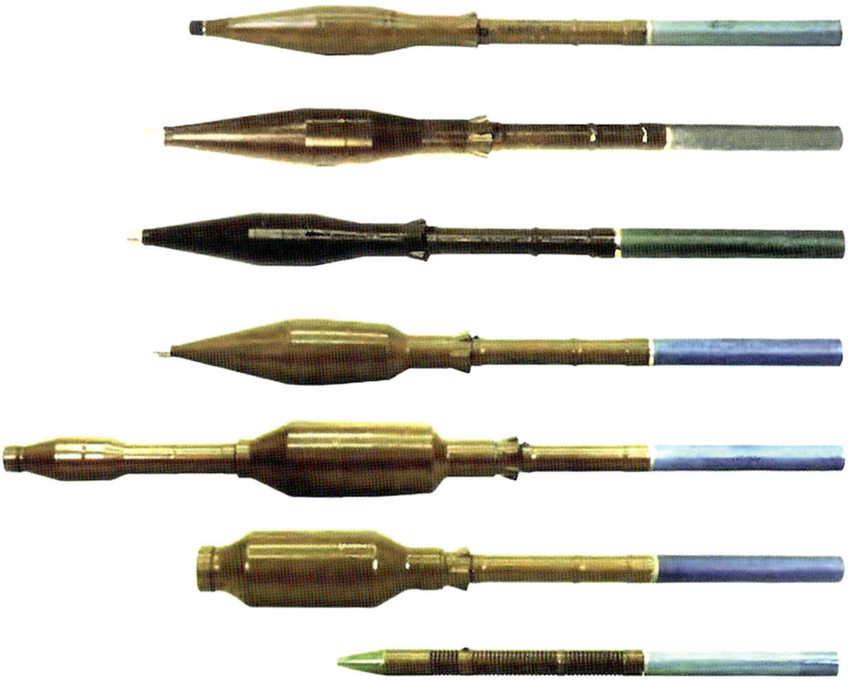

Munitionsfamilie der Panzerfäuste RPG-7V1 und RPG-7V2 (von oben nach unten): PG-7V, PG-7VM, PG-7VS, PG-7VL, PG-7VR, TBG-7V und OG-7V.

Die Panzerfaust RPG-7V1 bei der Präsentation der Waffen von »GNPP Basalt«.
(Foto: E. Erokhin)

3.1.4. Leichte Panzerfaust RPG-16 »Udar« (6G9, TKB-034)

(Foto: O. Baschawez)

Geschichte

Die eigentliche Modernisierung der Panzerfaust RPG-7 war ein Produkt der Zusammenarbeit des GSKB-47 und des ZKIB SOO Ende der 1960er Jahre. Die Waffe wurde speziell für Fallschirmjäger entwickelt und sollte eine höhere Präzision durch den Einsatz einer 58-mm-Kalibergranate besitzen. Die im Jahre 1970 eingeführte Panzerfaust bekam den Namen RPG-16 »Udar« (auf Deutsch: »Schlag«). Die RPG-16 wurde von sowjetischen Sondereinheiten (154. ooSPN und 334. ooSPN) im Afghanistankrieg eingesetzt, wobei sie überwiegend nicht als Panzerabwehrwaffe, sondern zur Bekämpfung von befestigten Feuernestern verwendet wurde.

Die Präzision der Panzerfaust war gut, weshalb sie bei den Truppen sehr beliebt war. Heutzutage entspricht die RPG-16 aufgrund der relativ schwachen Durchschlagsleistung nicht mehr den modernen Anforderungen, sodass die Waffe schon ab 1986 durch die Panzerfaust RPG-7D und die Einweg-Panzerabwehrrohre RPG-18 »Mukha« und RPG-22 »Netto« abgelöst wurde. Trotzdem verwendete man diese Panzerfaust in den 1990er Jahren bei einer Reihe bewaffneter Auseinandersetzungen auf dem Gebiet der ehemaligen UdSSR.

Technik

Die Panzerfaust RPG-16 stellt eine reaktive Panzerabwehrbüchse für den mehrmaligen Gebrauch dar und verschießt ein kumulatives Kaliber-Raketengeschoss PG-16V (7P7). Ihr Startrohr besteht aus zwei Teilen, wodurch die Waffe zum Transport leicht zerlegt werden kann. Das hintere Rohr besitzt sowohl eine Brennkammer für die Treibladung als auch eine Düse. Am Startrohr sind die Visiereinrichtung und die Abzugsvorrichtung mit einem Pistolengriff angebracht.

Um Verbrennungen des Schützen zu vermeiden, ist auf der Brennkammer ein Handschutz aus Kunststoff angebracht. Der Raketenmotor wird elektrisch gezündet – dafür sorgt ein Generator in der Abzugsvorrichtung, der bei der Abzugsbetätigung einen elektrischen Impuls erzeugt. Das Hauptvisier ist das 2,7-fache Zielfernrohr PGO-16 (1OP64), das sich vom Visier PGO-7 der Panzerfaust RPG-7 lediglich durch das Absehen unterscheidet; das mechanische Klappvisier dient als Reserve. An die Waffe können auch die Nachtzielgeräte PGN-1, NSPUM, NSPU-3 montiert werden. Die Granate wird aus dem Rohr mit Hilfe einer Ausstoßladung PG-16P verschoben, dann zündet ein Marschraketenmotor, der der Rakete noch zusätzliche Geschwindigkeit verleiht. Die Granate wird im Flug durch ihre Rotationsbewegung stabilisiert. Sie dreht sich dank der schrägen Bohrungen neben der Raketendüse und den nach dem Start aufgeklappten Stabilisierungsflossen. Um ein stabileres Zielen zu gewährleisten, verfügt die Panzerfaust über ein abnehmbares, geklapptes Zweibein. Für die Panzerfaust RPG-16 wurde auch ein Übungsgerät PUS-16 entwickelt.

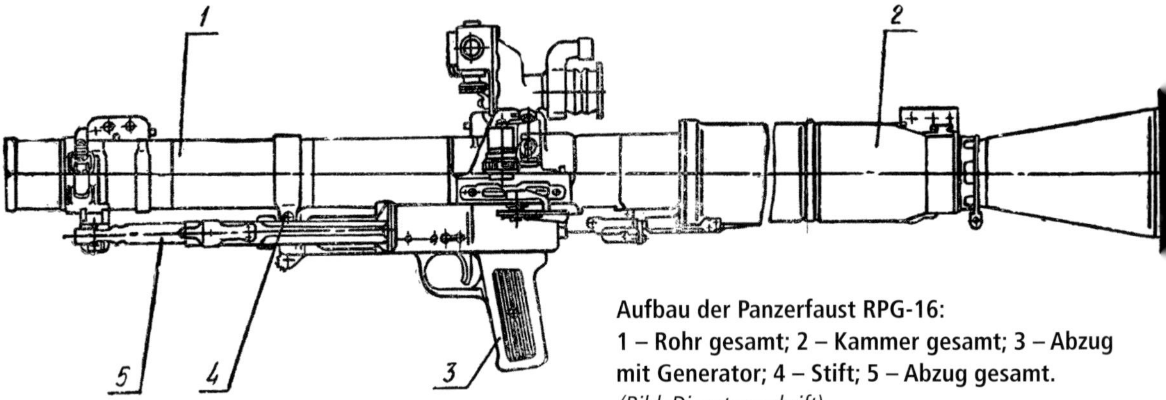

Aufbau der Panzerfaust RPG-16:
1 – Rohr gesamt; 2 – Kammer gesamt; 3 – Abzug mit Generator; 4 – Stift; 5 – Abzug gesamt.
(Bild: Dienstvorschrift)

Taktische und technische Daten	
Kaliber	58,3 mm
Gesamtlänge	1104 mm (Feuerstellung), 645 mm (Marschstellung)
Gewicht	10,3 kg
Gewicht der Granate	2,05 kg
Anfangsgeschwindigkeit	250 m/s, max. Geschwindigkeit der Granate: 475 m/s
Visierschussweite	800 m, effektive Reichweite: 400–500 m
Feuergeschwindigkeit	5 bis 6 Schuss/min
Durchschlagskraft	300 bis 320 mm (nach anderen Angaben 400 mm)

Visitenkarte	
Einführungsjahr	1970
Entwickler	GSKB-47 (FGUP GNPP »Basalt«), Konstrukteur I.E. Rogosin und ZKIB SOO Tula, Konstrukteur V.F. Fundaev
Hersteller	Werk Nr. 575: ?
Gebaute Exemplare	geheim
Einsatzländer	UdSSR, Kasachstan, Kolumbien, Ukraine

Sowjetischer Fallschirmjäger mit der RPG-16.

Zielgerät PGO-16 für die Panzerfaust RPG-16 »Udar«.
(Foto: O. Baschawez)

Handschutz und Austrittdüse der Panzerfaust RPG-16.
(Foto: O. Baschawez)

Varianten

- **RPG-16N1 (6G9N1)** – die Version mit Nachtzielgerät PGN-16 (1PN55).
- **RPG-16N3 (6G9N3)** – die Version mit Nachtzielgerät NSPU-4 (1PN51-1).

Ausbildung an der Panzerfaust RPG-16 in einer Offiziersschule.
(Foto: O. Baschawez)

3.1.5. Reaktive Panzerabwehrgranate RPG-18 »Mukha« (6G12, TKB-076)

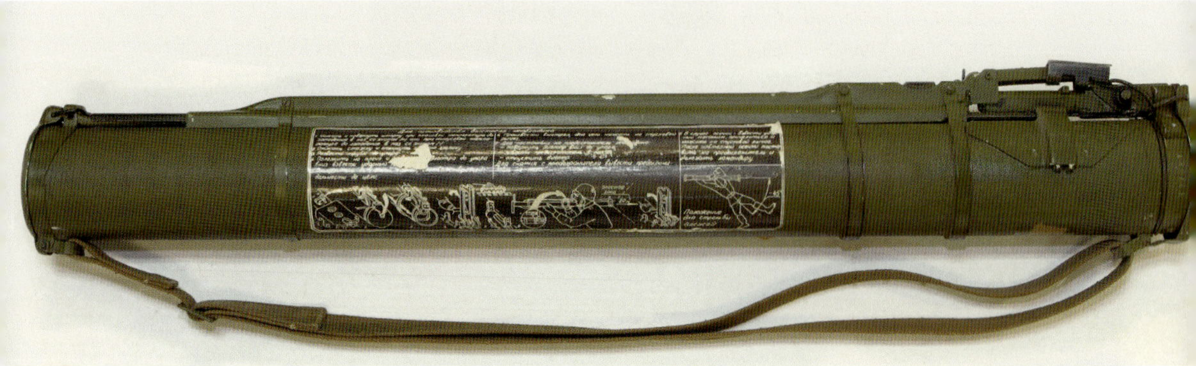

(Foto: ZKIB SOO)

Geschichte

Die Entwicklung der Einweg-Panzerfaust RPG-18 »Mukha« (auf Deutsch: »Fliege«) startete 1967 unter dem offensichtlichen Einfluss des leichten 66-mm-Panzerabwehrrohres M72 LAW (Light Anti-tank Weapon), das die USA damals in Vietnam erfolgreich einsetzten. Die Konstrukteure waren I.E. Rogosin und V. Baraboschkin aus dem Konstruktionsbüro GSKBP (der heutige Name lautet FGUP »GNPP Basalt«). Die Panzerfaust sollte bei den Truppen die kumulative Handgranate RKG-3 ersetzen und die Feuerkraft von motorisierten Schützen bei der Bekämpfung von Panzerfahrzeugen wesentlich verstärken. 1971 fanden die staatlichen Erprobungen statt und im kommenden Jahr wurde die Waffe in den Dienst gestellt. Die Panzerfaust wurde von der Sowjetarmee in Afghanistan eingesetzt. Die RPG-18 »Mukha« war die erste Einweg-Panzerabwehrwaffe in der UdSSR und in Russland, auf deren Grundlage später andere russische Konstruktionen entwickelt wurden, wie die Einweg-Panzerabwehrrohre RPG-22, RPG-26 und RPG-27. Die russische Rüstungsindustrie produzierte die RPG-18 bis 1993 – insgesamt wurden 1,5 Millionen Exemplare dieser Waffe gebaut. Die RPG-18 bekamen auch die Armeen des Warschauer Paktes, wobei Tschechien seine eigene Version mit dem auf 68 mm vergrößerten Kaliber unter der Bezeichnung RPG-75 produzierte. Einen weiteren RPG-18-Nachbau gab es in Jugoslawien (M80). Die genaue Kopie der RPG-18 wurde von ca. 1979/80 bis 1989 auch in der DDR hergestellt.

Technik

Die Panzerfaust RPG-18 »Mukha« dient der Bekämpfung der Panzertechnik des Gegners und seines Personals in leichten Befestigungen und Gebäuden. Sie stellt eine leichte Einwegwaffe dar, die eine kumulative Kalibergranate PG-18 (7P11) mit einem piezoelektrischen Aufschlagszünder VP-18 verschießt. Als Sprengstoff wird Okfol, phlegmatisierter Oktogen (HMX), verwendet. Die Granate in Marschstellung wird von einer speziellen Sperrvorrichtung in Form einer Platte gegen Verschiebung gehalten. Im Flug wird die Granate durch die langsame Drehung und die abklappbaren Stabilisierungsflügel stabilisiert. Das teleskopische Rohr besteht aus zwei Teilen: ein inneres Rohr aus Aluminiumlegierung und ein GFK-Rohrmantel. Der Treibsatz Pyroxylinpulver wird perkussionsgestartet und ist schon verbrannt, bevor die Granate das Rohr verlässt. Dadurch können die Treibgase den Schützen nicht verbrennen. Es soll noch mindestens 2 m Platz hinter der RPG-18 bleiben, sonst kann der Schütze selbst verletzt werden.

Insgesamt beträgt die Gefahrenzone hinter der Waffe 30 m. Damit die RPG-18 von nicht oder kaum ausgebildeten Personen bedient werden kann, ist eine einfache Bedienungsanleitung (Text und Bilder) auf der rechten Seite der Waffe angebracht. Um die Panzerfaust aus der Marsch- in Feuerstellung zu bringen, muss man das Teleskoprohr vorschieben, dabei hebt sich ein gefedertes Sektionsvisier. Das Visier hat vier Stellungen: für 50, 100, 150 und 200 m. Zurück in Marschstellung kann die Panzerfaust nicht gebracht werden: Wenn der Abschuss der gespannten Waffe nicht mehr nötig ist, soll die Granate einfach ins feindliche Lager abgefeuert werden. Ein weiterer Nachteil der RPG-18 ist die temperaturabhängige Treibladung, wodurch die Treffgenauigkeit von Temperaturschwankungen beeinflusst wird.

Varianten

Auf Basis der RPG-18 wurde die Panzerabwehrmine TM-73 (im Dienst ab 1974) entworfen. Die mit einem elektrischen Zünder Typ MVE-72 ausgestattete Mine kann auf einem Dreibein an Wegrändern (in einer Entfernung von 20–25 m) aufgestellt werden und wird durch einen Drahtsensor aktiviert.

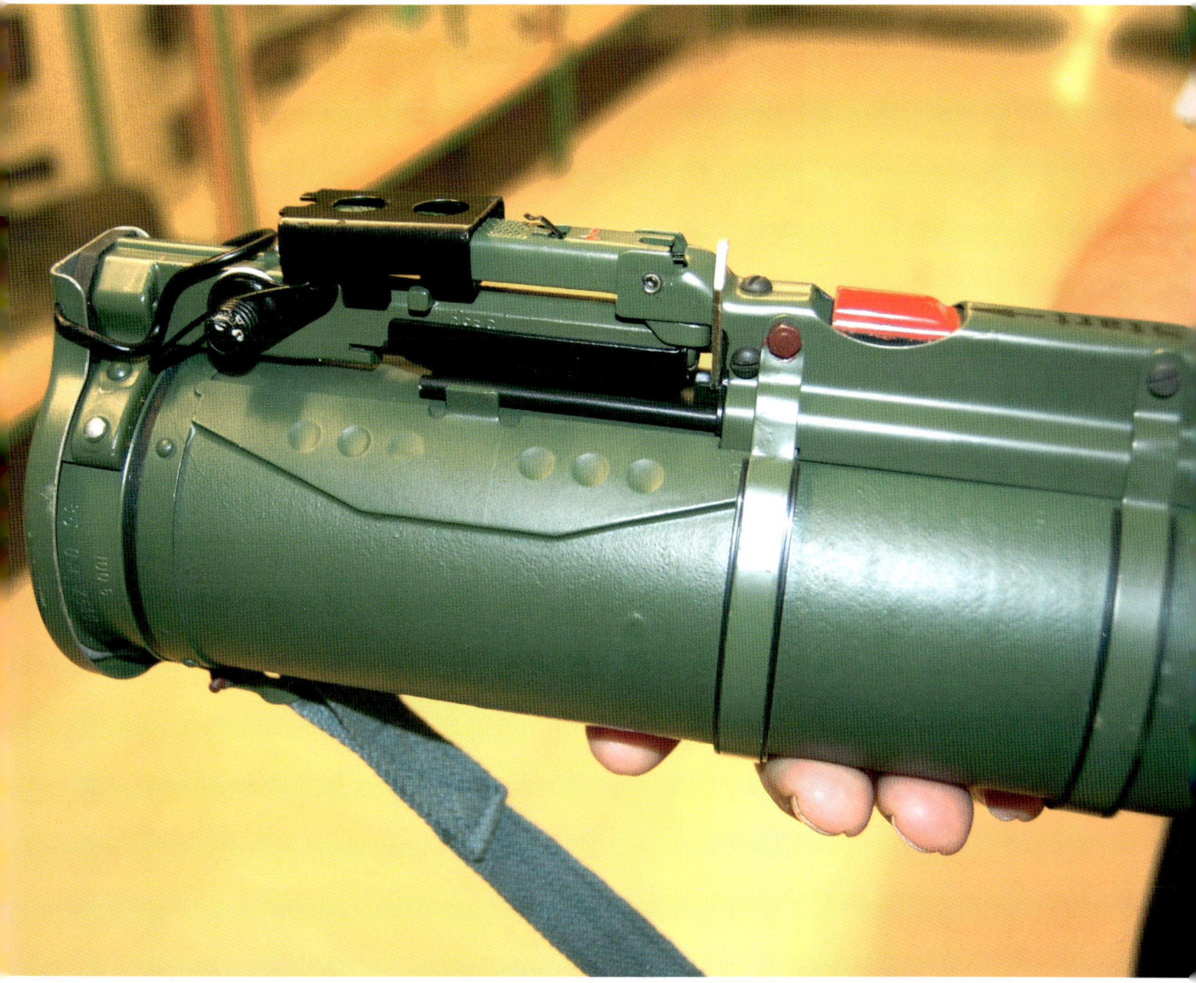

Im Transportzustand ist das Visier geklappt und die beiden Deckel an den Rohrenden sind geschlossen. *(Foto: Autor)*

Taktische und technische Daten	
Kaliber	64 mm
Gesamtlänge	1050 mm (Feuerstellung), 705 mm (Marschstellung)
Gewicht	2,6 kg
Gewicht der Granate	1,4 kg
Anfangsgeschwindigkeit	114 m/s
Visierschussweite	200 m, effektive Reichweite: 135 m
Feuergeschwindigkeit	Einwegwaffe, Zeit zur Herstellung der Feuerbereitschaft: 8–10 s
Durchschlagskraft	über 300 mm (Panzerstahl), über 500 mm (Stahlbeton), über 1000 mm (Ziegelwand)

Visitenkarte	
Einführungsjahr	1972
Entwickler	GSKBP (FGUP »GNPP Basalt«), Konstrukteure I.E. Rogosin und V. Baraboschkin
Hersteller	Tulatotschmasch (Waffe), Werk Nr. 254 (Fertigung)
Gebaute Exemplare	1.500.000
Einsatzländer	UdSSR (Russland), Abchasien, Afghanistan, Armenien, Aserbaidschan, DDR, Estland, Georgien, Griechenland, Kambodscha, Kasachstan, Kirgisistan, Lettland, Litauen, Moldawien, Südossetien, Syrien, Tadschikistan, Turkmenistan, Transnistrien, Ukraine, Usbekistan, Weißrussland

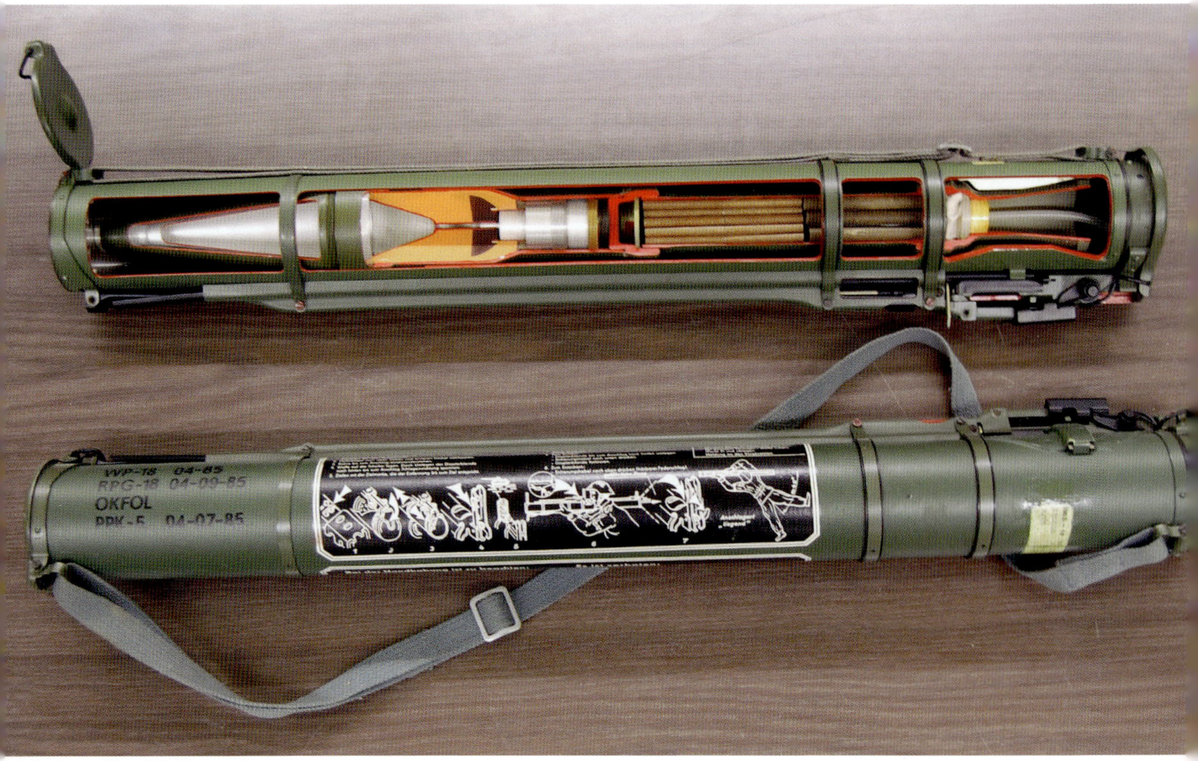

Die reaktive Panzerabwehrgranate RPG-18 der DDR-Herstellung im Transportzustand (unten) und ihr Schnittmodell (oben, der vordere Deckel ist geöffnet). *(Foto: Autor)*

3.1.6. Reaktive Panzerabwehrgranate RPG-22 »Netto« (6G18, TKB-0125)

(Foto: ZKIB SOO)

Geschichte

Die Panzerfaust RPG-22 »Netto« wurde von 1974 bis 1979 entwickelt und 1980 in den Dienst gestellt. Der leitende Konstrukteur war A.S. Starostin (GSKBP). Die Panzerfaust sollte die RPG-18 ersetzen – aufgrund der nicht ausreichenden Durchschlagsleistungen ihrer Granate. Sie unterscheidet sich auch von ihrem Vorgängermodell durch das von 64 mm bis 72,5 mm vergrößerte Kaliber (d.h. den größeren Gefechtskopf) und einige konstruktive Verbesserungen aus den Erfahrungen der RPG-18-Einsätze. Die Panzerfaust sollte bis 2001 in der Produktion bleiben, wurde aber schon 1993 durch die neuen Modelle RPG-26 und RPG-27 abgelöst. Die russische Rüstungsindustrie lieferte insgesamt 500.000 Exemplare des RPG-22. Die Waffe wurde im Afghanistankrieg gegen Befestigungen von Mudschaheddin eingesetzt. Gegenwärtig wird eine Kopie der Panzerfaust RPG-22 in Bulgarien, im Werk »Vazovski Mashinostroitelni Zavodi« (VMZ Co. Sopot), produziert. Das bulgarische Werk entwickelte sogar seine eigene Variante der RPG-22 unter der Bezeichnung ROG-22, deren Granate über einen Splittergefechtskopf mit einem TNT-Äquivalent von 700 bis 800 g verfügt.

Technik

Die RPG-22 »Netto« stellt ein Panzerabwehrrohr dar, das vor dem Einsatz auseinander gezogen werden muss. Wie die RPG-18 ist sie eine einfache Einwegwaffe, die nach dem Abschuss weggeworfen wird. Das Rohr hat eine teleskopische Konstruktion und besteht aus einem inneren GFK-Rohr und einem äußeren Polyamid-Rohrmantel. Auf dem Rohr wird ein mechanisches Klappvisier mit Stellungen für 50, 150 und 250 m montiert. Die kumulative Kalibergranate PG-22 (GRAU-Index 7P26) ist mit dem piezoelektrischen Aufschlagzünder VP-22 ausgestattet. Als Sprengstoff dient Okfol. Der Raketenmotor der Granate ist perkussionsgestartet und unterscheidet sich vom PG-16-Motor ihres Vorgängers durch den neuen Typ der Treibladung, wodurch das Pulver schneller brennt und die Brennzeit des Raketenmotors kleiner wird. Deshalb ist das Rohr der RPG-22 kürzer als das der RPG-18, bei der um 19 m/s größeren Mündungsgeschwindigkeit.
Der Abzugsmechanismus wurde auch verbessert und kann bei Versagen wieder gespannt werden, was die Konstruktion der »Mukha« nicht erlaubte. Die Waffe wird auf einem Schulterriemen getragen. Am Riemen ist eine Tasche vorgesehen, in der sich spezielle Ohrenstöpsel und eine Gebrauchsanleitung befinden. Ohne Ohrenschutz ist das Abfeuern der Waffe gefährlich, da die Trommelfelle durch den lauten Schussknall verletzt werden können. Bei der Landung wird die RPG-22, wie die RPG-18, entweder in einer speziellen Tragetasche des Fallschirmjägers transportiert oder getrennt in einer speziellen Packung per Fallschirm abgeworfen.

Taktische und technische Daten	
Kaliber	72,5 mm
Gesamtlänge	850 mm (Feuerstellung), 755 mm (Marschstellung)
Gewicht	2,7 kg
Gewicht der Granate	1,5 kg
Anfangsgeschwindigkeit	133 m/s
Visierschussweite	250 m, effektive Reichweite: 160 m
Feuergeschwindigkeit	Einwegwaffe, Zeit zur Herstellung der Feuerbereitschaft: 8–10 s
Durchschlagskraft	350 mm (Panzerstahl, 90°), 1,5 m (Stahlbeton), 1,2 m (Ziegelwand)

Varianten

Für Übungszwecke gibt es eine Version mit einer Granate, deren Gefechtskopf eine Inertfüllung enthält. Diese Version heißt RPG-22I und entspricht in Bezug auf das Gewicht, die Abmessungen und das Verhalten der Waffe beim Abschuss der scharfen Variante.

Visitenkarte	
Einführungsjahr	1980
Entwickler	GSKBP (FGUP »GNPP Basalt«), A.S. Starostin
Hersteller	Werk Nr. 254
Gebaute Exemplare	500.000
Einsatzländer	UdSSR (Russland), Armenien, Bulgarien, Kroatien, Georgien, Indien, Irak, Iran, Kasachstan, Kolumbien, Moldawien, Peru, Serbien, Syrien, Transnistrien, Turkmenistan, Ukraine

Sowjetische Soldaten mit einer RPG-22 in Afghanistan. *(Foto: www.otwaga24.ru)*

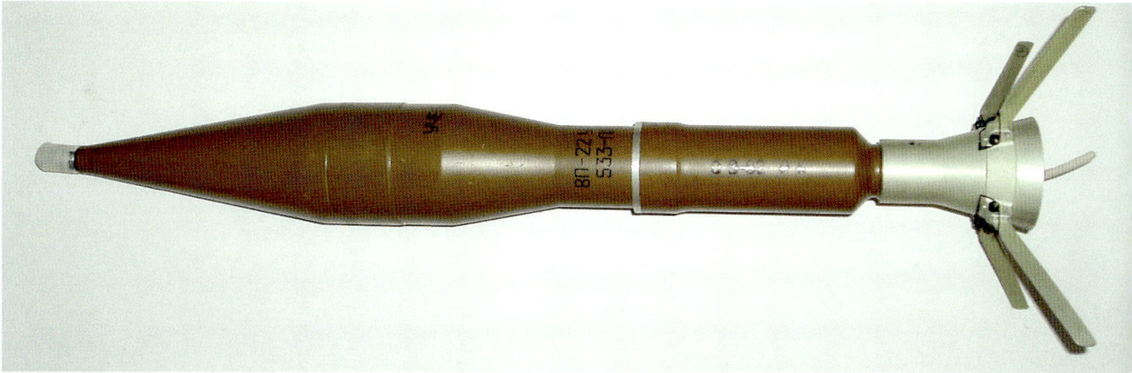

Die Granate PG-22 (7G24) im Flug. *(Foto: O. Baschawez)*

Die bulgarische Kopie der RPG-22 aus dem Werk »Vazovski Mashinostroitelni Zavodi«. *(Foto: VMZ)*

Schusserprobung der bulgarischen Panzerfaust RPG-22. *(Foto: VMZ)*

3.1.7. Reaktive Panzerabwehrgranate RPG-26 »Aglen« (6G19)

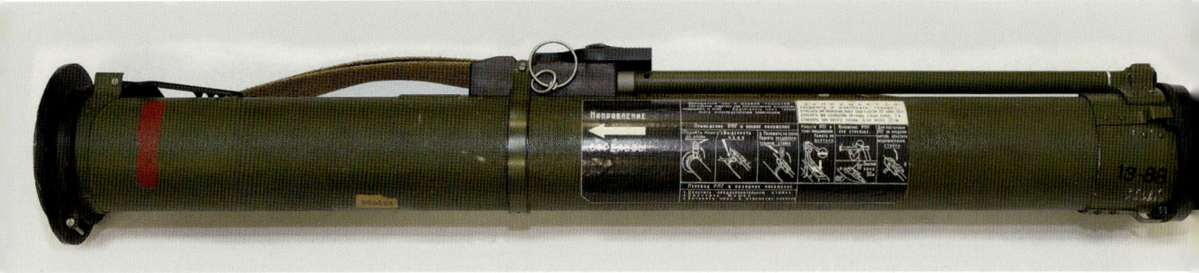

(Foto: ZKIB SOO)

Geschichte

Die Panzerfaust RPG-26 »Aglen« (das Wort »Aglen« ist altrussisch und bedeutet: »die Brandung«) wurde Anfang der 1980er Jahre als Nachfolger der RPG-22 entworfen. An ihrer Entwicklung arbeitete eine Gruppe von Konstrukteuren des NPO »Basalt« unter Leitung von V.S. Tokarev. Der erste Prototyp wurde im Jahre 1982 vorgestellt und in den Jahren 1983–1984 fand seine Prüffelderprobung statt. Danach führte die Sowjetarmee die neue Panzerfaust in ihre Bewaffnung ein. In der Konstruktion der RPG-26 wurden einige neue technische Lösungen realisiert: der GFK-Startbehälter aus einem Rohr, ohne teleskopischen Aufsatz; die Gummideckel, die die aufgeklappten Deckel aus Metall ersetzten; das Abzugssystem, das die mehrmalige Spannung und Entspannung des Abzuges ermöglichte. Aufgrund der besseren Ballistikeigenschaften ist die Visierschussweite auf bis zu 250 m gestiegen. Auf Basis der RPG-26 wurde später die Sturmgranate RSchG-2 entwickelt. Im Grunde genommen basierten fast alle späteren russischen Einweg-Panzerfäuste auf der Konstruktion der RPG-26.

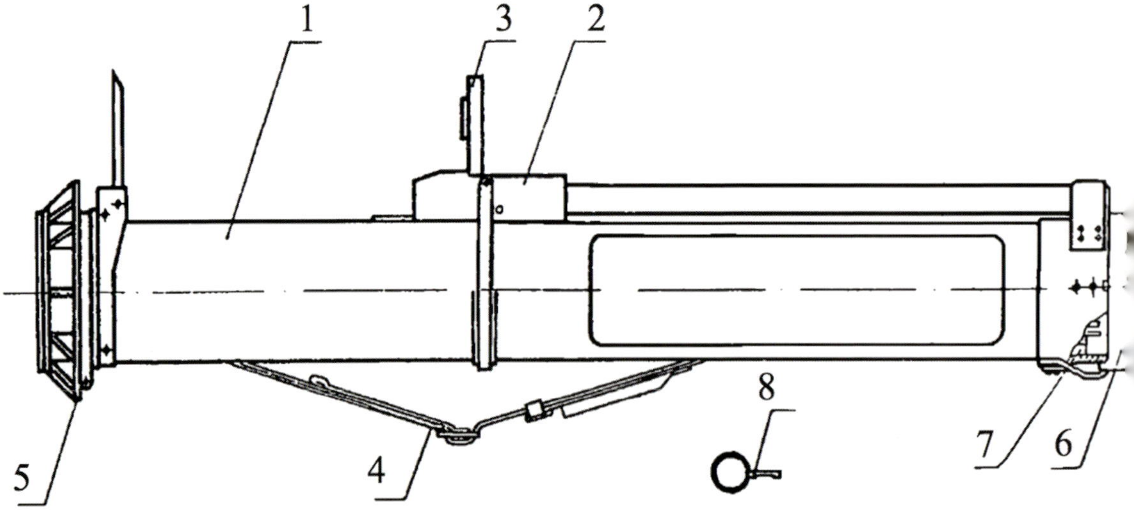

Aufbau der Panzerfaust RPG-26: 1 – Startrohr; 2 – Abzugsvorrichtung; 3 – Visiervorrichtung; 4 – Trageriemen; 5 – vorderer Deckel; 6 – hinterer Deckel; 7 – Kunststoffring zur Befestigung der Granate; 8 – Sicherungsring. *(Bild: Gebrauchsanleitung)*

Technik

Die Panzerfaust RPG-26 »Aglen« dient der Bekämpfung von Kampfpanzern, Schützenpanzern, Selbstfahrlafetten und anderer Panzertechnik des Gegners. Außerdem kann sie gegen feindliches Personal in Deckung und in Gebäuden eingesetzt werden. Die Waffe verschießt eine kumulative Kalibergranate PG-26 (GRAU-Index: 7P27). Die RPG-26 ist eine leichte Panzerabwehrwaffe, die dem einmaligen Gebrauch dient. Die Waffe stellt eine Weiterentwicklung der Panzerfaust RPG-22 »Netto« dar, ist aber als Einrohr-Konstruktion angeordnet. Das Startrohr soll deshalb vor dem Abschuss nicht ausgezogen werden, sodass die Waffe in Feuerstellung und in Marschlage die gleichen Abmessungen hat. Dadurch wurde ihr Aufbau wesentlich vereinfacht. Darüber hinaus ist die RPG-26 im schussbereiten Zustand wesentlich kürzer als ihre Vorgänger, RPG-18 und RPG-22: Die Gesamtlänge des Startrohres beläuft sich auf 770 mm gegenüber 1050 bzw. 850 mm. Diese ermöglicht der verbesserte Raketenmotor, der der Granate eine bessere Ballistik gewährleistet.

Der Aufschlagzünder wurde zuverlässiger, er funktioniert sogar bei einem Versagen seines piezoelektrischen Bestandteils, d.h. bei sehr kleinen Auftreffwinkeln. Wie die RPG-18 und RPG-22 verfügt die Panzerfaust über ein mechanisches Klappvisier und einen perkussionsgezündeten Treibsatz. Das Visier hat drei Stellungen für 50, 150 und 250 m. Die Vorbereitung zum Abfeuern ist auch vereinfacht: Vor dem Abschuss braucht man den vorderen und hinteren Deckel nicht aufzumachen. Die Deckel bestehen aus Gummi und werden beim Austritt der Granate und des Treibgases einfach zerstört. Es gibt auch eine andere wichtige Veränderung. Bei der RPG-26 ist es nämlich möglich, die zum Abfeuern vorbereitete Waffe wieder in Marschlage zu bringen, wenn der Abschuss nicht mehr benötigt wird. Für die RPG-26 wurde ein spezielles 42-mm-Übungsgerät PUI-26 entwickelt, welches das Schießen mit der Panzerfaust auf Entfernungen von bis zu 250 m imitieren kann. Die Lebensdauer dieses Gerätes beträgt 300 Schuss.

Taktische und technische Daten	
Kaliber	72,5 mm
Gesamtlänge	770 mm
Gewicht	2,9 kg
Gewicht der Granate	1,8 kg
Anfangsgeschwindigkeit	144 m/s
Visierschussweite	250 m, effektive Reichweite: 170 m
Feuergeschwindigkeit	Einwegwaffe, Zeit zur Herstellung der Feuerbereitschaft: bis zu 10 s
Durchschlagskraft	0,44 m (Panzerstahl), über 1 m (Stahlbeton), über 1,5 m (Ziegelwand), über 2,4 m (Erdholzmauer)

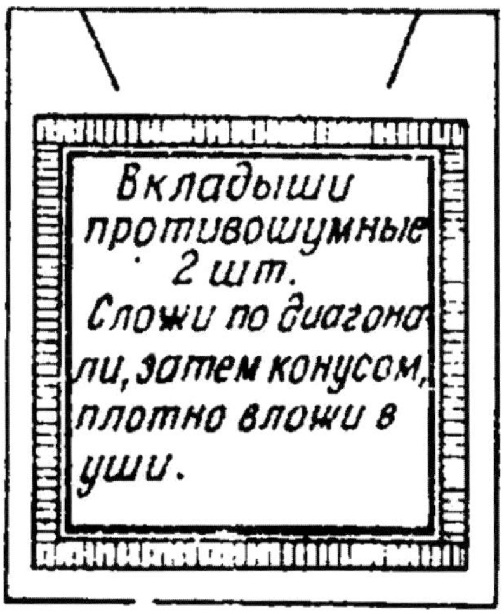

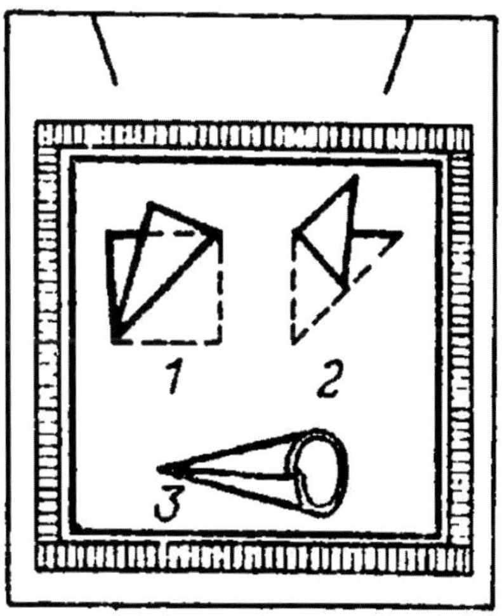

Die Tüte mit Gehörschutz und einer Gebrauchsanleitung. *(Bild: Gebrauchsanleitung)*

Varianten

PDM-1 – die georgische Kopie der RPG-26. Zu Übungszwecken gibt es eine Version mit einer Granate, deren Gefechtskopf eine Inertfüllung enthält. Diese Version heißt RPG-26I und entspricht in Bezug auf Gewicht, Abmessungen und Verhalten der Waffe beim Abschuss der scharfen Variante.

Visitenkarte	
Einführungsjahr	1985
Entwickler	NPO »Basalt«, V.S. Tokarev.
Hersteller	Tulatotschmasch (Waffe), Werke Nr. 56, 254 (Fertigung)
Gebaute Exemplare	geheim
Einsatzländer	UdSSR (Russland), Armenien, Georgien, Jordanien, Kasachstan, Kirgisistan, Libyen, Moldawien, Syrien, Tadschikistan, Transnistrien, Turkmenistan, Ukraine, Usbekistan, Weißrussland

Die Panzerfaust RPG-26 von rechts oben. *(Foto: KardeN)*

Der vordere Gummideckel mit Sollbruchstellen. *(Foto: KardeN)*

Das abklappbare Korn mit drei Stellungen für die Schussdistanzen 50, 150 und 250 m. *(Foto: KardeN)*

Die Kimme mit drei Diopterlöchern für unterschiedliche Wetterbedienungen. *(Foto: KardeN)*

3.1.8. Reaktive Panzerabwehrgranate RPG-27 »Tavolga« (6G22, TKB-0174)

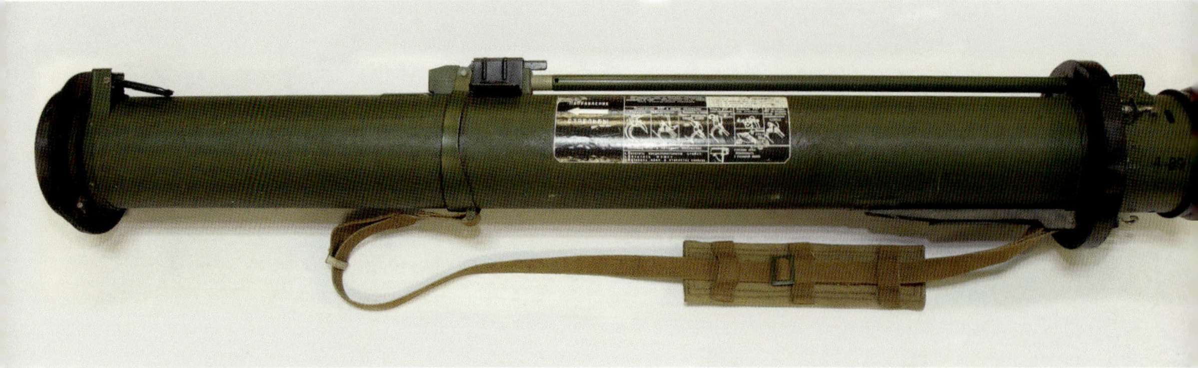

(Foto: ZKIB SOO)

Geschichte

Diese Panzerabwehrwaffe wurde von 1983 bis 1987 von den leitenden Konstrukteuren des NPO, »Basalt« J. Radtschenko und A. Korablev, entwickelt. Nach der im August 1988 stattgefundenen Truppenerprobung wurde sie 1989 in den Dienst eingeführt. Die erste öffentliche Präsentation der Waffe fand im Jahre 1993 auf der internationalen Waffenmesse IDEX-93 in Abu Dhabi statt. Die RPG-27 »Tavolga« (»Tavolga« steht für den Namen einer Arzneipflanze) konstruierten russische Spezialisten für den Einsatz gegen die mit ERA-Panzerung ausgestatteten Kampfpanzer. Zu diesem Zweck verwendeten sie den Tandem-Gefechtskopf der für die Panzerfaust RPG-7 entwickelten Granate PG-7VR »Resume«. Der Gefechtskopf beinhaltet zwei Hohlladungen hintereinander. Die kleine Vorladung hat das Kaliber 64 mm und verfügt über einen piezoelektrischen Aufschlagzünder. Sie erzeugt ein Loch in der ERA-Panzerung und führt zur Explosion der zweiten, größeren Hohlladung des Kalibers 105 mm. Hierdurch hat die ERA-Panzerung keinen Einfluss mehr auf die Durchschlagsleistung der Haupthohlladung. Somit ist die Waffe zur Bekämpfung moderner Kampfpanzer mit Reaktivpanzerung geeignet. Allerdings kann sie auch gegen Feuernester und Personal in Gebäuden verwendet werden. Auf Grundlage der RPG-27 wurde auch die Bunkerfaust RSchG-1 konstruiert.

Technik

Die RPG-27 stellt grundsätzlich die Variante der Panzerfaust RPG-26 mit einem Tandem-Gefechtskopf dar. Sie ist auch als Wegwurfwaffe konzipiert und sehr einfach im Aufbau und in der Bedienung. Das aus GFK bestehende Startrohr des Kalibers 105 mm ist 1135 mm lang. Auf ihm befinden sich der Abzugsmechanismus und die Visiereinrichtungen: das Korn mit drei Stellungen für die Schussdistanzen 50, 100, 150, 200 m und ein Diopter, ebenfalls mit drei Stellungen für die verschiedenen Lufttemperaturen (für die Temperaturbereiche von -15 bis zu +15°C, unter -15°C und über +15°C). Zum Schießen im Liegen ist eine abklappbare Stütze vorhanden. Weil die Granate ein ziemlich großes Gewicht hat, ist sie innerhalb des Rohres mithilfe von Kapronschnüren befestigt.

Die kumulative Tandem-Granate PG-27 (GRAU-Index 7P30) verfügt über einen Raketenmotor mit verstärktem Treibsatz aus dem Piroxylinpulver 11/1 TR V/A. Sprengstoff vom Typ »Okfol«. Um beim Abfeuern den Schützen zu sichern, ist ein Flammendämpfer in der Düse des Raketenmotors vorhanden. Die Übungsvariante mit der Inertfüllung des Gefechtskopfes heißt RPG-27I.

Die Übungsgranaten IRG-27V (links) und IRG-26V im Kaliber 42 mm bzw. für RPG-27I und RPG-26I. *(Foto: A.V. Karpenko)*

Taktische und technische Daten	
Kaliber	105 mm (Kopfteil 64 mm)
Gesamtlänge	1355 mm
Gewicht	8,3 kg
Gewicht der Granate	5,0 kg
Anfangsgeschwindigkeit	120 m/s
Visierschussweite	600 m, effektive Reichweite: 150 m
Feuergeschwindigkeit	Einwegwaffe, Zeit zur Herstellung der Feuerbereitschaft: 8–10 s
Durchschlagskraft	über 0,6 m (ERA-Panzerung), über 1,5 m (Stahlbeton), über 2,0 m (Ziegelwand), über 3,7 m (Erdholzmauer)

Visitenkarte	
Einführungsjahr	1989
Entwickler	NPO »Basalt« (leitende Konstrukteure J. I. Radtschenko und A. F. Korablev), ZKIB SOO (W. A. Tschulizkij, L. K. Tschistjakov, V. T. Alekseev)
Hersteller	Tulatotschmasch (Waffe), Werke Nr. 56, 254 (Fertigung)
Gebaute Exemplare	1020
Einsatzländer	Russland, Jordanien, Kolumbien, Libyen, Transnistrien

Die Schnittmodelle der Panzerfaust RPG-27 (Mitte) und der auf ihrer Basis entwickelten Bunkerfaust RschG-1 (oben) auf einer Waffenausstellung. *(Foto: A.V. Karpenko)*

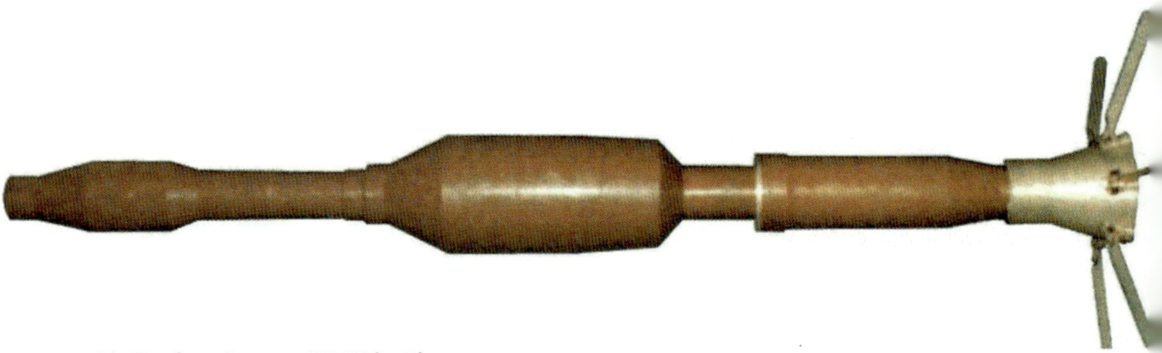

Die Tandem-Granate PG-27 im Flug.

3.1.9. Leichte Panzerfaust RPG-29 »Vampire« (6G20, TKB-0175)

(Foto: ZKIB SOO)

Geschichte

Diese tragbare Panzerabwehrwaffe entwickelte Tulas Konstruktionsbüro ZKIB SOO (Konstrukteure V.I. Matveev und V.I. Zaytsev) von 1983 bis 1988 auf Basis der Panzerfaust RPG-16. Die Waffe wurde auf das Kaliber 105 mm vergrößert, damit sie das Raketengeschoss mit Tandem-Gefechtskopf verschießen konnte. Das Tandem-Geschoss, das zur dritten Generation der russischen kumulativen Panzergranate gehört, entwarf das GSKB-47 (FGUP »GNPP Basalt«, Hauptkonstrukteur A.N. Obukhov, Konstrukteur V.S. Tokarev). Die Massenproduktion seiner Raketenmotoren mit GFK-Gehäusen begann 1986 im NPO »Altai«, Stadt Bijsk. Die Waffe wurde unter dem Namen RPG-29 »Vampire« 1989 in den Dienst gestellt. Danach fertigte das Werk »Molot« eine Versuchsserie der RPG-29, jedoch wurden alle gebauten Exemplare exportiert. Somit war diese Waffe, obwohl sie offiziell eingeführt wurde, in Russland niemals in Verwendung.

Die RPG-29 wurde zum ersten Mal im Jahr 1993 auf der internationalen Waffenausstellung INDEX-93 in Abu Dhabi öffentlich präsentiert. Dort bekam die Waffe eine gute Bewertung von Militärexperten. Sie gilt als eine der stärksten Panzerfäuste der Welt. Diese Bewertung bestätigte der Libanonkrieg 2006. Die Kämpfer der islamistischen libanesischen Organisation »Hisbollah«, denen es gelang, illegal die russischen Panzerfäuste RPG-7 und RPG-29 »Vampire« zu beschaffen, konnten der israelischen Panzertechnik schwere Verluste zufügen. Nach israelischen Angaben wurden insgesamt 50 Kampfpanzer »Merkava« von Panzerabwehrwaffen beschädigt oder zerstört. Dabei kamen 30 Besatzungsmitglieder ums Leben und mehr als 100 sind verletzt worden. Und das obwohl der mit Reaktivpanzerung ausgestattete »Merkava« zu den am besten geschützten Kampfpanzern der Welt zählt.

Die RPG-29 wurden von Guerillas auch im Irak eingesetzt. Im Jahr 2007 veröffentlichte das britische Verteidigungsministerium eine Information über den Verlust eines Kampfpanzers »Challenger 2« durch einen Beschuss aus der RPG-29. Das Geschoss hat die Frontpanzerung der Wanne durchschlagen und die drei Besatzungsmitglieder des Panzers verletzt.

Technik

Die RPG-29 »Vampire« ist eine wiederverwendbare Panzerabwehrwaffe, die von zwei Soldaten bedient wird. Zum Transport kann die Panzerfaust so wie die RPG-16 in zwei Teile zerlegt werden, soll aber wegen ihres Gewichts in zwei Traglasten hinter dem Rücken getragen werden. Am Startrohr sind ein Griffstück mit einem Abzugsmechanismus, ein abklappbares Zweibein

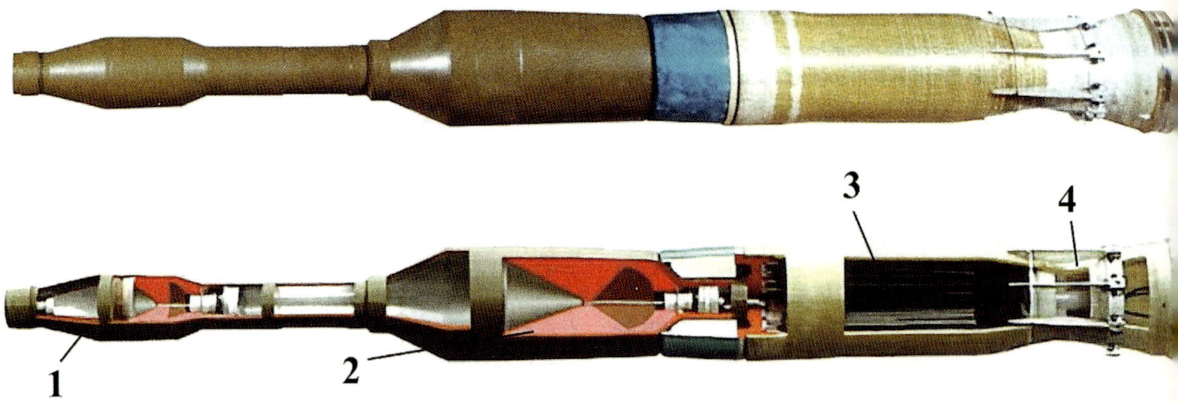

**Raketengeschosse PG-29 (oben) und ihr Aufbau:
1 – kleinere Hohlladung; 2 – größere Hohlladung;
3 – Raketenmotor; 4 – Stabilisator.**

zum Schießen im Liegen und eine mechanische Reserve-Visiereinrichtung angebracht. Als Standardvisier der RPG-29 dient das Zielgerät PGO-29 (1P38-1, die der RPG-29 angepasste Version PGO-7V) mit 2,7-facher Vergrößerung und einem Blickfeld von 13 Grad. Mit der Waffe kann auch das Nachtsichtgerät NSPU-3 (1PN51-2) oder 1PN110 eingesetzt werden – in diesem Fall hat die Panzerfaust die Bezeichnung RPG-29N. Die Waffe ist ein Hinterlader. Sie hat eine Lebensdauer von über 300 Schuss und kann bei Temperaturen von –50 bis +50°C eingesetzt werden. Bedient wird die Waffe von zwei Soldaten.
Die »Vampire« verschießt das pfeilstabilisierte Raketengeschoss PG-29V (7P29) mit einem kumulativen Tandem-Gefechtskopf, der dem Gefechtskopf der Granate PG-7VR »Resume« für die Panzerfaust RPG-7 ähnlich ist. Zur Bekämpfung weicher Ziele steht auch das Geschoss TBG-29 mit einem thermobarischen Gefechtskopf zur Verfügung. Die thermobarische Granate enthält 1,8 kg Sprengstoff und hat einen Wirkungsradius von 8–10 m im offenen Gelände und 2 m in Gräbern und Deckungen. Ihr Wirkungsbereich in Gebäuden beträgt 300 m^3, wobei die Granate 10–20 mm dicken Stahl schafft. Im Unterschied zu den früheren wiederverwendbaren Panzerfäusten RPG-2, RPG-7, RPG-16 besitzt das Geschoss der RPG-29 keine Ausstoßladung und hat den Brennschluss schon vor seinem Austritt aus dem Rohr. Der Raketenmotor wird in zwei Varianten geliefert: mit einer GFK-Brennkammer oder mit einer Brennkammer aus Stahl. Im ersten Fall ist die Anfangsgeschwindigkeit um 25 m/s höher. Der Raketenmotor wird elektrisch anhand eines elektrischen Impulses vom Generator wie bei den Panzerfäusten PRG-16 und SPG-9 gezündet. Um die Flugbahn der Rakete optisch zu verfolgen, trägt sie im Flug eine Leuchtspur.

Versionen

RPG-29N (6G20N) – die Version mit Nachtoptik. Die Variante **SPG-29 »Brass«** stellt die RPG-29 auf einem Dreibein und den optronischen Zielgeräten 2Ts35 und KPUO dar. Es gibt auch eine iranische Kopie der RPG-29 mit der Bezeichnung **»Ghadir«**.

Visiereinrichtung, Zweibein und Abzugsmechanismus der RPG-29. *(Foto: A.V. Karpenko)*

Taktische und technische Daten	
Kaliber	105 mm
Gesamtlänge	1850 mm (schussbereit), 1000 mm (in Marschstellung)
Gewicht ungeladen	11,5 kg (ohne Optik), 12,1 kg (mit Optik), 13,6 kg (mit Nachtoptik)
Gewicht des Raketengeschosses	6,7 kg (Granate 4,5 kg)
Anfangsgeschwindigkeit	230 oder 255 m/s
Visierschussweite	500 m (ohne Optik), 600 m (mit Nachtoptik), 700 m (mit Tagesoptik)
Effektive Reichweite	300 m
Feuergeschwindigkeit	bis 4 Schuss/min
Durchschlagskraft	über 600 mm (ERA-Panzerung, nach anderen Angaben 750 mm), über 1,5 m (Stahlbeton- und Ziegelmauer), über 3,7 m (Erdholzmauer)

Visitenkarte	
Einführungsjahr	1989
Entwickler	ZKIB SOO Tula, Konstrukteure V.I. Matveev und V.I. Zaytsev und GSKB-47 (FGUP »GNPP Basalt«), Hauptkonstrukteur A.N. Obukhov, Konstrukteur V.S. Tokarev
Hersteller	Werk Nr. 367 (Waffe), Tulatotschmasch, Werk Nr. 56 (Granate), SEDENA, DIO
Gebaute Exemplare	kleine Serie
Einsatzländer	UdSSR (Russland), Argentinien, Armenien, Bangladesch, Brasilien, Bulgarien, Chile, DDR, Indonesien, Irak, Iran, Kasachstan, Kolumbien, Kroatien, Kuba, Libanon (Hisbollah), Mexiko, Pakistan, Peru, Rumänien, Syrien, Tschechoslowakei, Türkei, Ukraine, Vietnam

Die Panzerfaust RPG-29 bei der Präsentation der Waffen von »GNPP Basalt«. *(Foto: E. Erokhin)*

3.1.10. Reaktive Panzerabwehrgranate RPG-28 »Klukwa« (6G32)

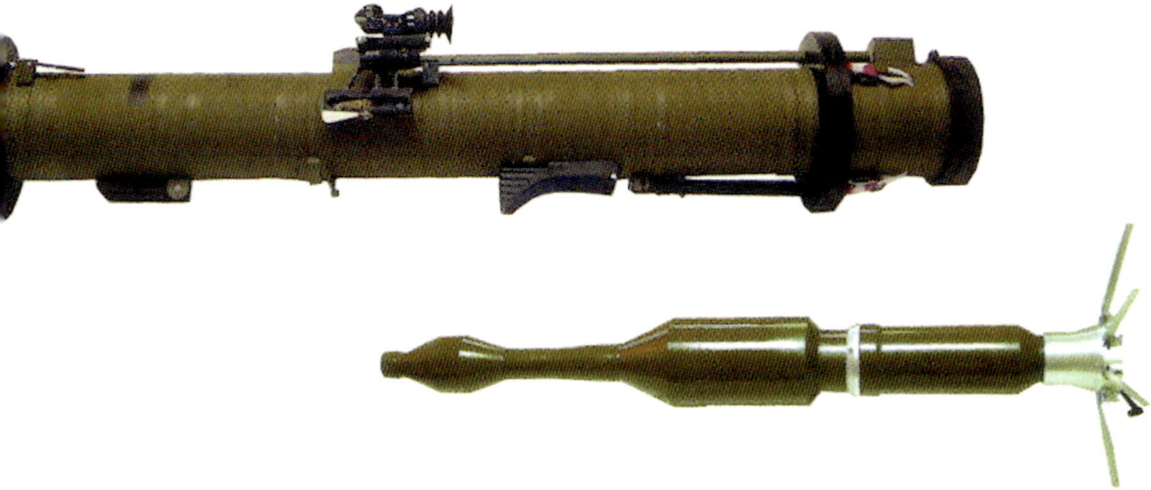

Geschichte

Die Panzerfaust RPG-28 »Kljukwa« (auf Deutsch: »Moosbeere«) wurde vom Unternehmen FGUP »GNNP Basalt« entwickelt und erstmals auf der Waffenmesse IDEX-2007 in Abu Dhabi öffentlich präsentiert. Die Waffe wurde im Dezember 2011 in den Dienst der russischen Armee gestellt und in die Liste mit der Nr. 1 der zum Export erlaubten Militärprodukte eingetragen. Ihre potenziellen Käufer sind die Staaten Europas, des Nahen Ostens und Südasiens. Die RPG-28 ist mit ihrer Durchschlagleistung (900 mm mit ERA mit einer Wahrscheinlichkeit von 90%) allen modernen Panzerfäusten überlegen und kann die Frontpanzerung bei allen existierenden und perspektivischen Kampfpanzern durchschlagen. Außerdem kann die Waffe andere Ziele wie Fahrzeuge, Befestigungen und Soldaten ebenfalls bekämpfen. Heutzutage hat die RPG-28 das größte Kaliber (125 mm) unter anderen Panzerfäusten der russischen Streitkräfte.

Technik

Bei der RPG-28 handelt es sich um eine Einwegwaffe, die aus einer Panzerabwehrrakete und einem kurzen GFK-Startrohr besteht. Die Rakete verfügt über einen kumulativen Tandem-Sprengkopf mit einer Vorladung und einer Hauptladung vom Kaliber 125 mm und einer Treibladung, die vollständig im Startrohr verbrennt. Im Flug wird sie durch sechs aufklappbare Stabilisierungsflossen und durch Rotation stabilisiert. Die beiden Enden des Startrohres sind mit zwei Gummischutzdeckeln verschlossen, die beim Abschuss zerstört werden. Um einen Schuss abzugeben, soll man nun einen Sicherheitssplint herausziehen und die Visiervorrichtung abklappen.
Dabei wird der Abzug gespannt und man kann durch seine Betätigung die Waffe abfeuern. Wenn der Abschuss nicht nötig ist, darf man den Abzug entspannen – der Schütze klappt die Visierung ein und fixiert sie wieder mit dem Sicherheitssplint. Um die 12 kg schwere Waffe sicher zu halten, sind eine Schulterauflage, ein klappbares Haltestück hinter ihr und ein klappbares Griffstück vorgesehen. Der Rückstrahl der RPG-28 bewirkt einen hinteren Gefahrenbereich von bis zu 30 Metern mit einem Winkel von 90°, weshalb diese Waffe nicht aus geschlossenen Räumen heraus abgefeuert werden darf.

Varianten

RPG-28I – die Übungsversion mit der Inertfüllung des Gefechtskopfes.

Taktische und technische Daten	
Kaliber	125 mm
Gewicht	12 kg
Gesamtlänge	1200 mm
Gewicht der Granate	8,5 kg
Visierschuss-weite	300 m
Feuergeschwin-digkeit	Einwegwaffe
Durchschlags-kraft	über 900 mm (ERA-Panzerung), 3000 mm (Ziegelwand), 2400 mm (Stahlbeton)

Visitenkarte	
Einführungsjahr	2011
Entwickler	FGUP »GNPP Basalt«
Hersteller	Tulatotschmasch (Waffe)
Gebaute Exemplare	geheim
Einsatzländer	Russland

Die Panzerfaust RPG-28 bei der Präsentation der Waffen von »GNPP Basalt«. *(Foto: E. Erokhin)*

3.1.11. Reaktive Panzerabwehrgranate RPG-32 »Barkas« (»Nash-Shab«/»Chaschim«, 6G40)

Geschichte

Diese Waffe wurde erstmals im März 2006 auf der internationalen Waffenmesse SOFEX in Jordanien, die unter der Protektion des Königs Abdullah II. und der jordanischen Streitkräfte durchgeführt wird, vorgestellt. Die RPG-32 »Chaschim« wurde vom staatlichen russischen Unternehmen FGUP »GNPP Basalt« auf persönlichen Wunsch des jordanischen Königs und mit Mitteln aus Jordanien entworfen. Der Name »Chaschim« steht für Hāschim ibn Abd Manāf, Urgroßvater des Propheten Mohammed, dem die jordanische Königsfamilie entstammt. Der Auftrag wurde im Jahr 2005 erteilt und die Entwicklung des Granatwerfers 2007 beendet. Seitdem liefert »Basalt« die notwendigen Bestandteile nach Jordanien, wo die Firma »Jordan Russian electronic systems Co« (JRESCO) die Waffe selbst zusammenbaut. Die Fabrik in Jordanien fertigt derzeit 20.000 RPG-32 jährlich, will aber in Zukunft bis zu 60.000 pro Jahr liefern. Jede Seite trägt dabei einen Anteil von 50%. Potentielle Käufer, neben Jordanien und Russland, sind hauptsachlich die Nahost-Staaten, die an der Entwicklung der RPG-32 großes Interesse bekunden.

Technik

Die Panzerfaust RPG-32 »Chaschim« unterscheidet sich prinzipiell von allen früher entwickelten Panzerabwehrrohren: Sie besteht aus einem mehrfach verwendbaren Starter und einem Satz von multikalibrigen Einweg-Kartuschen. An dem Starter sind die wiederverwendbaren Waffenkomponenten, das Visier und der elektrische Abzugsmechanismus, angebracht. Standardmäßig ist ein Reflexvisier vorgesehen, jedoch ist die Montage eines Zielgeräts (1P81) oder einer Nachtoptik auch möglich. Der Starter bringt nur 3 kg auf die Waage und ist sehr kompakt: Seine Gesamtlänge beträgt lediglich 360 mm. Er kann bis zu 200-mal wiederverwendet werden. Die Einweg-Kartusche kann zwei Munitionstypen des Kalibers 72 oder 105 mm mit der gleichen Ballistik enthalten: eine kumulative Tandem-Granate PG-32 oder eine thermobarische Splitter-Panzergranate TBG-32. Diese macht die Waffe ganz universell: Sie kann so verschiedene Ziele wie Panzerfahrzeuge, Bunker und Befestigungen, weiche Ziele, etc. bekämpfen. Zurzeit werden auch andere Munitionstypen entwickelt.

Dank verschiedener Munitionstypen und der multikalibrigen Kartuschen kann der Schütze, in Abhängigkeit vom Kampfauftrag, einen optimalen Kampfsatz passend zusammenstellen. Beispielweise darf nach den jordanischen Normen ein Soldat bis zu 28 kg tragen, was einem Starter mit drei 105-mm- oder sieben bis acht 72-mm-Granaten entspricht. D.h. seine Feuerkraft gleicht der einer Infanteriegruppe. Zum besonderen Merkmal des Granatwerfers gehört auch eine gut durchgedachte Ergonomie: Die Waffe ist beim Schießen – ob kniend, liegend oder stehend – sehr komfortabel. Für Übungszwecke gibt es das Übungsgerät PUI-32, das jordanische Streitkräfte schon in Russland gekauft haben.

Taktische und technische Daten	
Kaliber	72,5 oder 105 mm
Gesamtlänge	900 mm (72,5-mm-Granate) oder 1200 mm (105-mm-Granate)
Gewicht	6 kg (72,5-mm) oder 10 kg (105-mm)
Gewicht der Granate	3 kg (72,5-mm) oder 7 kg (105-mm)
Anfangsgeschwindigkeit	140 m/s
Visierschussweite	700 m, effektive Reichweite: 200 m
Feuergeschwindigkeit	Einwegwaffe
Durchschlagskraft	440 mm (72,5-mm, ERA-Panzerung), 650 mm (105-mm, ERA-Panzerung)

Visitenkarte	
Einführungsjahr	2008
Entwickler	FGUP »GNPP Basalt«
Hersteller	JRESCO, Tulatotschmasch (Waffe)
Gebaute Exemplare	jährlich bis zu 60.000 (Plan)
Einsatzländer	Russland, Argentinien, Brasilien, Libanon, Jordanien, Mexiko, Vereinigte Arabische Emirate

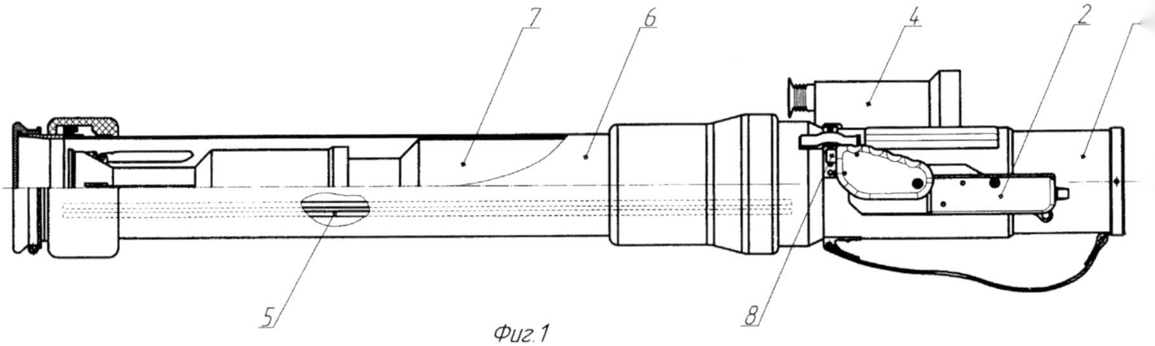

Aufbau der RPG-32:
1 – Startrohr; 2 – Abzugsvorrichtung; 4 – Zielgerät; 5 – elektrische Kontaktvorrichtung; 6 – Führungsrohr; 7 – Raketengeschoss; 8 – Abzugstaste.
(Bild: Russisches Patent Nr. 2393408)

Eine Kartusche und ein Zielgerät für die Panzerfaust RPG-32. *(Foto: A.V. Karpenko)*

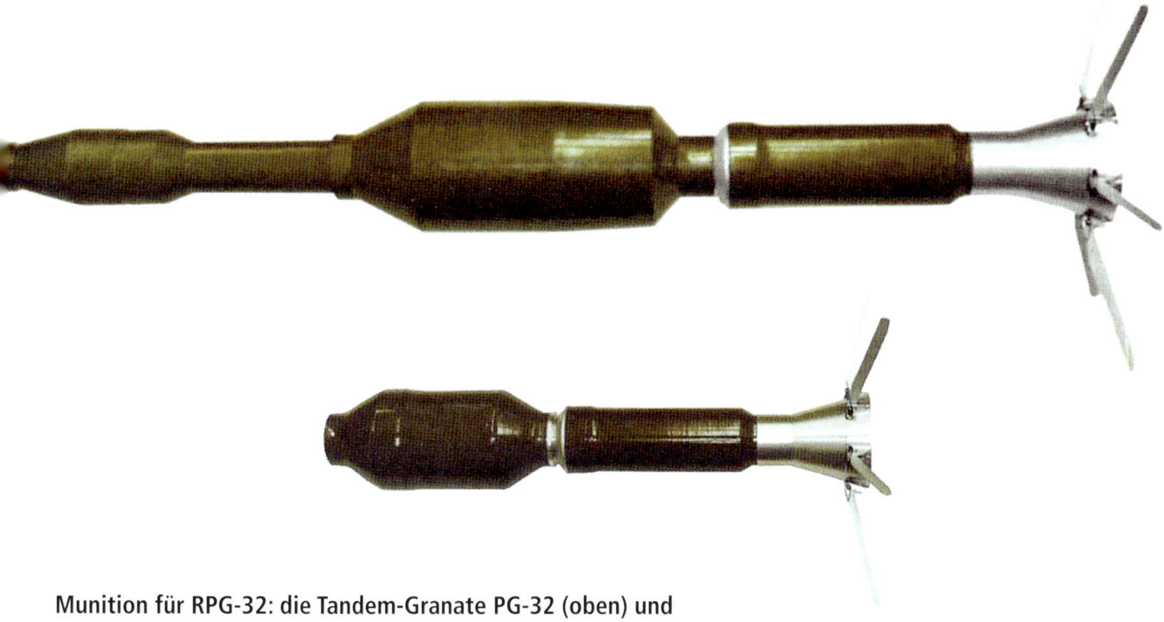

Munition für RPG-32: die Tandem-Granate PG-32 (oben) und die termobarische Granate TBG-32 (unten).

Die Panzerfaust RPG-32 bei der Präsentation der Waffen von »GNPP Basalt«. *(Foto: E. Erokhin)*

3.1.12. Reaktive Panzerabwehrgranate RPG-30 »Krjuk« (7P53)

(Foto: forum.guns.ru)

Im Jahr 2008 meldete das Unternehmen FGUP »GNPP Basalt«, dass es die Entwicklung einer prinzipiell neuen Panzerfaust mit Erfolg beendet habe, die zur Bekämpfung von mit aktiven Schutzsystemen ausgestatteten Fahrzeugen (wie die israelischen »Trophy« und »Iron Fist« oder die russische »Arena«) geeignet sei. Diese Waffe bekam die Bezeichnung RPG-30 »Krjuk« (auf Deutsch: »Haken«) und sollte ab 2013 in die russische Armee eingeführt werden. Sie hat schon 2009 die Staatserprobung mit Erfolg absolviert. Bestellt sind 1000 Exemplare für je 83.000 Rubel das Stück.

Die neue Panzerfaust wurde als Einwegwaffe konzipiert. Sie besteht aus einem GFK-Hauptrohr mit einem mechanischen Visier und der Abzugsvorrichtung. Innerhalb des Rohres befindet sich eine kumulative Tandem-Granate PG-30. Sie entspricht der Granate PG-27 der Panzerfaust RPG-27 »Vampire« und verfügt über eine Vorladung des Kalibers 64 mm und eine Hohlladung des Kalibers 105 mm. Zu den besonderen Merkmalen der RPG-30 gehört das zweite Rohr, das an der linken Seite des Hauptrohres angebracht ist und eine weitere Granate kleineren Kalibers enthält. Dieser Granaten-Imitator IG-30 hat mit der Hauptgranate die gleiche Ballistik gemein, startet aber etwas früher, damit abstandsaktive Schutzmaßnahmen des zu vernichtenden Fahrzeuges – z.B. Abschuss eines Projektils zum Abfangen der anfliegenden Panzergranate – frühzeitig durchgeführt werden können.

Heutzutage gibt es bei modernen Kampfpanzern keine aktiven Schutzsysteme, die in der Lage sind, zwei nahezu gleichzeitig anfliegende Granaten (Verzögerungszeit ca. 0,2–0,4 s) anzugreifen. Deshalb wurde die RPG-30 vom US-Staatsdepartment schon in die Liste der »potentiellen Bedrohungen« eingetragen. Die Waffe kann außer gegen Kampfpanzer auch gegen Infanterie und Feldbefestigungen eingesetzt werden.

Taktische und technische Daten	
Kaliber	105 mm (Granate PG-30) und 42 mm (Granaten-Imitator IG-30)
Gesamtlänge	1350 mm
Gesamtgewicht	11,0 kg
Gewicht der Granate	5,0 kg (PG-30) und 0,65 kg (IG-30)
Anfangsgeschwindigkeit	120 m/s
Visierschussweite	200 m, effektive Reichweite: 140 m
Zeit zur Herstellung der Feuerbereitschaft	8 bis 10 s
Feuergeschwindigkeit	Einwegwaffe
Durchschlagskraft	750 mm (ERA), 1,5 m (Stahlbeton), 2 m (Ziegelwand), 3,7 m (Hindernis aus Holz und Erde)

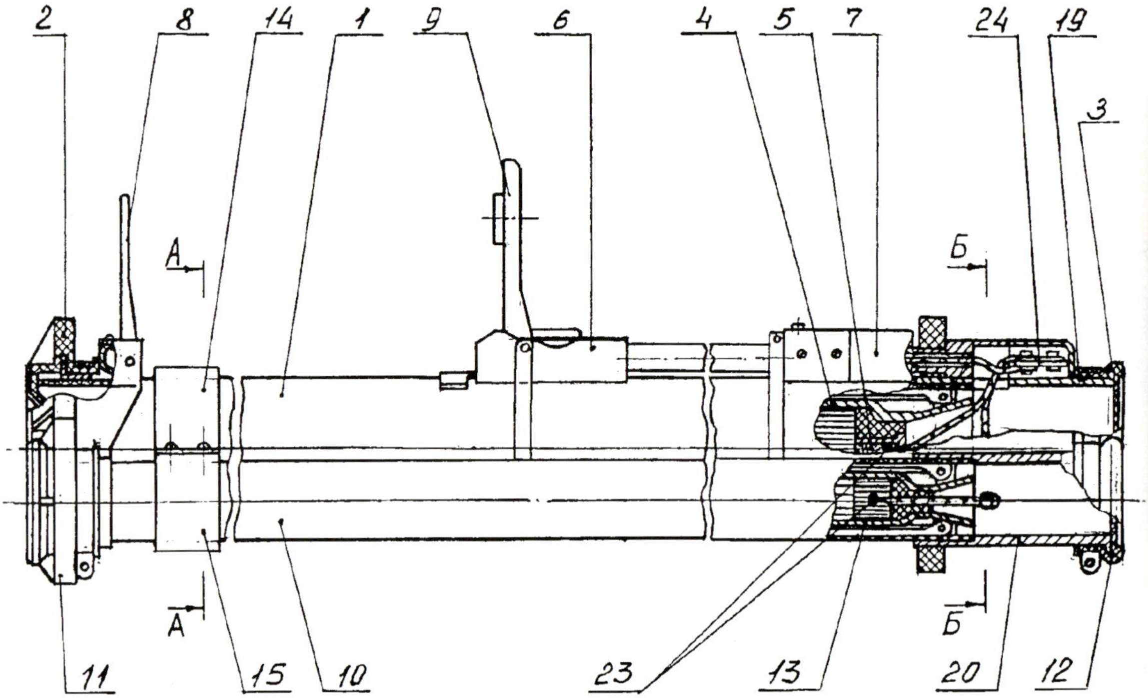

Фиг.1

Die Zeichnung der Panzerfaust RPG-30 aus dem Patent RU 2339892.

Visitenkarte	
Einführungsjahr	2012
Entwickler	FGUP »GNNP Basalt«
Hersteller	Tulatotschmasch (Waffe), Werk Nr. 56 (»Planta«, Fertigung)
Gebaute Exemplare	1000
Einsatzländer	Russland

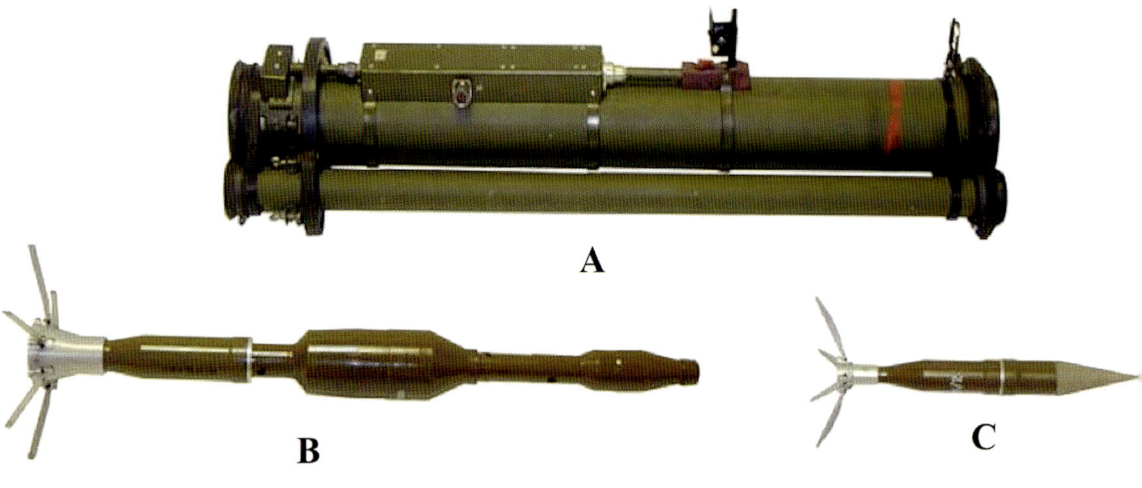

Komponente der RPG-30:
A – Granatwerfer; B – primäre Granate PG-30; C – Granaten-Imitator IG-30.
(Foto: Aus dem russischen Lehrbuch »Nahkampfmittel. Leichte Granatwerfer«)

Die Markierung der RPG-30. *(Foto: forum. guns.ru)*

Die Panzerfaust RPG-30 von vorne. *(Foto: forum.guns.ru)*

3.2. Schwere Panzerfäuste

3.2.1. Schwere Panzerfaust SPG-82 (SG-82, 56-G-662)

(Foto: www.rwd-mb3.de)

Geschichte

Diese ist die erste schwere Panzerfaust in der UdSSR, deren Entwicklung schon 1942 begann. Der Prototyp der Waffe mit Kaliber 82 mm – ein damals übliches Kaliber für russische Mörser und Raketengeschosse – wurde von Spezialisten des Volkskommissariats für die Erdölindustrie unter Leitung von A.P. Ostrowski und des Hauptkonstrukteurs N.G. Grigorjan entworfen. Die Gruppe von Ostrowski arbeitete zuerst beim Moskauer Gubkin-Erdölinstitut und später beim Konstruktionsbüro SKB-36 (manchmal als SKB-2 bezeichnet), das auf das Gebiet Panzerabwehrwaffen spezialisiert war. An der Entwicklung nahm auch P.P. Schumilov – Erfinder des ersten Brunnenbohrgerätes mit Turbinenantrieb – teil. Er kam jedoch im August 1942 während der Schießerprobung dieser Panzerfaust tragisch ums Leben. Die Granate für die SPG-82 (die Abkürzung steht für den »schweren Panzerabwehr-Granatwerfer«, Kaliber 82 mm) entwickelte das Forschungsinstitut NII-6. Wie in Deutschland experimentierten die russischen Konstrukteure zunächst mit einer durch Rotation stabilisierten Granate. Die Präzision und Durchschlagsleistung (80 mm) der Anfang 1944 hergestellten Vorserie aus 408 Panzerfäusten SPG-82 war noch nicht hoch genug und so wurde die flügelstabilisierte Granate eingeführt, die keine auf den kumulativen Strahl negativ wirkende Zentrifugalkraft hatte. Aus diesem Grund verzögerten sich die Entwicklungsarbeiten bis 1948.

Erst im Jahr 1950 übernahm die Sowjetarmee die Waffe, welche die 14,5-mm-Panzerbüchsen PTRD und PTRS ersetzte. Im Rahmen der Umrüstung bekam jedes Bataillon der Infanteriedivision eine »Kompanie von reaktiven Panzerbüchsen«. Mit der Einführung der Splittergranate OG-82 verlor die Panzerfaust den Buchstaben »P« (Panzerabwehr) in ihrer Bezeichnung und wurde nun SG-82 genannt, da sie keine spezialisierte Panzerabwehrwaffe mehr darstellte. Vermutlich sollten

Transport der SPG-82 nach der »Karren-Methode« (oben) und die Waffe in Feuerstellung (unten). *(Bild: Gebrauchsanleitung)*

Taktische und technische Daten	
Kaliber	82 mm
Gesamtlänge	2060 mm
Gewicht	38 kg
Gewicht der Granate	4,54 kg (PG-82), 4,95 kg (OG-82)
Anfangsgeschwindigkeit	160 m/s
Visierschussweite	300 m (PG-82), 700 m (OG-82, max. Reichweite 1500 m bei 45°)
Feuergeschwindigkeit	6 Schuss/min
Durchschlagskraft	175 mm
Durchschlagskraft	750 mm (ERA), 1,5 m (Stahlbeton), 2 m (Ziegelwand), 3,7 m (Hindernis aus Holz und Erde)

Visitenkarte	
Einführungsjahr	1950
Entwickler	SKB-36 (SKB-2), A.P. Ostrowski, N.G. Grigorjan, P.P. Schumilov
Hersteller	Werk Nr. 535 (Waffe), Werk Nr. 613 (Granate)
Gebaute Exemplare	Serienproduktion
Einsatzländer	UdSSR, Afghanistan, Algerien, China, DDR, Indonesien, Kuba, Mongolei, Nordkorea, Syrien

die SG-82 dadurch die veralteten 45-mm-PAK M-42 in den motorisierten Schützenregimentern ablösen. Die SPG-82/SG-82 standen im Dienst der Sowjetarmee bis in die 1960er Jahre, als sie durch ihre erfolgreicheren Nachfolger – rückstoßfreies 82-mm-Geschütz B-10 und 73-mm-Panzerfaust SPG-9 – ersetzt wurden. Die SPG-82 wurde in andere Länder des Warschauer Paktes exportiert, ebenso wie in asiatische Staaten, wo sie im Korea- und Afghanistankrieg eingesetzt wurde.

Der Schild der SPG-82 kann bei Transport eingeklappt werden. *(Foto: www.rwd-mb3.de)*

Das Rohr der SPG-82 hat in der Nähe der Mündung einen Tragegriff. *(Foto: www.rwd-mb3.de)*

Die SPG-82 von hinten. *(Foto: www.rwd-mb3.de)*

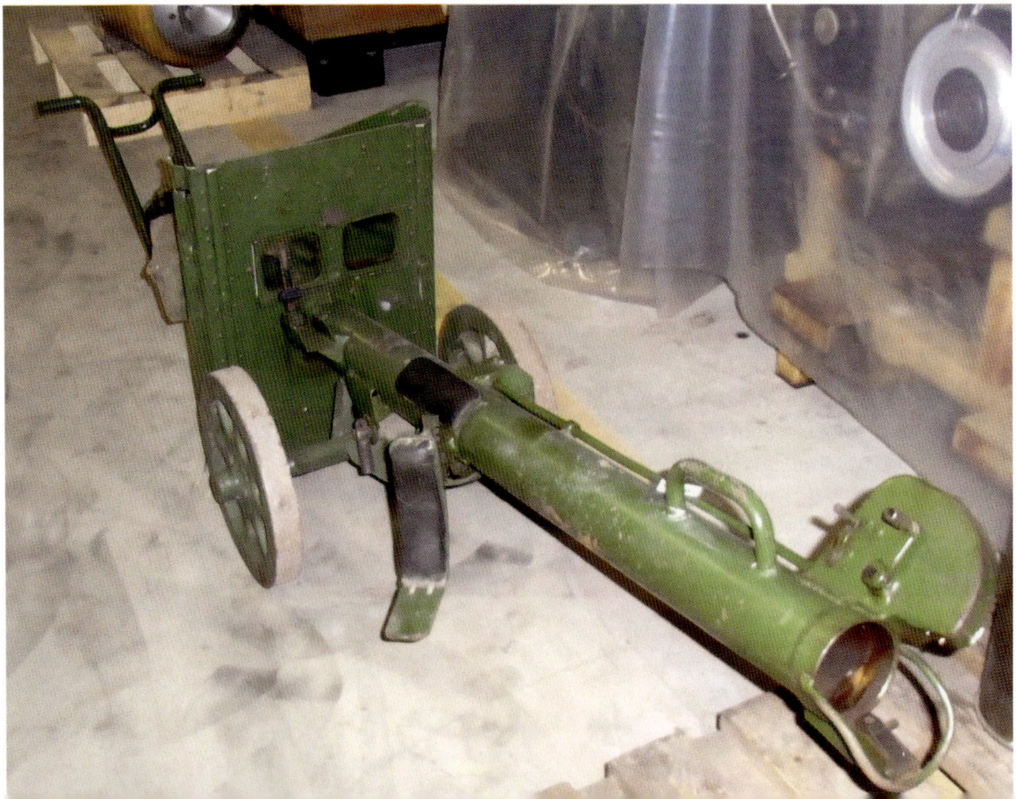

3.2.2. Schwere Panzerfaust SPG-9 »Kopje« (6G6)

(Foto: ZKIB SOO)

Geschichte

Die schwere Panzerfaust SPG-9 »Kopie« (auf Deutsch: »Lanze«) wurde von 1959 bis 1962 im GSKB-47 als Standard-Panzerabwehrwaffe des motorisierten Schützenbataillons entwickelt. Ihr Kaliber und teilweise ihre Munition sind mit dem 73-mm-Geschütz 2A28 »Grom« der Schützenpanzer BMP-1 und BMD-1 vereinheitlicht. In den Dienst gestellt wurde sie ab 1963. Heute ist die Bedeutung dieser Waffe für die Panzerabwehr nur noch sehr gering, sodass die SPG-9 überwiegend nur noch zur Feuerunterstützung für die Infanterie eingesetzt wird. Aus diesem Grund wurde später auch die Splittergranate OG-9 in den Kampfsatz der Panzerfaust aufgenommen. Obwohl die Waffe seit fast 50 Jahren im Einsatz ist, wurde sie bis heute weder ersetzt noch ausgemustert. Die SPG-9 erfreut sich großer Beliebtheit auch unter Guerillas, welche diese Waffe als leichtes Geschütz verwenden. Ihre Lizenzkopien werden in Bulgarien (ATGL-H), im Iran (»Nafez«) und in Rumänien (AG-9) hergestellt. Es wurde auch eine illegale Herstellung der SPG-9 in Pridnestrowje, dem international nicht anerkannten Staat in Moldawien, organisiert.

Technik

Bei der SPG-9 handelt es sich um einen einschüssigen Hinterlader zum mehrmaligen Gebrauch. Das Rohr ist glatt und verfügt an seinem Ende über einen Klappverschluss mit einer Raketendüse. Als Standard-Visier dient ein 4,2-fach-Zielgerät PGO-9 (1OP21), optional ist ein IR-Nachtzielgerät PGN-9 (1PN26) oder ein Zielgerät PGOK-9 zum direkten und indirekten Richten erhältlich. Als Reserve ist auch ein einfaches, mechanisches Visier vorgesehen. Der Raketenmotor der Granate wird elektrisch gezündet. Das Rohr wird auf einem leichten Dreibein montiert, dessen Höhe verstellbar ist. Die SPG-9 ist leicht genug für den Transport durch zwei Soldaten, wird aber von vier Soldaten bedient (die anderen tragen die Munition). Nach dem Abschuss wird das Rohr geöffnet und der nicht verbrannte Teil des Raketengeschosses, die Blende, muss entfernt werden. Dafür sind spezielle Handschuhe vorgesehen.
Da die SPG-9 einen sehr lauten Schussknall hat, soll die Bedienung beim Abfeuern artilleristische Helme mit Gehörschutz tragen. Ursprünglich ver-

schoss die SPG-9 nur einen Munitionstyp – das Geschoss PG-9V mit der kumulativen, pfeilstabilisierten Granate PG-9 mit dem piezoelektrischen Kopfzünder. Später wurden jedoch die Panzergranaten PG-9NT mit dem Tandem-Gefechtskopf zur Bekämpfung von Fahrzeugen mit ERA-Panzerung und die verbesserten Splittergranaten eingeführt. Für Übungen dient das Trainingsgerät PUS-9, das einen Einstecklauf mit Kaliber 7,62 mm darstellt. Das Gerät wird in die Granate eingeschraubt und kann mehrmals verwendet werden.

Taktische und technische Daten	
Kaliber	73 mm
Gesamtlänge	2110 mm
Gesamtgewicht	49,5 kg (SPG-9), 50,5 kg (SPG-9M), 63,5 kg (SPG-9D), 64,5 kg (SPG-9DM)
Gewicht der Granate	2,6 kg (PG-9), 3,6 kg (OG-9)
Anfangsgeschwindigkeit	435 m/s (PG-9), 316 m/s (OG-9)
max. Geschwindigkeit	700 m/s (PG-9)
Visierschussweite	1300 m (PG-9), 4500 m (OG-9)
Feuergeschwindigkeit	bis 6 Schuss/min
Durchschlagskraft	300–400 mm (PG-9), 550 mm (PG-9NT)

Schwere Panzerfaust SPG-9D von links. *(Foto: Autor)*

Visitenkarte	
Einführungsjahr	1963
Entwickler	GSKB-47 (FGUP »GNPP Basalt«), Konstrukteure V.I. Baraboschkin, V.P. Saizew, E.I. Dubrowin, M.M. Konowaew, ZKIB SOO
Hersteller	Werk Nr. 535
Gebaute Exemplare	geheim
Einsatz-länder	UdSSR (Russland), Afghanistan, Ägypten, Armenien, Bulgarien, China, DDR, Georgien, Irak, Iran, ISIS, Kuba, Kurdistan, Libyen, Marokko, Moldawien, Mongolei, Nepal, Nordkorea, Pakistan, Polen, Rumänien, Sudan, Syrien, Ukraine, Ungarn, Vietnam, Weißrussland

Geöffneter Verschluss mit Düse. *(Foto: Autor)*

Die elektrische Abfeuerungsvorrichtung der SPG-9 befindet sich unter dem Rohr. Sie war eine erfolgreiche Konstruktion und wurde später in anderen Granatwerfern verwendet. *(Foto: Autor)*

Die Standard-Visiereinrichtung der SPG-9 ist das Zielgerät PGO-9. *(Foto: Autor)*

Varianten

- **SPG-9N (6G6N)** – die Version mit dem Nachtzielgerät PGN-9 oder PGN-9A (1PN43).
- **SPG-9D (6G7)** – die Version für Fallschirmjäger mit abnehmbarem Zweirad-Fahrgestell.
- **SPG-9M (6G13)** – die modernisierte Version mit dem zusätzlichen Richtaufsatz zum indirekten Richten. Er ermöglicht das Abfeuern der Splittergranaten OG-9, OG-9M, OG-9M1.
- **SPG-9MN (6G13N)** – die Ausführung SPG-9M mit Nachtoptik.
- **SPG-9DM (6G14)** – vereinigt die Merkmale der SPG-9D und SPG-9M.
- **SPG-9DN (6G7N)** – die Ausführung SPG-9D mit dem Nachtzielgerät PGN-9 oder PGN-9A.
- **SPG-9DMN (6G14N)** – die Ausführung SPG-9DM mit dem Nachtzielgerät PGN-9 oder PGN-9A.
- **SPG-9DMN1 (6G14N1)** – die Ausführung mit dem Nachtzielgerät PGN-9M (1PN45-1) oder PGN-4 (1PN52-1).

Ab 1986 bekamen Luftsturm-Brigaden und Bataillone der UdSSR-Luftlandetruppen spezielle Waffentransporter 2F60, auf denen die Panzerfäuste SPG-9D und SPG-9DM montiert werden konnten. Diese Fahrzeuge wurden auf Basis der Militäramphibie TPK (LuaZ-967M) konstruiert und dienten in Granatwerferabteilungen als Waffenträger für die schweren Panzerfäuste.

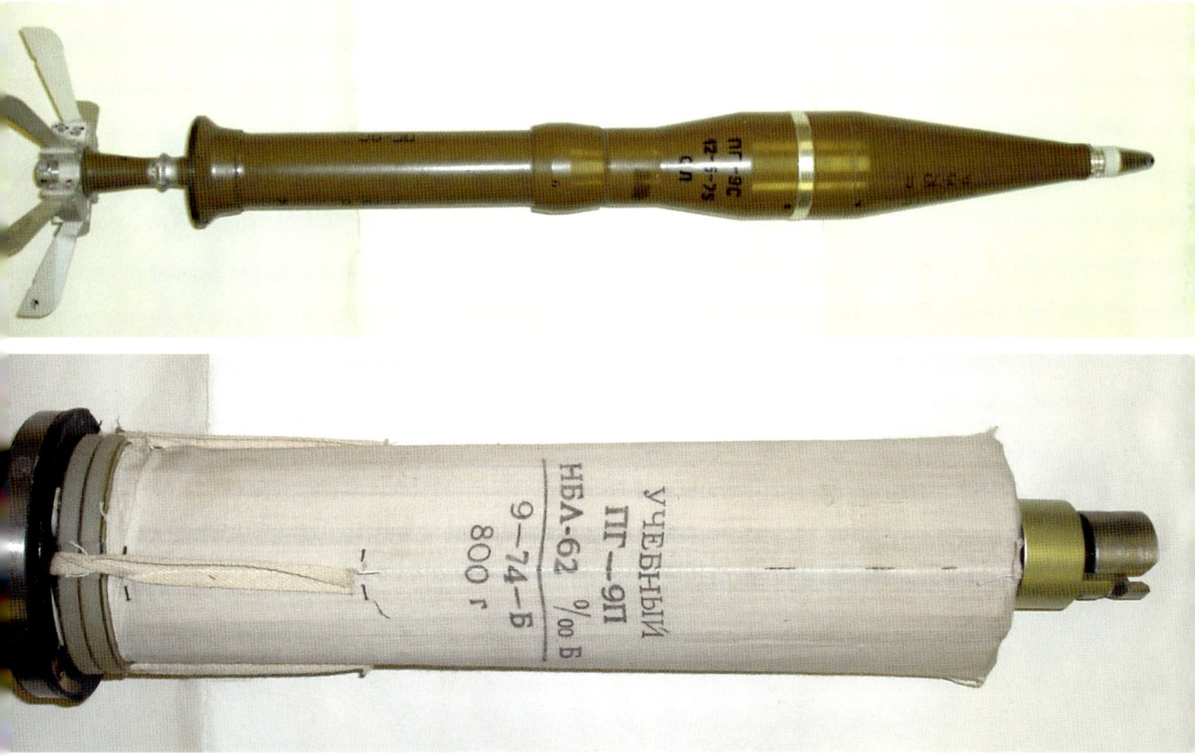

Die Granate PG-9 und ihre Treibladung PG-9P. *(Foto: O. Baschawez)*

3.2.3. Schwere Panzerfaust SPG-29 »Brass«

Geschichte

Die Entwicklung der schweren Panzerfaust SPG-29 »Brass« (auf Deutsch: »Brustschwimmen«) war mit der Einführung des thermobarischen Geschosses TBG-29V sowie mit Überlegungen über die Erhöhung der Reichweite und Präzision der leichten Panzerfaust RPG-29 »Vampire« eng verbunden. Dargestellt ist die auf ein Dreibein gestellte Panzerfaust RPG-29, die mit neuer Optronik ausgestattet wurde. Die Waffe wurde erstmals im Jahre 1998 auf der Messe EUROSATORY unter der Bezeichnung »105 mm schwere Panzerfaust mit PUO« vorgestellt, tauchte später jedoch bei verschiedenen Waffenausstellungen unter anderen Namen auf wie SPG-29, »modernisierte RPG-29« oder »Brass«. Die SPG-29 »Brass« wurde im FGUP »GNPP Basalt« (Konstrukteur V.S. Tokarev) in Kooperation mit FGUP »ZKB Totschpribor« (Zielgerät und Feuerleitsystem) und OAO »Maschinenwerk Kowrow« (Dreibein 6T16 und Visiereinrichtung UP-29V) entwickelt. Im Jahr 2001 hat die Waffe die Vorerprobung erfolgreich bestanden und befindet sich derzeit in der Weiterentwicklung. Die Russen bieten die SPG-29 als kostengünstige Alternative der Panzerabwehrlenkwaffe an. Da diese schwere Panzerfaust auch ohne Dreibein eingesetzt werden kann, ist sie besonders gut für Straßenkämpfe geeignet.

Technik

Bei der »Brass« handelt es sich um eine Version der Panzerfaust RPG-29 »Vampire« auf einem Dreibein, die mit integriertem Feuerleitsystem ausgestattet ist. Das Feuerleitgerät PUO (2Ts35) misst die Zielentfernung, Zielgeschwindigkeit, Windstärke, Lufttemperatur und andere Faktoren. Mit diesen Werten werden der Aufsatzwinkel und Vorhalt berechnet und automatisch eingestellt. Der Schütze braucht daraufhin nur noch die Waffe auf das Ziel zu richten und es mit dem elektronischen Absehen anzuvisieren. Innerhalb

Taktische und technische Daten (PG-29V/TBG-29V)	
Kaliber	105 mm
Gesamtlänge	1850 mm (schussbereit), 1000 mm (im Transportzustand)
Gesamtgewicht mit Dreibein und Optik (ohne Feuerleitgerät)	20 kg
Gewicht des Raketengeschosses	6,7 kg (Granate 4,5 kg)
Anfangsgeschwindigkeit	230 oder 255 m/s
Visierschussweite	700 m (tags) und 600 m (nachts)/2 km
Durchschlagskraft	600 mm (ERA), 1,5 m (Stahlbeton), 2,0 m (Ziegelmauer), 3,7 m (Erdholzwand)

von 2 Sekunden erscheint ein Lichtpunkt im Absehen, welchen er mit dem Ziel in Deckung bringen soll. Dabei wird eine hohe Trefferwahrscheinlichkeit gewährleistet. An die Waffe kann noch ein moderneres Nacht-/Tagzielgerät KPUO oder ein billigeres Tagzielgerät montiert werden.

Visitenkarte	
Einführungsjahr	Entwicklung
Entwickler	FGUP »GNPP Basalt«, Konstrukteur V.S. Tokarev, FGUP »ZKB Totschpribor« (Optik und Feuerleitsystem), KMZ (Visiereinrichtung UP-29V und Dreibein)
Hersteller	Staatliche Unternehmen
Gebaute Exemplare	Prototyp
Einsatzländer	Russland

Das Feuerleitgerät PUO (2Ts35) besitzt eine 3-fache Vergrößerung und kann auf eine Entfernung von 1000 m nachts einen Kampfpanzer entdecken und erkennen. Das kombinierte Nacht-/Tagzielgerät KPUO hat bei Nacht die Reichweite 600 m.

4. Bunkerfäuste

(Foto: Vitaly V. Kuzmin)

Bei der Entwicklung von leichten und schweren Panzerfäusten stand früher in erster Linie die Bekämpfung von Kampfpanzern im Vordergrund. Am Ende des 20. Jahrhunderts wurde das Einsatzspektrum dieser Waffenart aufgrund sogenannter asymmetrischer Kriegsszenarien wesentlich erweitert: Neben der Panzerabwehr müssen moderne Panzerfäuste auch weitere Forderungen erfüllen, wie die Bekämpfung von leicht gepanzerten und nicht gepanzerten Fahrzeugen, von Feuernestern und weichen Zielen sowohl im offenen Gelände als auch in Bunkern, Gebäuden und Feldbefestigungen. Gegen solche Ziele sind die traditionellen Munitionstypen mit Hohlladungsgefechtskopf kaum effektiv. Deshalb enthalten die heutigen Mehrweg-Panzerfäuste in ihrem Kampfsatz auch Munition mit Splitter- oder Sprenggefechtsköpfen. Der Gefechtskopf kann sowohl mit einem üblichen brisanten Sprengstoff gefüllt, als auch mit einer thermobarischen Ladung bestückt werden.

Da eine Einwegwaffe nicht über mehrere Typen des Gefechtskopfes verfügen kann, entstand eine neue Waffenart, die Bunkerfaust genannt wurde (in der russischen Waffenterminologie bekam sie den Namen »reaktive Sturmgranate«). Unter diesem Begriff versteht man heute eine individuelle Waffe, die gleichzeitig eine hohe kumulative Spreng-, Splitter- und Brandwirkung besitzt. Normalerweise wird eine Bunkerfaust auf Basis einer Einweg-Panzerfaust konstruiert, die mit einem multifunktionellen Gefechtskopf ausgestattet ist. Die Anfang 2000 eingeführten Sturmgranaten RSchG-1 und RSchG-2 setzten die GRU-Speznas-Einheiten im Nordkaukasus gegen Separatisten ein. Die russischen Soldaten verwendeten sie überwiegend zur Bekämpfung von Gegnern in Unterständen, Schlupfwinkeln, künstlichen Höhlen, Naturhöhlen, Spalten und Schluchten.

Granatwerfer MGK »Bur«. *(Foto: Sergej Gurow)*

4.1. Reaktive Sturmgranate RSchG-1 »Tawolga-1« (6G29)

Geschichte

Die erstmals im Juli 2004 auf der Messe »Russian Expo Arms-2004« präsentierte Bunkerfaust RSchG-1 (Reaktive Sturmgranate, Modell 1) war eine Idee der russischen Militärs, um die Feuerkraft des einzelnen Soldaten zu erhöhen. Ihre staatliche Erprobung endete im Jahre 2000. Sie diente zur Bekämpfung leicht gepanzerter Technik, Feinden im offenen Gelände, in Gräben, Bunkern, Feldbefestigungen und Gebäuden. Die

(Foto: E. Erokhin)

Russischer Soldat mit Bunkerfaust RSchG-1. *(Foto: www.otvaga2004.ru)*

Waffe verletzte Feinde in Räumen mit einem Volumen von bis zu 300 m³ sowie in Gräben und Bunkern bei Explosion der Granate im Abstand von 2 m vom Graben oder der Schießscharte.

Technik

Die RShG-1 wurde nach dem Modulprinzip konstruiert und basiert auf dem Startrohr der Panzerfaust RPG-27, aber ist mit einem Raketengeschoss SchG-1 (7P51) mit thermobarischem Gefechtskopf bestückt. Der Gefechtskopf (er ähnelt der Granate TBG-7 »Tanin« für die Panzerfaust RPG-7) hat eine besondere, patentierte Konstruktion und erzeugt bei der Explosion einen kumulativen Strahl, wodurch er sehr effektiv leicht gepanzerte Fahrzeuge außer Gefecht setzen kann. Wie beim Basismodell ist das einfachste aufgebaute GFK-Rohr mit einfachem Visier nach dem Abschuss wegzuwerfen. Der Gefechtskopf enthält 1,9 kg Wirkmittel und besitzt eine hohe Spreng-, Splitter- und Brandwirkung.

Taktische und technische Daten	
Kaliber	105 mm
Gesamtlänge	1135 mm
Gewicht	8,3 kg
Gewicht der Granate	5,0 kg
Anfangsgeschwindigkeit	120 m/s
Visierschussweite	200 m
max. Reichweite	600 m
Feuergeschwindigkeit	Einwegwaffe

Visitenkarte	
Einführungsjahr	2003
Entwickler	FGUP »GNPP Basalt« (Leitender Konstrukteur S. Kh. Irtuganov)
Hersteller	OAO »Tulatotschmasch« (Waffe), Werk Nr. 56 (Fertigung)
Gebaute Exemplare	geheim
Einsatzländer	Russland

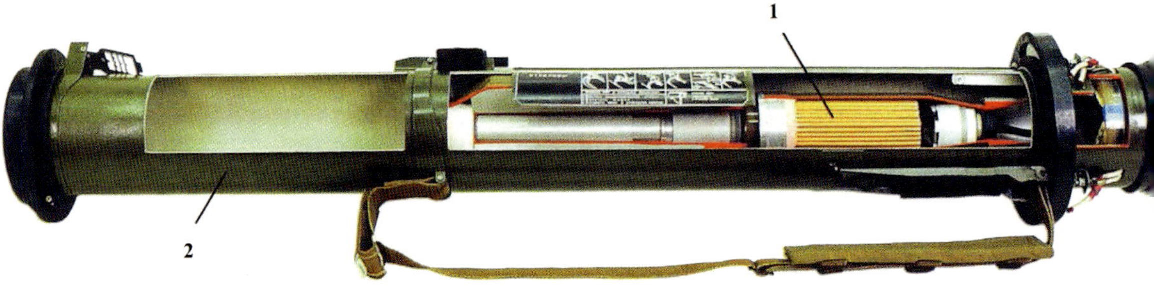

Ausschnittsmodell der Granate RschG-1: 1 – Startrohr; 2 – Raketengeschoss 7P51.

4.2. Reaktive Sturmgranate RSchG-2 »Aglen-2« (6G31)

Die Bunkerfaust RSchG-2 wurde als leichtere und kleinere Version der RschG-1 gedacht und dient ebenfalls zur Bekämpfung leicht gepanzerter Technik, Feinden im offenen Gelände, in Gräben, Bunkern, Feldbefestigungen und Gebäuden. Sie verletzt Feinde in Räumen mit einem Volumen bis zu 200 m^3 und in Gräben und Bunkern bei Explosion der Granate in einer Entfernung von 1,5–2 m vom Graben oder der Schießscharte. Mit dieser Waffe kann ein Fallschirmjäger per Fallschirm

(Foto: E. Erokhin)

abgeworfen werden. Ihre Feuerbereitschaft kann in 8–10 Sekunden hergestellt werden.
Das Unternehmen FGUP »GNPP Basalt« konstruierte die RShG-2 auf Basis einer Panzerfaust RPG-26, wo anstatt eines kumulativen Gefechtskopfes ein thermobarischer Gefechtskopf verwendet wurde. Das Raketengeschoss hat die Bezeichnung SchG-2 (7P52). Der Aufbau der RSchG-2 ist der RSchG-1 identisch, Letztere wiegt aber doppelt so viel wie ihr Gegenstück des kleineren Kalibers. Für Übungszwecke gibt es 42-mm-Einsteckläufe PUI-Sch2 bzw. PUI-Sch1.

Taktische und technische Daten	
Kaliber	72,5 mm
Gesamtlänge	770 mm
Gesamtgewicht	3,8 kg
Gewicht der Granate	2,8 kg, Gewicht des Gefechtskopfes: 1,16 kg
Anfangsgeschwindigkeit	85 m/s
Visierschussweite	250 m
max. Reichweite	350 m
Feuergeschwindigkeit	Einwegwaffe
Durchschlagskraft	350 mm (Stahlbeton), 500 mm (Ziegelwand)

Visitenkarte	
Einführungsjahr	2003
Entwickler	FGUP »GNPP Basalt« (leitende Konstrukteure V.S. Tokarev und I.E. Rogosin)
Hersteller	OAO »Tulatotschmasch« (Waffe), Werk Nr. 56 (Fertigung)
Gebaute Exemplare	Serienproduktion
Einsatzländer	Russland, Syrien

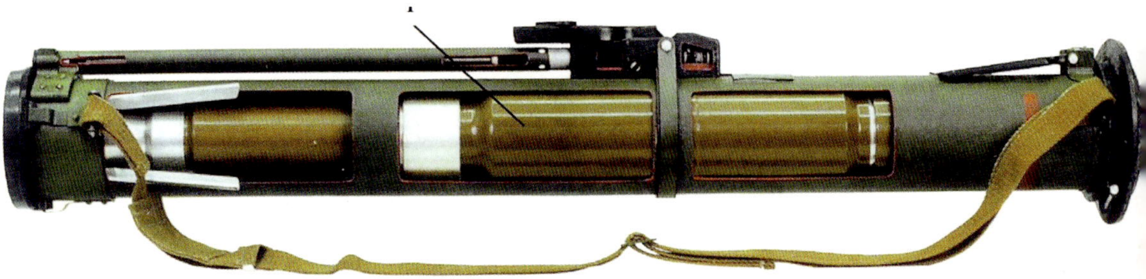

Die Panzerfaust RSchG-2 in Feuerbereitschaft (unten) und ihr Ausschnittsmodell (oben): 1 – Raketengeschoss 7P52; 2 – Startrohr.

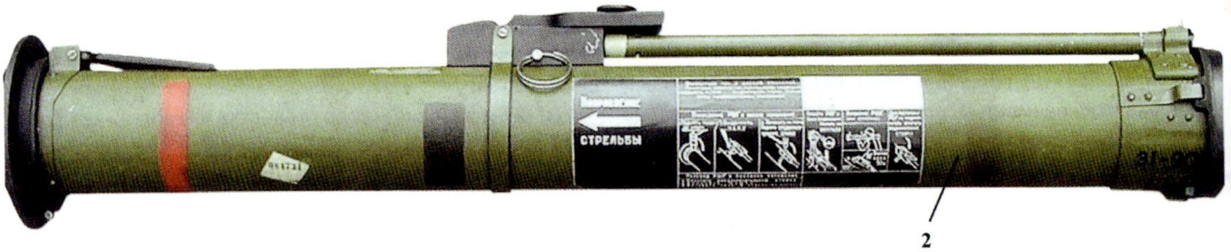

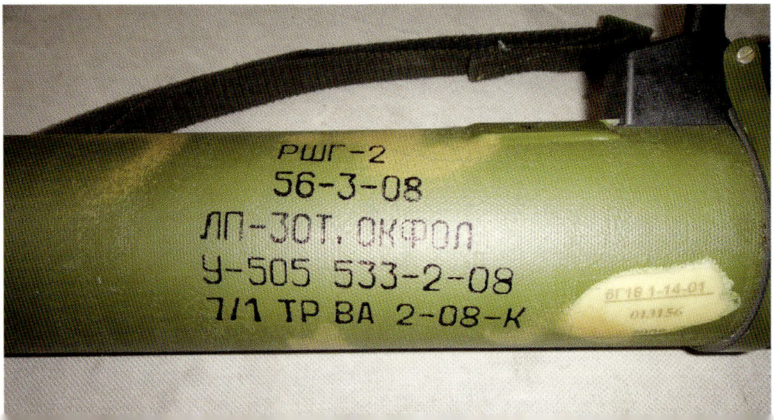

Die Markierung der RschG-2: die alte Beschriftung rechts zeigt, dass die neuen RSchG-2 teilweise aus veralteten Panzerfäusten RPG-22 (6G18) umgebaut sind. *(Foto: forum.guns.ru)*

4.3. Reaktive Mehrzweckgranate RMG »Zanos« (6G33)

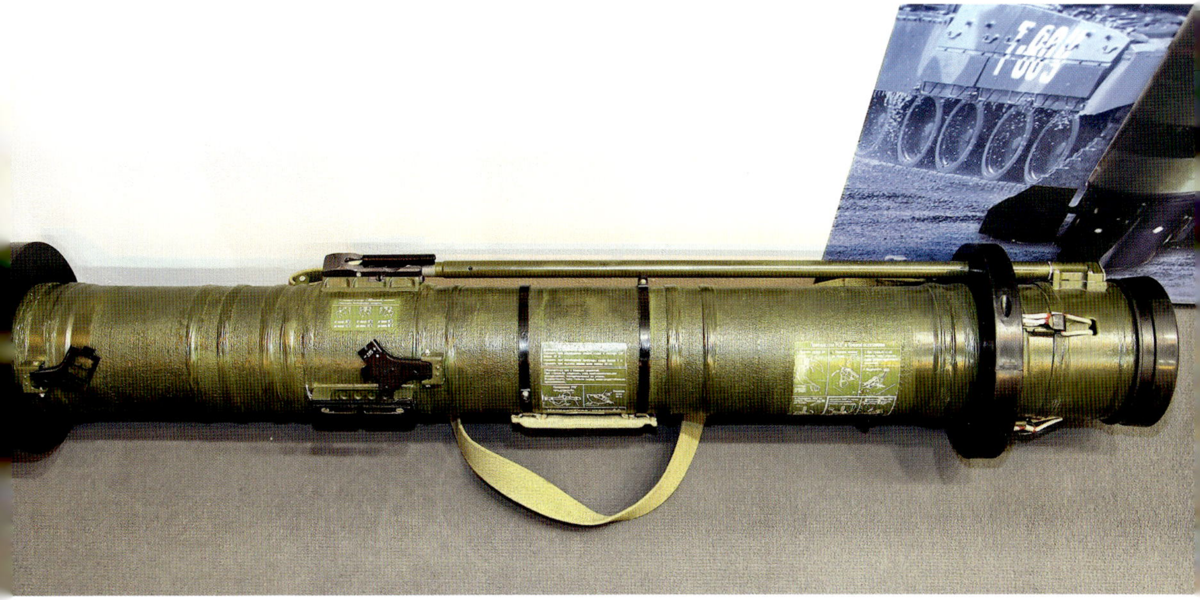

(Foto: Vitaly V. Kuzmin)

Die reaktive Mehrzweckgranate RMG »Zanos« (auf Deutsch: »Schleudern«) wurde vom FGUP »GNPP Basalt« auf Grundlage der Bunkerfaust RSchG-1 entwickelt. Sie hatte die Erprobung erfolgreich bestanden und wurde im Dezember 2011 in den Dienst gestellt. Die Waffe dient der Bekämpfung leicht gepanzerter Fahrzeuge, weicher Ziele im offenen Gelände, Feldbefestigungen, Stadtgebäuden und Bunkern. Im Unterschied zur RSchG-1 weist die Raketen-Mehrzweckgranate einen Tandem-Gefechtskopf mit einer kumulativen Vorladung und einer thermobarischen Hauptladung auf.
Ein besonderes Merkmal der RMG ist ein »intelligenter« Zünder, der die Wirkung des Gefechtskopfes je nach Zielart variiert. Der Gefechtskopf dringt etwas in das von der Vorladung in einem Hindernis (z.B. einer Mauer) geschaffene Loch ein und explodiert erst dann. Dadurch vergrößert sich das Mauerloch erheblich und feindliche Kräfte werden hinter dem Hindernis durch Mauersplitter und Druckwellen vernichtet. Die Zeit zur Herstellung der Feuerbereitschaft beträgt 6 bis 10 Sekunden. Für Übungen in der Umgangsweise mit der Raketen-Mehrzweckgranate gibt es die Übungsversion RMG-I mit Inertfüllung des Gefechtskopfes.

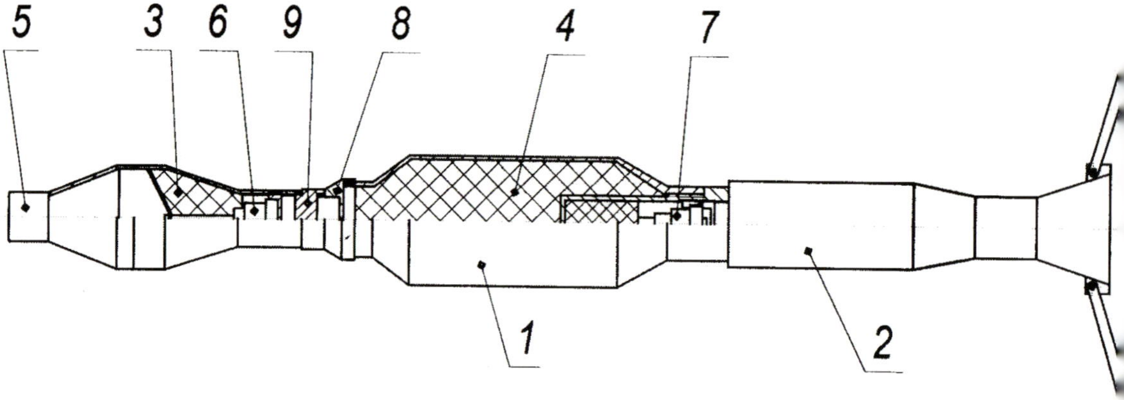

Aufbau des Raketengeschosses der Granate RMG: 1 – Gefechtskopf; 2 – Raketenmotor; 3 – Vorladung; 4 – Hauptladung; 5 – Piezogenerator; 6 – Sicherheits-Betätigungsmechanismus; 7 – Aufschlagzünder; 8 – Kappe; 9 – Sicherungsbuchse.

Taktische und technische Daten	
Kaliber	105 mm
Gesamtlänge	1000 mm
Gesamtgewicht	8,5 kg
Gewicht der Granate	3,85 kg, Gewicht des Sprengstoffes: 2,3 kg
Anfangsgeschwindigkeit	108 m/s
Visierschussweite	200 m
max. Reichweite	600 m
min. Reichweite	30 m
effektive Reichweite	130 m
Feuergeschwindigkeit	Einwegwaffe
Durchschlagskraft	100–120 mm (Panzerstahl), >300 mm (Stahlbeton), >500 mm (Ziegelwand), >1200 mm (Sandsack)

Visitenkarte	
Einführungsjahr	2011
Entwickler	FGUP »GNPP Basalt«, unter Leitung von S. Kh. Irtuganov
Hersteller	OAO »Tulatotschmasch« (Waffe), Werk Nr. 56 (Fertigung)
Gebaute Exemplare	Serienproduktion
Einsatzländer	Russland

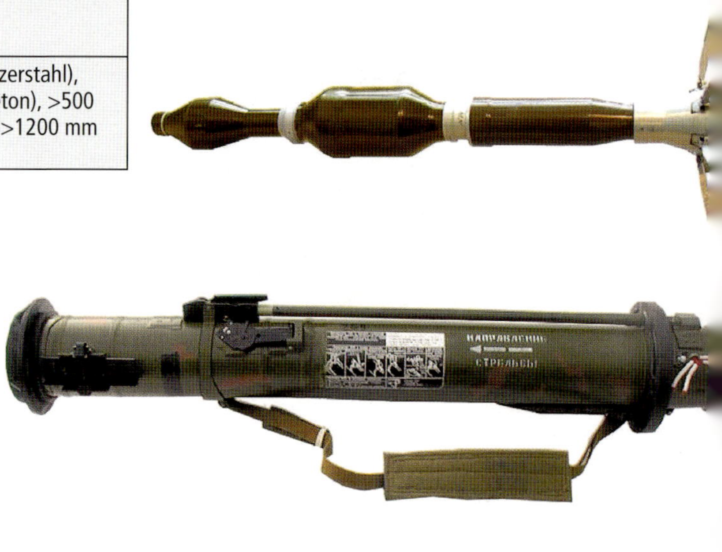

Die Granate RMG und ihr Raketengeschoss.

Die Granate RMG »Zanos« in Feuerstellung. *(Foto: E. Erokhin)*

4.4. Kompaktes Granatwerfersystem MGK »Bur« (GK-62)

(Foto: all4shooters)

Geschichte

Der Granatwerfer MGK »Bur« (auf Deutsch: »Bohrer«) wurde auf Grundlage des Flammenwerfers RPO PDM-A entworfen. Sein Entwickler, das KBP Tula, hatte das Ziel, eine sehr leichte und kompakte Waffe für die Infanterieunterstützung – vermutlich als Konkurrent der Bunkerfaust RSchG-2 – zu konstruieren. Die Waffe wurde 2010 vorgestellt. Im Juni 2013 fand ihre Erprobung statt. Im Jahr 2014 wurde der »Bur« in den Dienst eingeführt und wird bis heute serienmäßig produziert.

Taktische und technische Daten	
Kaliber	62 mm
Gesamtlänge	742 mm
Gewicht des Starters mit Optik	1,5 kg
Gewicht der Granate	3,5 kg
Anfangsgeschwindigkeit	130 m/s
Visierschussweite mit Optik	650 m
max. Reichweite	950 m
min. Reichweite	25 m
Feuergeschwindigkeit	Einwegwaffe

Das Zielgerät PGO-BUR. *(Foto: Sergej Gurow)*

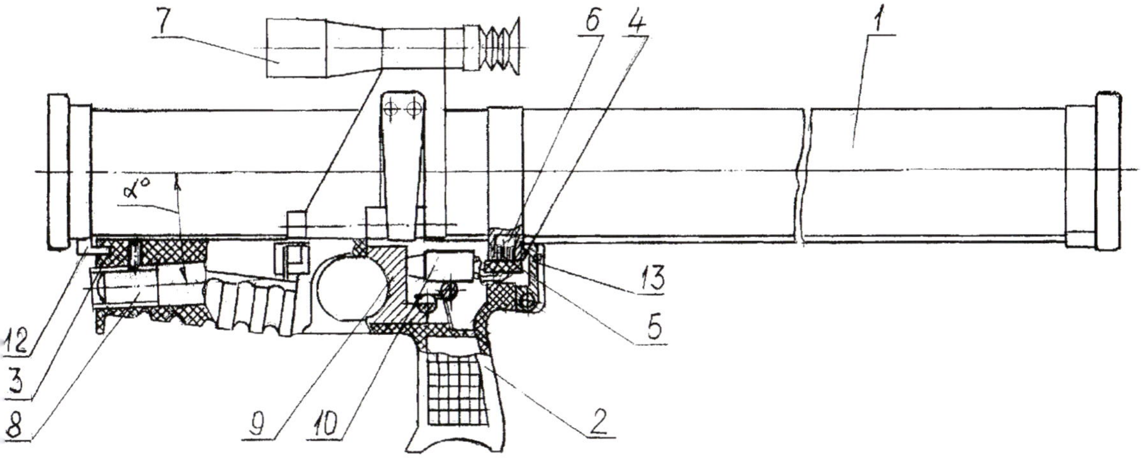

Фиг 1

Aufbau des Granatwerfers MGK »Bur«: 1 – Startrohr-Behälter mit der Granate; 2 – Griffstück mit dem Abzug; 3 – der vordere Hacken des Griffstückes; 4 – der hintere Hacken des Startrohr-Behälters; 5 – der elektrische Stecker des Griffstückes; 6 – die elektrische Steckdose des Startrohr-Behälters; 7 – Zielfernrohr; 8 – Laser; 9 – Hahnabzug mit der Sicherung; 10 – der kleine Impulsgenerator; 11 – Lösungshebel des abgeschossenen Behälters; 12 – der vordere Hacken des Startrohr-Behälters. *(Bild: Patent RU 2258192 C1 vom 20.01.2004)*

Mehrwegkomponente der Waffe: das Zielgerät und Griffstück mit dem Abzug GK-62.01. *(Foto: all4shooters)*

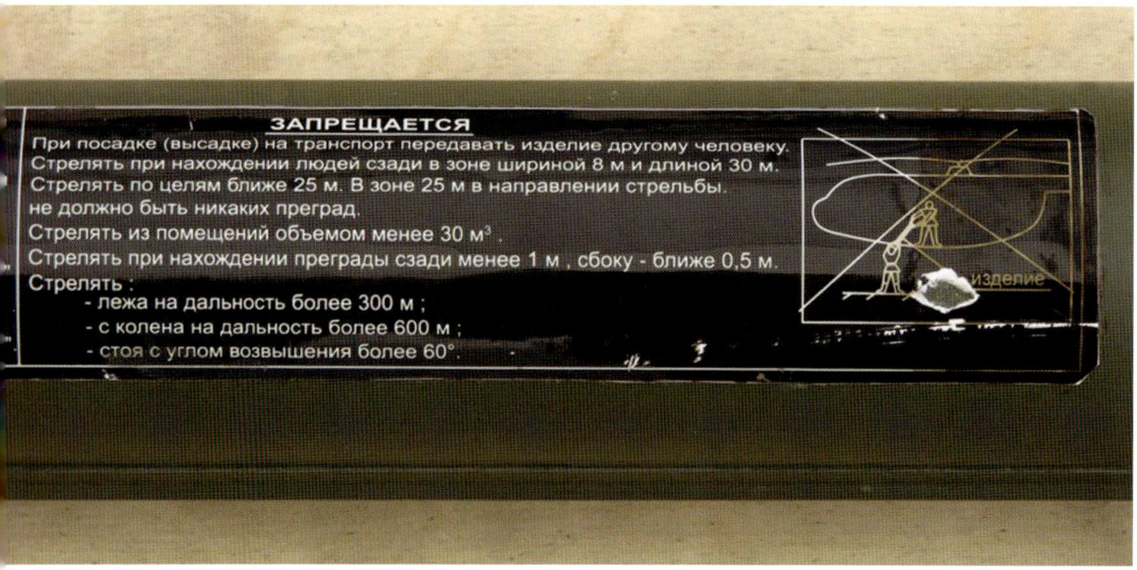

Die kurze Gebrauchsanleitung auf dem Rohr des MGK »Bur«. *(Foto: Sergej Gurow)*

Hauptteile der MGK »Bur«: Startrohr, Raketengeschoss, Griffstück und Zielgerät. *(Foto: all4shooters)*

Technik

Man berichtet, dass der »Bur« zur Bekämpfung von feindlichem Personal in Befestigungen und im offenen Gelände sowie in Fahrzeugen geeignet sei. Er könne auch in geschlossenen Räumen mit einem Volumen von bis zu 30 m^3 eingesetzt werden. Die Waffe verschießt unterschiedliche Munitionstypen (wahrscheinlich thermobarische, Rauch- und Brandgeschosse) mit einem 1 kg schweren Gefechtskopf. Die Abschussvorrichtung GK-62.01 mit dem Zielgerät wurde mit dem Raketen-Flammenwerfer RPO PDM-A »Schmel-M« vereinheitlicht.

Die Entfernung des direkten Schusses beträgt 200 m, auf dieser Distanz liegt der Streukreis bei 0,4 m. Für Übungszwecke entwickelte das KBP einen elektronischen Schießsimulator GK62-T, mit dem die Schützen bei verschiedenen Kampfsituationen trainieren können.

5. Flammenwerfer

(Foto: Vitaly V. Kuzmin)

Technik

Ein Flammenwerfer ist eine Waffe, die dazu dient, feindliches Personal im offenen Gelände, in Feldbefestigungen, Panzerfahrzeugen, Gebäuden und anderen Deckungen mittels eines Flammenstrahles zu bekämpfen. Er kann auch zum Inbrandsetzen von Kampfpanzern, Fahrzeugen, Lagern, Ortschaften und Wäldern eingesetzt werden.
Die Flammenwerfer werden zur Unterstützung von Infanterieeinheiten im Angriff und zu ihrer Verstärkung bei der Verteidigung verwendet. Zu anderen Aufgaben von Flammenwerfern gehören auch Entgiftung, Brandbekämpfung, Verbrennen illegaler Drogenpflanzen, etc., weshalb überwiegend Einheiten von ABC-Truppen mit ihnen ausgerüstet sind.
Ein klassischer Flammenwerfer besteht aus einem oder mehreren Tanks für Flammenöl, einem Tank für das Treibgas (Druckluft, Stickstoff), einer Düse und einer Zündvorrichtung. Beim Auslösen wird das Öl durch die Düse gedrückt und die Zündvorrichtung (eine pyrotechnische Ladung) zündet den entstehenden Flammenstrahl an. Der Hauptnachteil eines klassischen Flammenwerfers ist seine geringe Reichweite, die je nach Modell bis zu 200 m betragen kann.
Diese Geräte werden in vier Gruppen unterteilt: Tornisterflammenwerfer, schwere, mechanisierte Flammenwerfer und Flammenwerferpanzer. Der Tornisterflammenwerfer wird von einem Soldaten transportiert. Diese Waffe wird so genannt, weil die Tanks sich meistens hinter ihrem Rücken befinden.
Eine andere Art dieser Waffe ist der schwere Flammenwerfer. Er hat eine größere Reichweite (bis zu 180 m) und eine vergrößerte Tankkapazität (bis zu 60 l) und kann bis zu drei Feuerstöße abgeben. Solche Flammenwerfer werden mit dem LKW transportiert und von einer Lafette abgeschossen. Wegen ihrer großen Maße und ihres schweren Gewichtes finden die schweren Flammenwerfer meistens Verwendung beim Schutz von Bunkern und Befestigungen als stationäre Verteidigungswaffe.
In einem mechanisierten Flammenwerfer ist die Düse auf einem selbstfahrenden Chassis in einem Turm montiert und die Tanks befinden sich im inneren Raum des Fahrzeuges. Die Flammenwerferpanzer sind auf einem Kampfpanzer befestigt. Die Flammenwerfer können entweder als Hauptwaffe des Panzers oder als seine Hilfsbewaffnung sowohl im Angriff als auch bei der Verteidigung verwendet werden.
In den Jahren von 1970 bis 1980 wurde in der UdSSR eine prinzipiell neue Art des Flammenwerfers entwickelt, die nach dem Prinzip eines Raketenwerfers konstruiert ist. Im Gegensatz zum klassischen Flammenwerfer verschießt er ein Raketengeschoss mit Brandmasse, wodurch er eine erheblich größere Reichweite besitzt.
Die Raketen-Flammenwerfer können sowohl als mehrfach verwendbare Waffe (RPO »Rys«) als auch als Einwegwaffe (RPO-A »Schmel«, MRO) konzipiert werden.

Geschichte

Der Flammenwerfer ist eine russische Erfindung: Schon 1893 hat der russische Offizier M.A. Sieger-Korn dem Kriegsminister ein »Tornisterflammengerät« angeboten, welches aber aufgrund des Konservatismus der zaristischen Regierung abgelehnt wurde. Fehlendes Interesse zeigte sie auch an den Flammenwerfern des deutschen Erfinders Richard Fidler, die 1909 in Russland vorgestellt und erprobt wurden.
Deutsche Militärs waren nicht so konservativ und noch vor dem Ersten Weltkrieg führte die Kaiserarmee drei Modelle der Fidler-Flammenwerfer in ihre Bewaffnung ein. Erstmals wurden sie im Jahre 1915 gegen englische Truppen eingesetzt. Im Grabenkrieg erwies sich die neue Waffe als sehr effektiv, nicht zuletzt wegen ihrer starken psychologischen und demoralisierenden Wirkung. »Gegen göttliches und menschliches Gesetz«, so brandmarkte die russische Kriegspropaganda die deutschen Geräte der »Zerstreuung brennender Flüssigkeit«.
Nichtsdestoweniger führte Russland schon 1916 eigene Flammenwerfer ein. Der Tornisterflammenwerfer von Tovarnitzkij (System »T«) mit einem Gewicht von 24 kg stellte eine Ein-Mann-Waffe dar. Der Flammenölvorrat reichte für einen Feuerstrahl von 50–55 Sekunden Dauer und eine Reichweite von 15–30 m aus. Es gab auch eine vergrößerte Version für den Einsatz aus dem Graben.

Als fest eingebaute Waffe verwendeten die russischen Truppen die schweren Flammenwerfer SPS (Stranden – Powarnitzyn – Stoliza). Ihr Gewicht betrug 32,5 kg, ihre Reichweite 35–50 m. Diese 1917 in die Produktion gegangene Waffe hatte ein ganz neues Funktionsprinzip: Das Flammenöl wurde durch einen von Pulverladung getriebenen Kolben ausgestoßen. Im Zweiten Weltkrieg diente der SPS als Prototyp für die schweren Flammenwerfer FOG-1 (1941) und FOG-2 (1943).

In den 1930er Jahren wurden die neuen Tornisterflammenwerfer, ROKS-1 und ROKS-2, in die Bewaffnung der Roten Armee eingeführt. Mit Ausbruch des Zweiten Weltkrieges wurde ihre maximal vereinfachte Version ROKS-3 entwickelt, die ab 1942 zum Standard-Flammenwerfer der Roten Armee wurde.

In der Nachkriegszeit gab es keine prinzipiellen Veränderungen in der Konstruktion der klassischen Flammenwerfer. Die in den 1950er Jahren eingeführten Flammenwerfer LPO-50 und TPO-50, die in den Truppen den ROKS-3 bzw. FOG-2 ersetzten, waren eigentlich die grundsätzlich verbesserten und nachgearbeiteten Ausführungen ihrer Vorgänger.

Eine weitere Entwicklungsrichtung der Flammenwerfer war der Flammenwerferpanzer (auf die Entwicklung von mechanisierten Flammenwerfern hatte die UdSSR verzichtet). Das erste Modell wurde 1933 auf Basis des leichten Panzers T-26 entwickelt (OT-26), wo in einen von zwei MG-Türmen ein Flammenwerfer gestellt wurde. Später wurden die anderen Modelle der Flammenpanzer auf der Basis von T-26 eingeführt: OT-131, OT-132, OT-133 und OT-134. Die alten Flammenpanzer trugen auch Nebelgeräte, sodass sie in den 1930er Jahren als »chemische« Panzer bezeichnet wurden. Von dem bekannten Panzer T-34 gab es auch eine Version mit Flammenwerfer.

Im Jahre 1943 produzierte man einige Hunderte Flammenpanzer OT-34, wo ein Stirn-MG durch den Flammenwerfer ATO-41 ersetzt wurde. 1944 kam das verbesserte Modell OT-34-85 mit dem automatischen Kolben-Flammenwerfer ATO-42 in den Dienst. Diese Flammenpanzer hatten eine Wurfweite bis zu 90 bzw. 130 m. Statt eines speziellen Brandgemisches konnte auch Brandstoff aus Masut (60%) und Kerosin (40%) verwendet werden – dabei sank allerdings die Wurfweite um bis zu 60–65 m bzw. 60–70 m.

Es gab auch die Panzerflammenwerfer auf Basis des schweren Panzers KV-1: KV-8 und KV-8S (»skorostnoy« – d.h. »schnell«). Insgesamt sind 102 bzw. 35 solcher Maschinen gebaut worden. Nach dem Zweiten Weltkrieg wurden die Flammenpanzer OT-54 auf Grundlage des mittleren Panzers T-54 (1954) und OT-55 (1960, auf der Basis von T-55) hergestellt. Sie sind mit dem automatischen Flammenwerfer ATO-1 oder ATO-200 ausgerüstet, der im Turm anstelle eines koaxialen MG montiert ist. Der Panzer OT-55 trug in seinen Tanks 460 l Brandgemisch und konnte 12 Flammenstöße von je 35 l erzeugen.

Ende der 1950er Jahre ist N.S. Chruschtschow unter starken Einfluss von Atom- und Raketen-

Der Zweite Weltkrieg. Russische Soldaten mit Flammenwerfern ROKS-3.

entwicklern geraten. Die klassischen Waffensysteme wurden zu »Steinzeitwaffen« erklärt und man legte ihre Weiterentwicklung auf Eis. Das gleiche Schicksal ereilte auch die Brandwaffe: Die entsprechende Abteilung, die für die Entwicklung von Flammenwerfern verantwortlich war, wurde im Jahre 1960 geschlossen und aufgelöst. Erst acht Jahre später beschloss man, die Entwicklungsarbeiten in diesem Bereich fortzusetzen.

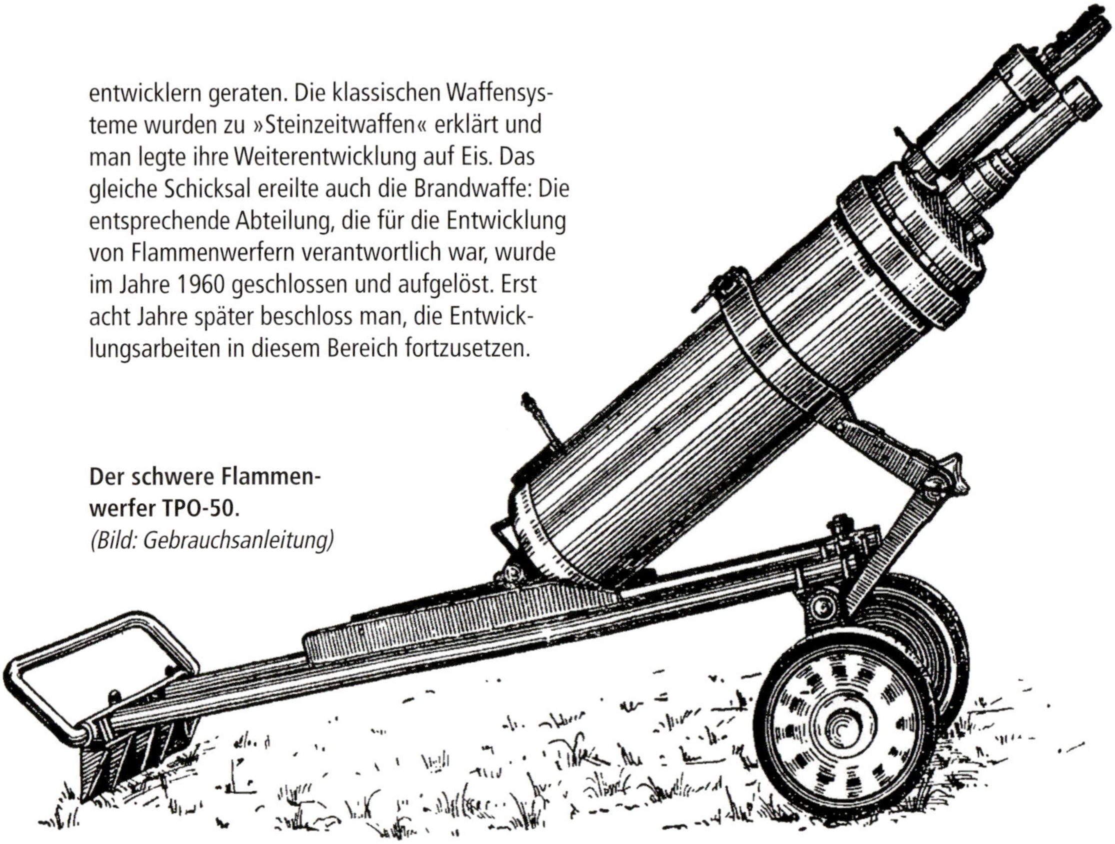

Der schwere Flammenwerfer TPO-50.
(Bild: Gebrauchsanleitung)

Dieser Flammenwerfer Type 74 ist ein chinesischer Nachbau des sowjetischen Flammenwerfers LPO-50.

Grund dafür waren die erfolgreichen Einsätze des Raketen-Flammenwerfers M202 »Flash« im Vietnamkrieg. Die neue US-Waffe mit vier Startrohren des Kalibers 66 mm verschoss Raketen, deren Gefechtskopf mit Brandmasse gefüllt war und damals eine für Flammenwerfer unglaubliche Reichweite von 750 m hatte. Die würdige Antwort auf M202 kam als Raketen-Flammenwerfer RPO »Rys« zur Welt, der von Konstrukteuren des KBP Tula und sowjetischen Militärchemikern zusammen entworfen wurde.

Die Erfahrung des Afghanistankrieges machte es aus logistischen Gründen notwendig, die Truppen mit den kompakteren und leichteren Einweg-Flammenwerfern auszurüsten. So entstand der Raketen-Flammenwerfer RPO-A »Schmel«, der im KBP Tula unter Leitung von A.G. Schipunov konstruiert wurde. Der »Schmel« stellt russisches Know-how dar: Zum ersten Mal auf der Welt gelang es, eine thermobarische Munition so klein zu machen, dass sie von der Schulter abgefeuert werden konnte.

Im Gegensatz zur vorherrschenden Meinung, dass Flammenwerfer in modernen Kriegen keine Bedeutung haben würden, befanden sich diese Waffen in Russland immer in Gebrauch und wurden ständig weiterentwickelt. Seit 2002 führte die russische Armee vier (!) neue Flammenwerfer in ihre Bewaffnung ein. Hierzu gehören die modernisierte und erleichterte Version des RPO-A »Schmel« (RPO PDM-A »Schmel-M«) sowie ihr Äquivalent MRO von FGUP »GNNP Basalt«, der Flammenwerfer-Mehrlader LPO-97 auf Basis einer Pump-Action-Flinte und der kombinierte Flammenwerfer SPO »Varna-S«.

Kampfroboter MRK-27BT mit zwei RPO-A »Schmel« (unten) und zwei RSchG-2. *(Foto: Vitaly V. Kuzmin)*

5.1. Klassische Flammenwerfer

5.1.1. Tornisterflammenwerfer ROKS-3

(Foto: Autor)

Geschichte

Der Tornisterflammenwerfer von Kljuev-Sergeev, Modell 3 (ROKS-3), ist die vereinfachte Weiterentwicklung der früheren Modelle ROKS-1 und ROKS-3, die in den 1930er Jahren in den Dienst der Roten Armee gestellt wurden. Mit dieser Anfang 1942 in die Produktion gegangenen Waffe wurden die neu aufgestellten Flammenwerfer-Kompanien ausgerüstet. Jede Kompanie hatte 120 solcher Flammenwerfer zur Verfügung. Die Sowjetarmee verwendete die ROKS-3 bis zum Anfang der 1950er Jahre, bis sie durch das verbesserte Modell LPO-50 ersetzt wurden.

Technik

Der Flammenwerfer ROKS-3 besteht aus einem Strahlrohr in Form eines Gewehres oder einer Pistole, einem Gummischlauch, 10 Litern Flammenöltank, 1,3 Litern Druckluftttank, einem Reduzierventil und einem Tragegestell mit Tragegurten. Die beiden Tanks werden als Tornister auf dem Rücken getragen. Das Reduzierventil vermindert den Druck im Luftdrucktank von 150 bar bis zu einem Arbeitsdruck von 15–17 bar. Wenn das Sperrventil geöffnet wird, drückt die Luft das Flammenöl durch das Strahlrohr, an dessen vorderen Ende es mithilfe einer Zündpatrone (die Hülse der Patrone 7,62 x 25 TT mit 0,8–0,9 g Zündladung) gezündet wird. Die Waffe verwendet flüssiges Flammenöl – wie Dieselkraftstoff, Rohöl, Mischungen aus Masut, Benzin und Kerosin – oder zähflüssiges Flammenöl (flüssiges Flammenöl + Beimischung von Pulver OP-2).

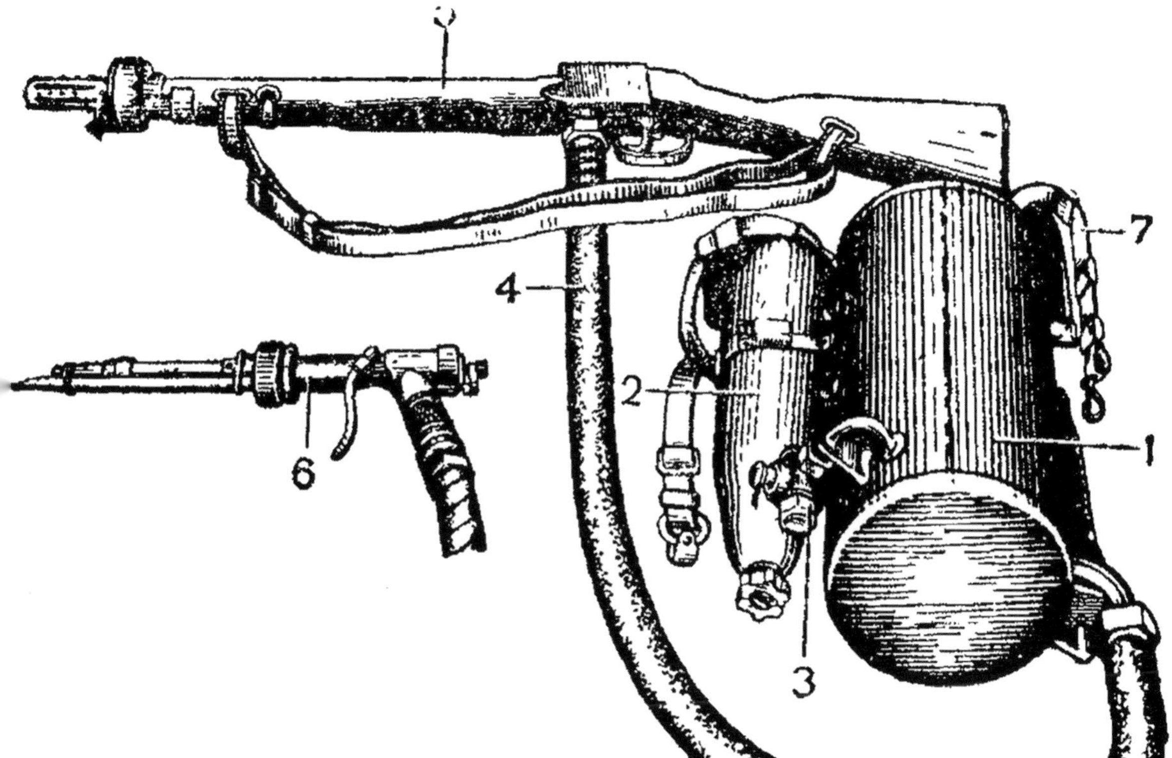

Aufbau des Flammenwerfers ROKS-3:
1 – Flammenöltank; 2 – Druckluftbehälter;
3 – Reduzierventil; 4 – Schlauch; 5 – Gewehr;
6 – Pistole; 7 – Tragegestell.
(Bild: Dienstvorschrift)

Taktische und technische Daten	
Gesamtlänge des Abschussgerätes	940 mm (Gewehr), 2,2 kg (Pistole)
Gesamtgewicht gefüllt	23,2 kg (Gewehr), 21,6 kg (Pistole)
Flammenölmenge	8,5 kg
max. Reichweite	30–35 m (Gewehr), 20–25 m (Pistole)
durchschnittliche Feuerstoßdauer	3–4 s
Anzahl der möglichen kürzen Feuerstöße	6–8 (Gewehr), 8–12 (Pistole)

Visitenkarte	
Einführungsjahr	1942
Entwickler	Konstrukteur des Militärwerkes Nr. 846 V.N. Klujev, Konstrukteur des Forschungsinstituts für chemischen Maschinenbau M.P. Sergeev
Hersteller	PVRZ Tschita, Werk Nr. 761 und andere staatliche Unternehmen
Gebaute Exemplare	Serienproduktion
Einsatzländer	UdSSR, Ägypten, China, Nordkorea, Tschechoslowakei

Russischer Soldat mit dem Flammenwerfer ROKS-3.

5.1.2. Leichter Infanterie-Flammenwerfer LPO-50

(Foto: Valery)

Geschichte

LPO-50 war der letzte klassische Flammenwerfer der ehemaligen UdSSR. Er wurde im ZNIVTI SV – Zentrales Technisch-Militärisches Forschungsinstitut des Heeres – nach dem Zweiten Weltkrieg entwickelt, um die veralteten Tornisterflammenwerfer ROKS-2 und ROKS-3, deren Schussentfernung nicht hoch genug war, zu ersetzen. Mit LPO-50 wurden leichte Flammenwerfer-Bataillone der ABC-Truppen ausgerüstet. Der Flammenwerfer dient der Bekämpfung weicher Ziele im offenen Gelände, in Gräben und anderen Feldbefestigungen, sowie zum Inbrandsetzen von Bauten und Anlagen aus Holz. In Russland zählt die Waffe heute als ausgemustert, befindet sich jedoch noch im Dienst anderer Armeen. Die genaue Kopie des LPO-50 wurde lizenziert und in China als Typ 58 hergestellt.

Technik

Der Flammenwerfer LPO-50 besteht aus ähnlichen Bestandteilen wie sein Vorgänger ROKS-3, jedoch hat sein hinter dem Rücken zu tragender Tornister drei separate 3,4-Liter-Tanks für das Flammenöl, wobei kein Druckluftbehälter vorhanden ist. Jeder Tank verfügt oben über eine Zündpatrone PP-9-RO mit einer 36 g schweren Pulverladung. Die Tanks sind durch einen flexiblen Gummischlauch mit einem Abschussgerät in Form eines Gewehres mit dem Zweibein und der Schulterstütze verbunden. Innerhalb der Schulterstütze befinden sich zwei Akku-Batterien

für die elektrische Abzugsvorrichtung. Wird die Abzugstaste des Gewehrs betätigt, bricht die gezündete Pulverladung eine Membran des Rückschlagventils durch und stößt Flammenöl aus dem Tank aus. Dieses wird dann mit einer von drei pyrotechnischen Ladungen an der Gewehrmündung gezündet und verlässt das Rohr in Form eines brennenden Strahls.
Der Arbeitsdruck innerhalb eines Tanks beträgt 30 bar. Die Pulverladung brennt innerhalb von 1,5 bis 2 Sekunden, weshalb ein Feuerstoß 2 bis 3 Sekunden dauern kann. Um die leere Waffe wieder mit Flammenöl aufzufüllen, benötigt man 8 bis 10 Minuten. Für den LPO-50 werden zähflüssige Flammenöle aus Autobenzin mit Beimischung von NK-2 oder OP-2 Pulvern verwendet, die die Viskosität des Flammenöls erhöhen.

Taktische und technische Daten	
Kaliber	14,5 mm
Gesamtlänge	968 mm
Gesamtgewicht	gefüllt: 23 kg, leer: 14,8 kg
Flammenölmenge	10,2 (3 x 3,4) l
max. Reichweite	70 m, effektive Reichweite: 40 bis 50 m
Feuergeschwindigkeit	3 Schuss in 5–7 s
Anzahl der möglichen Feuerstöße	3

Visitenkarte	
Einführungsjahr	1950
Entwickler	Zentrales Militär-Technisches Forschungsinstitut des Heeres (ZNIVTI SV)
Hersteller	staatliche Unternehmen
Gebaute Exemplare	geheim
Einsatzländer	UdSSR, Warschau Pakt (darunter DDR, Tschechoslowakei), China, Nordkorea, Vietnam, einige Staaten in Süd-Asien

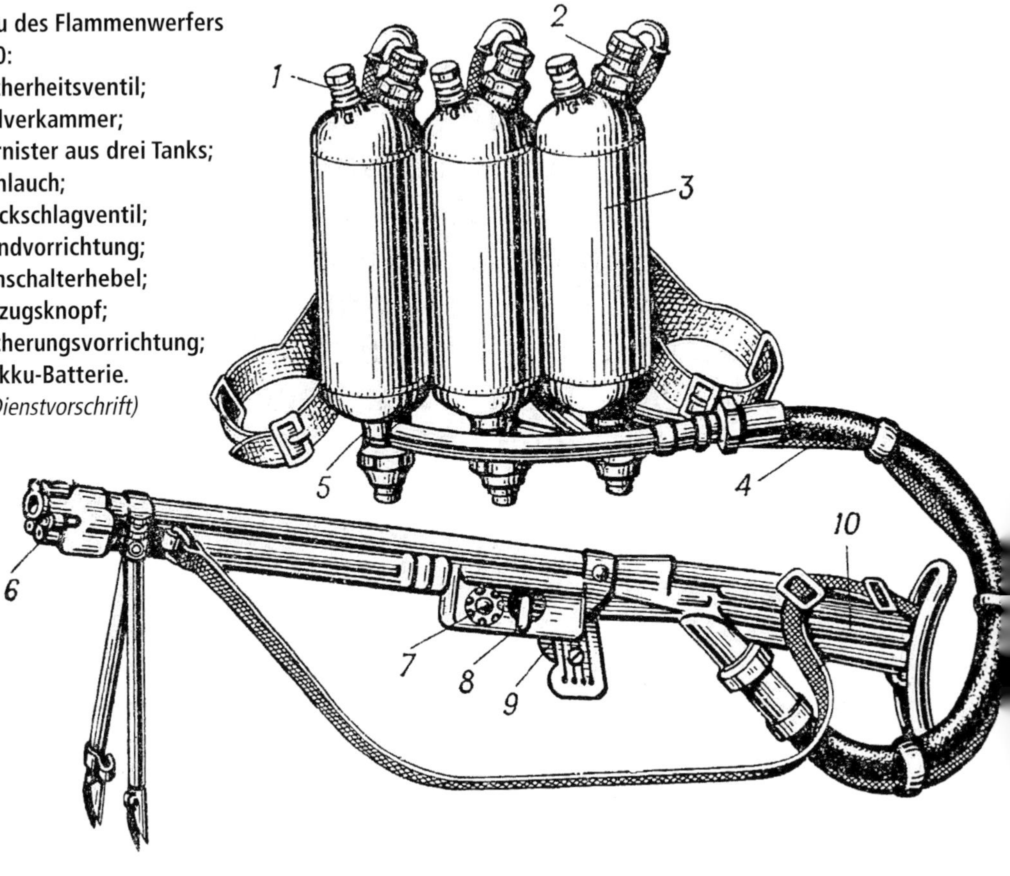

Aufbau des Flammenwerfers LPO-50:
1 – Sicherheitsventil;
2 – Pulverkammer;
2 – Tornister aus drei Tanks;
4 – Schlauch;
5 – Rückschlagventil;
6 – Zündvorrichtung;
7 – Umschalterhebel;
8 – Abzugsknopf;
9 – Sicherungsvorrichtung;
10 – Akku-Batterie.
(Bild: Dienstvorschrift)

Die Abzugs- und Sicherheitseinrichtungen des Flammenwerfers LPO-50. *(Foto: Valery)*

Der Tornister des Flammenwerfers LPO-50 besteht aus drei Tanks. *(Foto: Valery)*

5.1.3. Schwerer Infanterie-Flammenwerfer TPO-50

(Foto: Andshel)

Geschichte

Dieser ist der letzte schwere Flammenwerfer der UdSSR, der in den 1950er Jahren entwickelt und eingeführt wurde. Er ersetzte in den Truppen die schweren Flammenwerfer FOG-2 und kann anstatt eines Feuerstoßes gleich drei Feuerstöße abgeben. Die Waffe diente der Bekämpfung weicher Ziele im offenen Gelände oder in Gräben (Deckungen) und zum Inbrandsetzen von Gebäuden und Anlagen, sowie zur Abwehr feindlicher Angriffe und für Gegenangriffe. Mit der Einführung des TPO-50 wurden die neuen Einheiten – die Sonderbataillone schwerer Flammenwerfer – aufgestellt. Zur Bekämpfung von Zielen auf Distanzen, die größer als die maximale Reichweite des Flammenwerfers sind, hatten diese Bataillone acht schwere Maschinengewehre zur Verfügung. Gegenwärtig ist die Waffe aufgrund der Einführung des gepanzerten 220-mm-Mehrraketenwerfers TOS-1 »Buratino« ausgemustert worden, bleibt aber vermutlich in Reserve.

Technik

Der schwere Flammenwerfer TPO-50 besteht aus drei zylindrischen Flammöltanks auf einer Zweirad-Lafette. Im Winter kann die Waffe auch auf den Schiern lafettiert werden. Am vorderen Ende jedes Tanks befinden sich die 32-mm-Austrittsdüse, die Zündpatrone vom Flammenwerfer ROKS-3 oder Typ PP-9 und die 403-g schwere Schwarzpulverladung. Die Zündpatrone kann entweder mechanisch oder elektrisch gelöst werden. Nach ihrer Zündung stoßen Pulvergase mit einem Arbeitsdruck von 60 kg/cm² mittels eines Kolbens Flammenöl (ein Gemisch aus Benzin und OP-2 Pulver) zuerst durch das 55-mm-Rohr und dann durch die verjüngte Austrittsdüse aus. Gleichzeitig zündet die Zündpatrone den Flüssigkeitsstrahl an. Die Tanks können sowohl von der Lafette (zusammen oder einzeln) als auch vom Boden aus eingesetzt werden.

Gerichtet wird der TPO-50 mit Hilfe eines mechanischen Visiers. Die Bedienung des Werfers besteht aus zwei Mann: einem Richtschützen und seinem Assistenten. Auf große Entfernungen wird der TPO-50 mit einem Kfz transportiert.

Versionen

Die Variante TPO-50M hat eine verbesserte Lafette, wodurch die Zeit zur Herstellung der Feuerbereitschaft von 8–10 Minuten auf 2 Minuten verkürzt ist.

Taktische und technische Daten	
Kaliber	32 mm
Gesamtlänge	850 mm
Gesamtgewicht gefüllt	164,4 kg, Gewicht eines geladenen Laufes – 43,1 kg
Flammenölmenge	63 (3 x 21) l
max. Reichweite	180 bis 200 m
Feuergeschwindigkeit	3 Schuss in ? s
Anzahl der möglichen Feuerstöße	3

Visitenkarte	
Einführungsjahr	1950
Entwickler	Zentrales Militär-Technisches Forschungsinstitut des Heeres (ZNIVTI SV)
Hersteller	staatliche Unternehmen
Gebaute Exemplare	geheim
Einsatzländer	UdSSR, China, Nordkorea (TPO-50M)

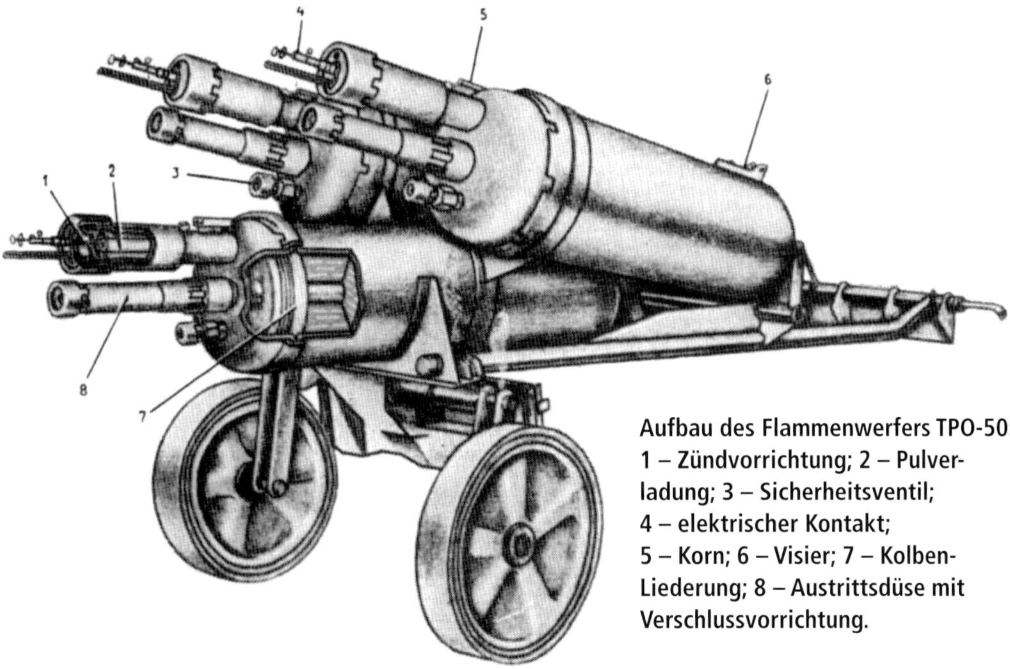

Aufbau des Flammenwerfers TPO-50: 1 – Zündvorrichtung; 2 – Pulverladung; 3 – Sicherheitsventil; 4 – elektrischer Kontakt; 5 – Korn; 6 – Visier; 7 – Kolben-Liederung; 8 – Austrittsdüse mit Verschlussvorrichtung.

Einsatz der Flammenwerfertanks vom Boden aus. *(Bild: Dienstvorschrift)*

Flammenwerfer TPO-50 von hinten. *(Foto: Andshel)*

5.2. Raketen-Flammenwerfer

5.2.1. Infanterie-Raketen-Flammenwerfer RPO »Rys« (MO.25)

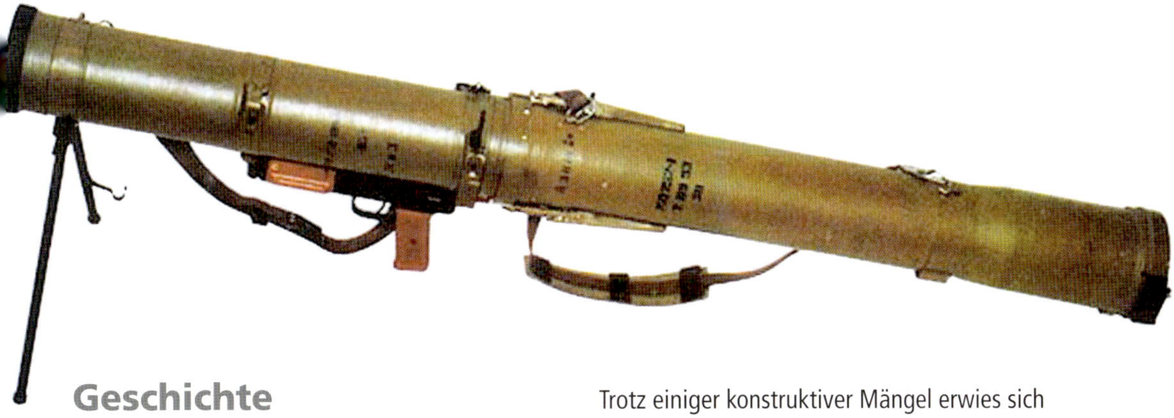

Geschichte

Nach längerer Pause wurde Anfang der 1970er Jahre die Entwicklung von Flammenwerfern in der UdSSR fortgesetzt. Jedoch stellte der zwischen 1972 und 1974 im KBP Tula und in der Militärakademie für ABC-Abwehr entworfene Flammenwerfer RPO »Rys« (auf Deutsch: »Luchs«) eine ganz andere Konstruktion, als bisher gewohnt war, dar, da er ein absolut neues Funktionsprinzip hatte. Im Grunde genommen ist er ein Granatwerfer, der ein Raketengeschoss mit Brandmasse verschießt. Dadurch ist die Schussweite im Vergleich zu klassischen Flammenwerfern erheblich gestiegen.

Diese Waffe führte die Sowjetarmee auf Befehl des Verteidigungsministers vom 5. Januar 1975 als Nr. 006 ihrer Bewaffnung hinzu. Die Flammenwerfer »Rys« wurden in großem Umfang im Afghanistankrieg (1979–1989) eingesetzt, wo die sowjetischen Truppen sie gegen die Mudschaheddin in Höhlen und Befestigungen verwendeten. Trotz einiger konstruktiver Mängel erwies sich die Waffe als sehr effektiv, wobei ihre Einsätze äußerst demoralisierende Auswirkungen hatten. Der RPO wurde auch im tschetschenischen Krieg eingesetzt (1995). Obwohl er schon Ende der 1980er Jahre durch den Einweg-Flammenwerfer RPO-A »Schmel« ersetzt werden sollte, blieb die Waffe lange Zeit im Dienst, mindestens bis 2010.

Technik

Der Raketen-Flammenwerfer RPO »Rys« besteht aus einem Abschussgerät, dessen Konstruktion auf den Bauteilen der Panzerfaust RPG-16 basiert, und einem Raketengeschoss mit zwei Typen zylindrischer Abschusskapseln: »Rys-Z« mit der Brandmischung MPS-1A und »Rys-D« mit einem raucherzeugenden Stoff. Beim Abschussgerät handelt es sich um ein mehrmals verwendbares Startrohr mit Pistolengriff, Abzugsmechanismus, Zweibein und einer mechanischen Visiereinrichtung.

Vor dem Abschuss wird das Raketengeschoss in einem Kunststoffbehälter an das hintere Ende des Startrohres angebracht. Durch die Abzugsbetätigung erfolgt die elektrische Zündung des Raketenmotors. Er schiebt die Abschusskapsel aus dem Rohr und verleiht ihr eine Anfangsgeschwindigkeit. Das Abschussgerät ist nachladbar und kann bis zu 100-mal wiederverwendet werden. Im Flug wird die Kapsel durch ihre Rotationsbewegung stabilisiert, dafür sorgt ein Leitwerk mit vier abklappbaren Stabilisierungsflügeln. Beim Aufschlag wird die Kapsel durch einen Zünder zerstört und ihr Inhalt wird auf eine rund 40 m lange und 4 m breite Fläche gestreut. Die Wirkung des erzeugten Brandes ist der Explosion eines 122-mm-Geschützgeschosses äquivalent. Die Nachteile des RPO »Rys« sind jedoch eine große Gefahrenzone hinter der Waffe (ca. 45 m in einem Bereich von 110°) sowie ein starkes Schussgeräusch. Zudem darf die Waffe nicht aus geschlossenen Räumen heraus abgefeuert werden.

Taktische und technische Daten	
Kaliber	110,5 mm
Gesamtlänge	1440 mm
Gesamtgewicht	geladen: 12,6 kg, leer: 3,2 kg
Gewicht der Gefechtskopffüllung	4 l (3 kg)
Visierschussweite	190 m, max. Reichweite: 400 m
Feuergeschwindigkeit	1 Schuss/min
Magazinkapazität	Einzellader

Visitenkarte	
Einführungsjahr	1975
Entwickler	Militärakademie für ABC-Abwehr, KBP Tula, Konstrukteure A.G. Schipunov, G.D. Filimonov
Hersteller	Werk Nr. 367
Gebaute Exemplare	geheim
Einsatzländer	UdSSR, Armenien, Ukraine, Weißrussland

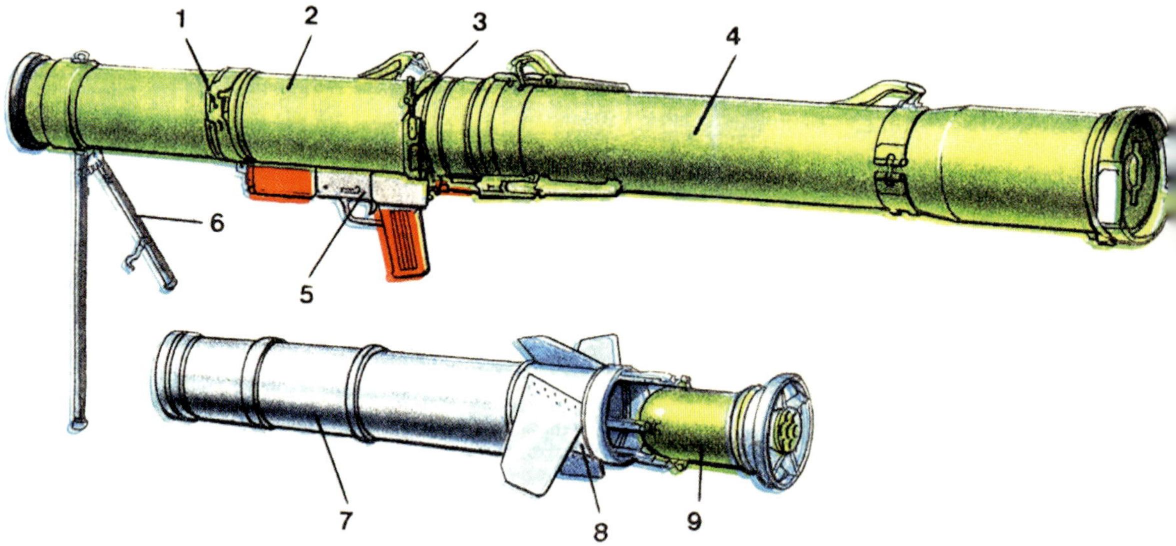

Aufbau des Flammenwerfers:
1 – Korn; 2 – Büchse, 3 – Visier; 4 – Flammenwerfergeschoss 5 – Abzugsvorrichtung; 6 – Zweibein; 7 – Kapselhülle; 8 – Stabilisierungsflügel; 9 – Ausstoßladung.

Schießen mit dem Flammenwerfer RPO »Rys«.

RPO »Rys« bei Übungen der ukrainischen Armee.
(Foto: Mediengruppe der Heeresakademie)

5.2.2. Infanterie-Raketen-Flammenwerfer RPO-A »Schmel« (MO.1.02.00)

(Foto: Dienstvorschrift)

Geschichte

Die ersten Einsätze des RPO »Rys« haben gezeigt, dass diese Waffe zu groß und zu schwer ist. Aus diesem Grund begann das KBP Tula schon im Jahr nach der Einführung des RPO mit der Entwicklung seines Nachfolgemodells, das als leichtere Einwegwaffe konzipiert wurde. Als Basis verwendete das KBP seine leichte Panzerabwehrrakete 9K111 »Fagott«. Das neue System wurde im Unterschied zu den früheren Raketen-Flammenwerfern mit einem thermobarischen Sprengkopf ausgerüstet, der beim Aufschlag eine große Druck- und Hitzewirkung erzeugt und dessen Sprengkraft einem 105-mm-Geschützgeschoss vergleichbar ist. Die Waffe bekam die Bezeichnung RPO-A »Schmel« (auf Deutsch: »Hummel«) und wurde nach der Truppenerprobung in Afghanistan in den Jahren 1983 bis 1984, wo sie sich als voll einsatztauglich gezeigt hatte, im Jahre 1988 in den Dienst gestellt. Zunächst wurden die Einheiten der ABC-Truppen mit dieser Waffe ausgerüstet, später führten auch Motorisierte Schützen, die Marineinfanterie und Fallschirmjäger den RPO-A in ihre Bewaffnung ein.
Sowjetische und russische Militärs betrachteten ihn als Waffe, die eine Lücke zwischen Schusswaffen und Artillerie ausfüllen sollte, insbesondere dort, wo schwere Unterstützungswaffensysteme nicht eingesetzt werden können, z.B. im Gebirge oder bei Straßenkämpfen. Außer in Afghanistan wurden die RPO-A »Schmel« mit großem Erfolg auch in Tadschikistan und Tschetschenien – darunter in der Schlacht um Grosny – eingesetzt. Die Waffe wurde in die Staaten des ehemaligen Warschauer Paktes exportiert, außerdem wird ihre direkte Kopie in China als PF-97 hergestellt.

Technik

Der Flammenwerfer besteht aus einem einmal verwendbaren, nach Gebrauch wegzuwerfenden GFK-Startrohr, einer Wurfmunition (eine Kapsel mit der thermobarischen Ladung aus 2,1 kg Isopropylnitrat OM-100) und einem Raketenmotor. An dem Startrohr sind ein einfaches mechanisches Klappvisier, zwei abklappbare Griffstücke und die Abzugsvorrichtung angebracht.
Beim Schießen auf große Entfernung kann das Zielgerät OPO oder OPO-1 an der Waffe montiert werden. Es ist auch möglich, ein vierfaches Nachtzielgerät vom Typ PON zu verwenden.
Ein Soldat transportiert hinter dem Rücken eine Packung mit zwei Werfern RPO-A mit einem Gesamtgewicht von 24 kg. Der RPO-A weist eine gute Präzision auf: Auf 400 m Distanz beträgt die

Trefferwahrscheinlichkeit für einen Schützenpanzer 80%. Die Waffe vernichtet weiche Ziele im offenen Gelände auf einer Fläche von 50 m² (tödlicher Radius: 4 m) oder in Gebäuden mit einem Volumen von bis zu 80 m³. In der Detonationszone entwickelt sich eine Temperatur von über 800°C und der Sauerstoff wird völlig verbrannt. Der Sicherheitsabstand hinter dem Schützen sollte beim Abfeuern bis zu 47 m betragen und in einem Bereich von 110° liegen. Man darf auch aus geschlossenen Räumen mit einem Volumen von bis zu 60 m³ schießen. Im Sommer trägt man beim Schießen mit dem RPO-A artilleristische Schutzhelme, im Winter eine Uschanka (russische Kopfbedeckung für extrem kalte Witterungsverhältnisse) mit nach unten angebrachten Klappen. Für die Übungen gibt es einen computergestützten Simulator 9F700-2.

Varianten

- RPO-A (MO.1.02.00) – ist mit einem thermobarischen Gefechtskopf bestückt. Er dient zur Bekämpfung von Feuernestern in Orts-, Gelände- und Gebirgskämpfen und zur Zerstörung von Befestigungen, leicht gepanzerten und nicht gepanzerten Fahrzeugen.
- RPO-Z (MO.1.03.00) – ist die Variante mit einem Brand-Gefechtskopf zur Inbrandsetzung von Landschaften, Gebäuden, Anlagen und Tanklagern. Sie kann mit einem Schuss eine 300 m³ große Geländefläche oder ein Gebäude mit einem Innenraum von 90–100 m³ (Branddauer: 5 bis 7 s) in Brand setzen;
- RPO-D (MO.1.04.00) – hat einen raucherzeugenden Gefechtskopf, der im Laufe von 1,2 bis 2 Minuten eine 55 bis 90 m lange Nebelwand erzeugt. Diese Version wurde zur Tarnung von RPO-A-Schützen eingeführt, da die Soldaten mit Flammenwerfern immer die wichtigen Ziele für feindliche Scharfschützen sind. Darüber hinaus kann man mit ihm feindliches Personal aus unterschiedlichen Deckungen »ausräuchern«.

Taktische und technische Daten	
Kaliber	93 mm
Gesamtgewicht	11 kg
Gesamtlänge	920 mm
Gewicht der Gefechtskopffüllung	2,1 kg
Anfangsgeschwindigkeit	125 m/s
Visierschussweite	600 m, mit Optik: 450 m (OPO), 850 m (OPO-1)
max. Reichweite	1000 m
min. Reichweite	25 m
Feuergeschwindigkeit	Einwegwaffe

Visitenkarte	
Einführungsjahr	1988
Entwickler	KBP Tula unter Leitung von A.G. Schipunov
Hersteller	OAO »Tulatotschmasch« (Waffe), Werk Nr. 11, FGUP »Maschinenwerk Serov« (Geschoss)
Gebaute Exemplare	>100.000
Einsatzländer	UdSSR (Russland), Armenien, China, Fidschi, Georgien, Indien, Jugoslawien, Kasachstan, Nordkorea, Serbien, Sri Lanka, Syrien, Ukraine, Vietnam, Weißrussland

Schießen mit dem RPO-A »Schmel«. *(Foto: Vitaly V. Kuzmin)*

Transport der Flammenwerfer RPO-A »Schmel«. *(Foto: KBP)*

Im Jahre 2001 führte die russische Armee zwei spezielle Panzerfahrzeuge zum Transport von Einweg-Flammenwerfern und ihren Schützen ein. Die schwere Flammenwerfer-Kampfmaschine BMO-T wurde auf der Basis des Kampfpanzers T-72 konstruiert und ist mit 30 Flammenwerfer »Schmel« bewaffnet, die leichte Flammenwerfer-Kampfmaschine BMO-1 (auf der Basis des Schützenpanzers BMP-2) kann 18 bis 22 Flammenwerfer transportieren. *(Foto: Vitaly V. Kuzmin)*

5.2.3. Kompakter Raketen-Flammenwerfer MRO »Borodatsch« (MO.1.10.00)

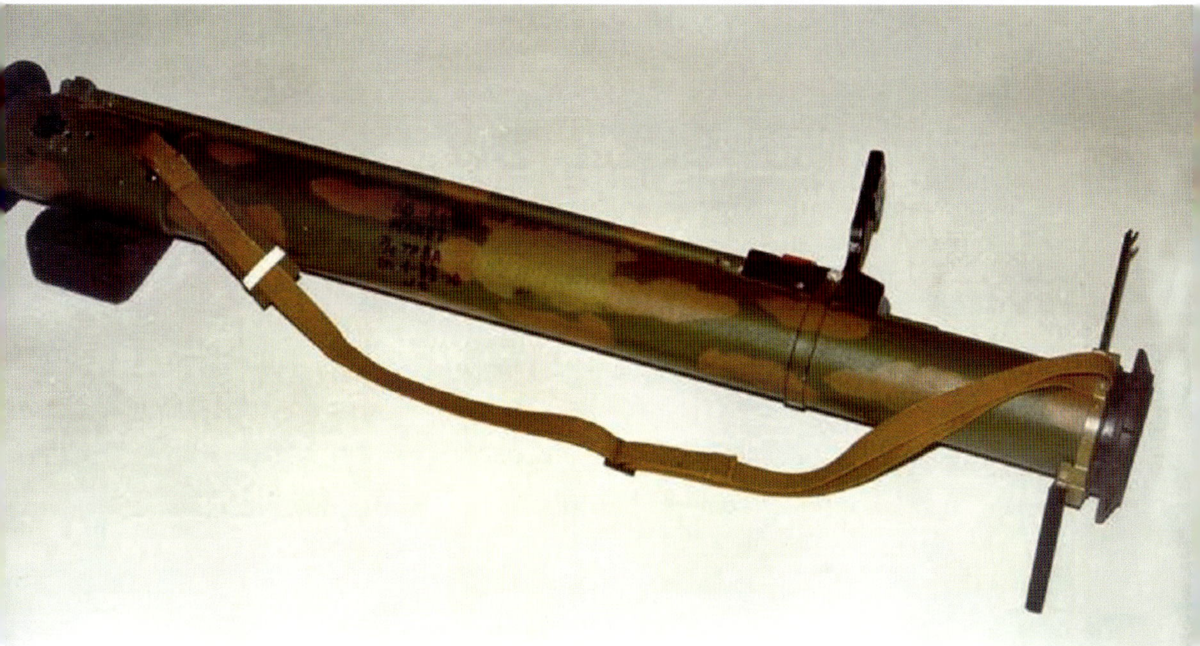

(Foto: Dienstvorschrift)

Der MRO »Borodatsch« (die Abkürzung MRO steht für einen kompakten Raketen-Flammenwerfer, »Borodatsch« bedeutet auf Deutsch »Bartadler«) wurde 2003 auf Basis der Bunkerfaust RSchG-2 »Aglen-2« für die Flammenwerfer-Einheiten der ABC-Truppen als Alternative des schweren Flammenwerfers RPO-A »Schmel« entworfen. Sein leitender Entwickler war das Unternehmen FGUP »GNPP Basalt«. Der Hauptunterschied des MRO von der RSchG-2 ist die Visiereinrichtung: Während die für die Infanterie geeignete Bunkerfaust dem Visier der Panzerfaust RPG-26 »Aglen« entnommen wurde, verwendet der MRO die Visiereinrichtung, die dem Diopter-Visier des Flammenwerfers RPO-A ähnelt. Zudem wurde der Überdruck beim Abschuss reduziert und die Waffe kann aus geschlossenen Räumen mit einem Raumvolumen von 20 m^3 abgefeuert werden. Der Schütze darf den MRO stehend, kniend, liegend bei Abschusswinkeln von -90 bis + 45° einsetzen, was bei Straßenkämpfen sehr wichtig ist. Gegenüber den anderen Raketen-Flammenwerfern erzeugt der Gefechtskopf des MRO bei Explosion viele Splitter, die die Bekämpfung von Personal in Panzerwesten ermöglichen. Der MRO wurde im Tschetschenienkrieg und im Konflikt mit der Ukraine 2014 eingesetzt.

Varianten

- **MRO-A** – Basisvariante mit dem thermobarischen Gefechtskopf (markiert durch zwei rote Streifen), Explosionsstoff »TBS OM-100MI-ZLO«;
- **MRO-D** – die Variante mit dem Nebelgefechtskopf für Erstellung von Nebelwänden (ein gelber Streifen);
- **MRO-Z (MRO-DZ)** – diese Variante dient zum Inbrandsetzen von Räumen und zur Verursachung von untragbaren Bedingungen in ihnen (eine rote Markierung).

Taktische und technische Daten	
Kaliber	72,5 mm
Gesamtlänge	900 mm
Gesamtgewicht	4,6 kg (MRO-A, MRO-D), 4,9 kg (MRO-Z)
Gewicht des Raketengeschosses	2,9 kg (MRO-A)
Gewicht der Gefechtskopffüllung	1,0 kg (MRO-A, MRO-D), 1,3 kg (MRO-Z)
Reichweite:	max. 450 m (MRO-A), 400 m (MRO-D, MRO-Z)
Visierschussweite	max. 300 m, min. 20 m
Zeit zum Herstellung der Feuerbereitschaft	bis 10 s
Feuergeschwindigkeit	Einwegwaffe

Visitenkarte	
Einführungsjahr	2002 (MRO-A), 2003 (MRO-D, MRO-Z)
Entwickler	FGUP »GNPP Basalt«
Hersteller	OAO »Tulatotschmasch« (Waffe)
Gebaute Exemplare	>475
Einsatzländer	Russland (MO, MWD)

Schießen mit dem Flammenwerfer MRO-D. *(Foto: www.missiles.ru)*

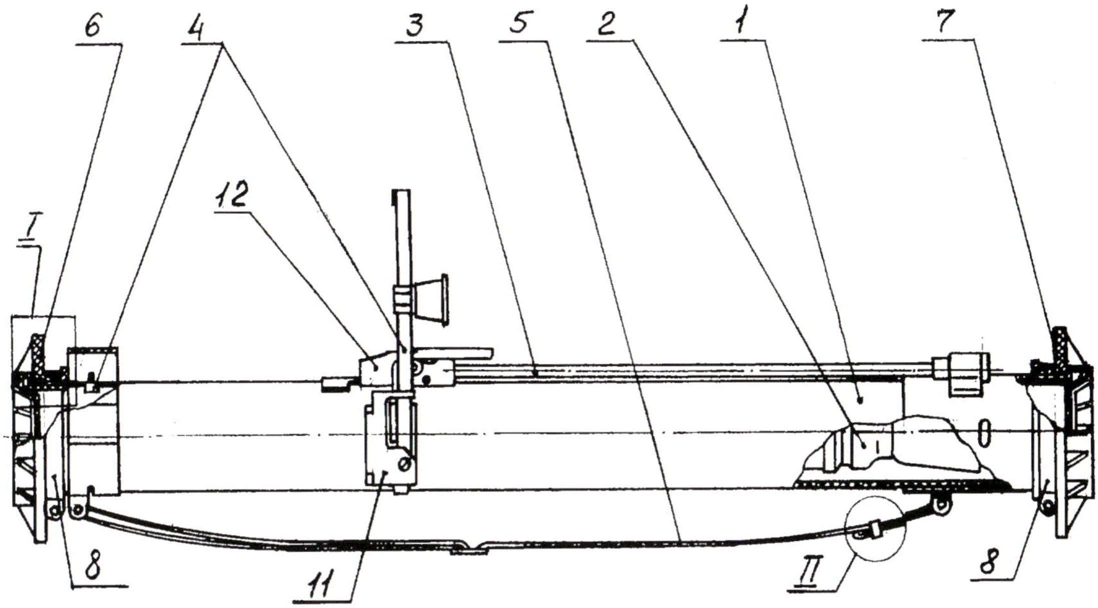

Abbildung des Flammenwerfers MRO aus dem Patent RU 2234658 C1 von KBP Tula: 1 – Startrohr; 2 – Granate; 3 – Abschusseinrichtung; 4 – Visier; 5 – Trageriemen; 6, 7 – Schutzkappen; 8 – Klemme; 11 – Visierfuß; 12 – Abzugsgehäuse. *(Bild: Patent RU 2234658 C1)*

MRO in der Feuerbereitschaft. *(Foto: A.V. Karpenko)*

Schnittmodell des MRO. *(Foto: A.V. Karpenko)*

5.2.4. Infanterie-Raketen-Flammenwerfer RPO PDM-A »Schmel-M« (RPO-2 »Prise«, MO.1.05.00)

(Foto: Vitaly V. Kuzmin)

Geschichte

Das ist eine modernisierte Version des Raketen-Flammenwerfers RPO-A »Schmel«. Ursprünglich wurde die Waffe RPO-2 »Prise« genannt, heute verwendet man die Bezeichnung RPO PDM-A »Schmel-M», deren Abkürzung für den Infanterie-Raketen-Flammenwerfer mit vergrößerter Reichweite und Leistung, Modell A, steht. Den »Schmel-M« führte die russische Armee offiziell am 24. Dezember 2003 in ihre Bewaffnung ein. Das Nachfolgemodell des »Schmel« ist 1,3-fach leichter, besitzt die 1,8-fach weitere Schussentfernung und einen thermobarischen Gefechtskopf mit doppelter Wirkleistung. Der Flammenwerfer wurde erstmals im August 2006 auf der zweiten internationalen Waffenmesse MVSV-2006 in Moskau vorgestellt und wird vom KBP heutzutage zum Export angeboten. Die Waffe dient der Bekämpfung weicher Ziele sowohl im Gelände als auch in Gebäuden und Feldbefestigungen. Sie kann auch gegen nicht- und leichtgepanzerte Fahrzeuge eingesetzt werden und befestigte Gebäude, Keller, Bauten aus Ziegel, Stein oder Beton zerstören. Die russische Armee erprobte die »Schmel-M« schon im Konflikt mit Georgien im August 2008 und plant ihre Lieferung an die Truppen zwischen 2011 und 2020.

Technik

Dargestellt ist der Flammenwerfer RPO PDM-A »Schmel-M« – ein ca. 5,5 kg schweres, mit einem thermobarischen Gefechtskopf ausgestattetes, einmal verwendbares Raketengeschoss in einem Einweg-GFK-Startbehälter, das durch ein mehrmals verwendbares Startgerät mit Optik ergänzt wird. Das Startgerät mit den Abzugs- und Sicherungsvorrichtungen besteht ebenfalls aus Kunststoff und verfügt über eine zusätzliche Montageschiene für Nachtzielgeräte. Nach Herstellerangaben entspricht die Wirkung des »Schmel-M« im Nahkampf bezogen auf alle Ziele (außer Kampfpanzer) einem 152-mm-Splitter-Sprenggeschoss für Geschütze.

Taktische und technische Daten	
Kaliber	90 mm
Gesamtlänge	940 mm
Gesamtgewicht	8,8 kg
Gewicht der Gefechtskopffüllung	3,0 kg
Visierschussweite	800 m, max. Reichweite: 1700 m, min. Reichweite: 25 m
Magazinkapazität	Einwegwaffe

Visitenkarte	
Einführungsjahr	2003
Entwickler	KBP Tula
Hersteller	OAO »Tulatotschmasch« (Waffe)
Gebaute Exemplare	>2000
Einsatzländer	Russland

Das Startgerät mit einem Startbehälter und das thermobarische Raketengeschoss des »Schmel-M«.
(Foto: KBP)

5.2.5. Leichter Infanterie-Flammenwerfer LPO-97 (MO.1.16.00)

(Foto: Dienstvorschrift)

Geschichte

Der leichte Infanterie-Flammenwerfer LPO-97 wurde im KBP Tula entworfen und am 11. Dezember 2002 in den Dienst eingeführt. Mit ihm werden die russischen ABC-Truppen, die die Entwicklung dieser Waffe finanzierten, ausgerüstet. Die Geschichte des LPO-97 geht schon auf den Beginn der 1990er Jahre zurück. Die Waffe basiert auf der Konstruktion des Versuchsgranatwerfers, der durch die Laufbewegung repetiert wurde. Da dieses Prinzip unzuverlässig war, entschied sich der Hauptkonstrukteur W.P. Grjasew für die klassische »Pump-Action«-Variante. Auf Grundlage des LPO-97 wurden später die Granatgewehre GM-93 (kam nicht in die Serienproduktion) und GM-94, sowie die Repetier-Kampfflinte RMB-93 »Rys« konstruiert. Eigenartig ist, dass sich die Indexbezeichnung LPO–97 nicht auf das Entwicklungsjahr 1997 bezieht. Der Entwickler hat der Waffe einen solchen Index absichtlich

Taktische und technische Daten	
Kaliber	43 mm
Gesamtlänge	810 mm (mit festem Skelett-Kolben), 775/535 mm (mit klappbarer Schulterstütze, ausgeklappt/eingeklappt)
Gesamtgewicht geladen	5,5 kg (4,5 kg leer)
Gewicht der Granate	0,3 kg
Gewicht der Gefechtskopffüllung	0,13 kg
Anfangsgeschwindigkeit	85 m/s
Visierschussweite	300 m, max. Reichweite: 500 m, min. Reichweite: 10 m
Feuergeschwindigkeit	bis 12 Schuss/min
Magazinkapazität	3+1 Schuss

Visitenkarte	
Einführungsjahr	2002
Entwickler und Hersteller	KBP Tula
Gebaute Exemplare	mindestens 50
Einsatzländer	Russland

gegeben, um zu demonstrieren, dass sie früher als GM-93/GM-94/RMB-93 entstanden sei und um den Anspruch auf Lizenzrechte des Auftraggebers, der ABC-Truppen, für die »unehelichen Kinder« des LPO-97 ablehnen zu können. Mindestens fünf Jahre lang wird der LPO-97 auch bei russischen Fallschirmjägern eingesetzt.

Technik

Technisch und optisch ist er mit dem 43-mm-Granatgewehr GM-94 identisch, der Unterschied liegt lediglich in der Konstruktion der Granate MO.1.16.02. Als Munition werden thermobarische und Übungsgranaten verwendet. Die Lebensdauer der Waffe beträgt 3000 Schuss.

Das russische Patent für das LPO-97-Geschoss von KBP Tula.

(19) **RU** (11) **2 203 473** (13) **C2**

(51) Int. Cl.7 **F 42 B 5/02, 12/20**

RUSSIAN AGENCY
FOR PATENTS AND TRADEMARKS

(12) ABSTRACT OF INVENTION

(21), (22) Application: 2001113851/02 , 21.05.2001

(24) Effective date for property rights: 21.05.2001

(46) Date of publication: 27.04.2003

(98) Mail address:
300001, g.Tula, Shcheglovskaja zaseka, GUP "Konstruktorskoe bjuro priborostroenija"

(71) Applicant:
Gosudarstvennoe unitarnoe predprijatie "Konstruktorskoe bjuro priborostroenija"

(72) Inventor: Shipunov A.G., Zamarakhin V.A., Mikhajlin S.V., Ermolaev A.M. , Kiselev V.A., Dygern S.A., Filimonov G.D.

(73) Proprietor:
Gosudarstvennoe unitarnoe predprijatie "Konstruktorskoe bjuro priborostroenija"

RU 2203473 C2

(54) ROCKET LAUNCHER ROUND

(57) Abstract:
FIELD: military equipment, applicable in the constructions of rounds for close combat weapon, mainly in rocket launchers. SUBSTANCE: in the rocket launcher round having a cartridge case, propellant charge with a percussion primer and a shell, consisting of a burster placed in a plastic envelope without any spaced relation, and an explosive charge installed without any spaced relation, the explosive charge is installed in a cavity made inside the explosive charge consisting of two half-charges, the distance from the lateral surface of the explosive charge and from its rear end to the outer lateral surface of the explosive charge makes up 1.0 to 1.2 of the critical diameter of the explosive charge, and the distance from the front end of the explosive charge to the top of the burster makes up 1.1 to 1.5 of the shell caliber. EFFECT: enhanced safety of the shooter at a minimum distance of the combat use of the rocket launcher round. 1 dwg

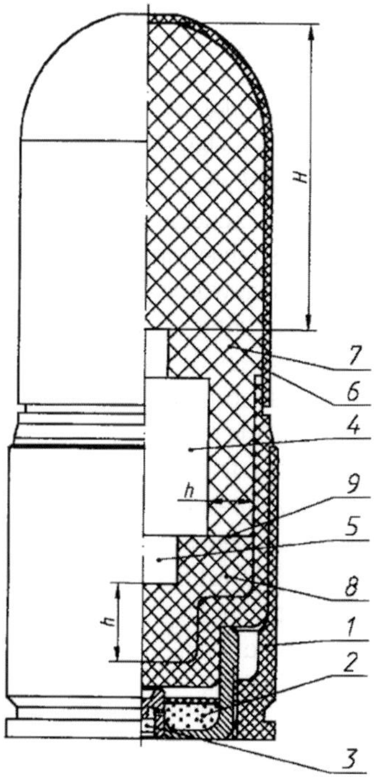

RU 2203473 C2

5.2.6. Infanterie-Strahl-Flammenwerfer SPO »Varna-S«

(Foto: KBP)

Geschichte

Ein Nachteil der Raketen-Flammenwerfer RPO-A, RPO PDM-A, MRO liegt in der unzureichenden Zündwirkung der thermobarischen Munition. Bei den Raketen-Flammenwerfern RPO und RPO-Z befindet sich die Brandmasse innerhalb einer Kapsel, die die Streuung der Brandmasse verhindert. Deshalb kamen die Konstrukteure des KBP Tula auf die Idee, eine Hybridwaffe zu entwerfen, die die Vorteile von Raketen-Flammenwerfern (einfache Konstruktion, kleines Gewicht, große Reichweite) mit der hohen Zündwirkung des brennenden Flüssigkeitsstrahles eines klassischen Flammenwerfers vereinigen würde. Die Waffe basierte auf einem Patent unter der Veröffentlichungsnummer 2117904 vom 07.06.1995 und wurde auf Befehl des russischen Verteidigungsministers am 30. Juli 2005 in den Dienst gestellt. D.h. ihre Entwicklung dauerte ca. 10 Jahre an – Grund dafür waren die zahlreichen konstruktiven Schwierigkeiten. Der Flammenwerfer bekam den Namen SPO »Varna-S«: SPO ist die russische Abkürzung für »Strahl-Infanterie-Flammenwerfer«, »Varna« ist eine Hafenstadt in Bulgarien und der Buchstabe »S« steht für Strahl.

Die Waffe dient der Bekämpfung weicher Ziele im offenen Gelände, in Gebäuden und in Befestigungen beim Nahkampf, sowie dem Inbrandsetzen von Brennstofflagern. Sie ist gut für Straßenkämpfe geeignet, insbesondere gegen Ziele auf oberen Stockwerken und auf Treppen, da der Schütze den »Varna-S« unter einem Abschusswinkel von bis zu 60° aus geschlossenen Räumen abfeuern kann. Zudem kann die Waffe innerhalb von Gebäuden und Befestigungsanlagen eingesetzt werden.
Man berichtet auch, dass der »Varna-S« dem besten ausländischen Flammenwerfer – bezogen auf die Reichweite (1,7-fach) und die auf maximale Schussdistanz gebrachte Brandmasse (8- bis 10-fach) – vollkommen überlegen sei.

Taktische und technische Daten	
Kaliber	93 mm
Gesamtlänge	920 mm
Gesamtgewicht	8,1 kg
Gewicht der Gefechtskopffüllung	2,5 kg
Visierschussweite	70 m, max. Reichweite: 120 m
Magazinkapazität	Einwegwaffe

Technik

Obwohl der SPO »Varna-S« als klassischer Strahl-Flammenwerfer klassifiziert ist, gehört er eigentlich zu den Raketen-Flammenwerfern. Optisch ist er dem Flammenwerfer RPO-A »Schmel« ähnlich und wurde auch als Einwegwaffe konzipiert. Die Waffe besteht zudem aus einem Startbehälter mit einer Abzugsvorrichtung, einem Griffstück, einer abklappbaren Visiervorrichtung, einem Geschoss mit Brandgemisch und einem Raketenmotor, die sich innerhalb des luftdichten Startbehälters befinden. Die Pointe des »Varna«-Aufbaus liegt aber in der Konstruktion des Geschosses. Der vordere Teil des Geschosses stellt einen Behälter dar, der metallisches Brandgemisch mit Phosphor enthält. An seinem hinteren Teil ist ein Aufsatz in Form eines perforierten Sacks angebracht. Auf dem Boden des Aufsatzes sitzt eine Anzündvorrichtung. Nach dem Abschuss des Geschosses mittels Raketenmotor gelangt aus dem Startbehälter Brandgemisch in den Sack und entzündet sich. Somit sorgt der Sack dafür, dass der größte Teil der Brandmasse sein Ziel erreicht. Gleichzeitig wird die brennende Flüssigkeit schon vor dem Anschlag auf den Boden oder auf ein Hindernis gestreut, was die Brandwirkung des Geschosses wesentlich erhöht. Ein weiterer Vorteil des »Varna-S« besteht darin, dass die Waffe bei Temperaturen von -50° C bis +50° C nur einen Typ des Flammenöls verwenden kann. Die Flammenwerfer werden zu je 2 Stück in einer Packung mit einem Gesamtgewicht von 16,2 kg transportiert, wobei die Zeit für die Herstellung der Feuerbereitschaft sich auf 30 s beläuft. Der Hersteller garantiert eine neunjährige Haltbarkeit der Waffe.

Visitenkarte:	
Einführungsjahr	2005
Entwickler	KBP Tula
Hersteller	OAO »Tulatotschmasch« (Waffe)
Gebaute Exemplare	geheim
Einsatzländer	Russland

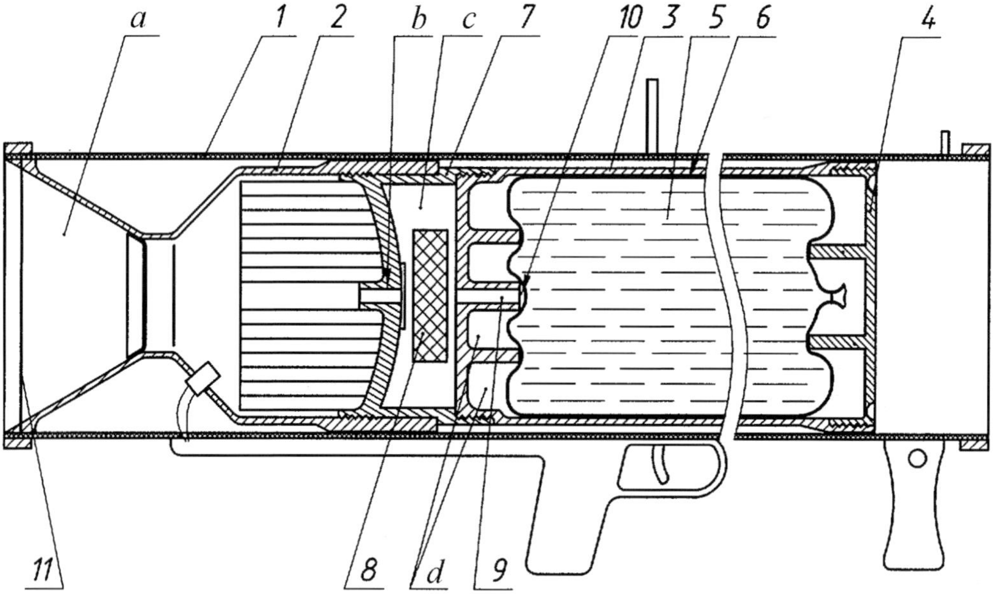

Schema des Flammenwerfers SPO »Varna-S« gemäß dem russischen Patent RU 2272982 C2: 1 – Behälter mit Abschuss- und Visiervorrichtung; 2 – Raketenmotor mit der Düse »a« im Boden und Drosselöffnung »b« vorne; 3 – Hülle mit zu zerstörender vorderer Kappe; 4 – zu zerstörende vordere Kappe; 5 – Brandgemisch; 6 – perforierter Sack; 7 – Verbindungsschraubenbuchse; 8 – Zündladung; 9 – Verbindungskanal zwischen Kammer »c« und Höhle »d«; 10 – Blende; 11 – elastische Membran. *(Bild: Patent RU 2272982 C2)*

6. Anhang

Danksagung

An dieser Stelle möchte ich allen Institutionen, Firmen und Personen, die mich während der Arbeit an dem Buch unterstützten, von Herzen danken:
Bundespolizeiakademie in Lübeck und persönlich Herrn Polizeihauptkommissar Josef Iff
Konzern »Kalaschnikov«
Maschinenbaubetrieb Wasow (WMZ) in Sopot, Bulgarien
Militaria-Shop »EPOKHA« (www.warstage.ru)
OAO FNPZ »NIIPKh« in Sergijew Posad
Tulas Konstruktionsbüro für Gerätebau (KBP)
Ein Werk namens Degtjarjow (ZiD) in Kowrow
Die Zeitschrift »Kalashnikov« und persönlich Herrn Chefredakteur Mikhail Degtjarjow
Zentrales Konstruktions- und Forschungsbüro für Sport- und Jagdwaffen (ZKIB SOO) aus Tula
Herrn Oleg Baschawez
Herrn E. Erokhin (www.missiles.ru)
Herrn Jürgen Flach
Herrn Michael Gutmann
Herrn Sergej Gurow
Herrn H.-J. Kaiser (www.rwd-mb3.d)
Herrn KardeN
Herrn A.V. Karpenko
Herrn Vitaly V. Kuzmin
Herrn Alexey Naumov
Herrn Univ.-Prof. Dr.-Ing. habil. Hendrik Rothe
Herrn Dmitry Satin
Herrn Reinhardt Scheiblich
Herrn Valery Shilin.
Mein ganz besonderer und herzlicher Dank gilt aber meiner Frau Alla und meiner Tochter Ina, die ich für die Arbeit an dem Manuskript oft vernachlässigen musste, für ihre Geduld, ihr Verständnis und ihre Liebe.

Abkürzungsverzeichnis

AG	Automatischer Granatwerfer
AGS	Automatischer Granatwerfer auf Lafette
ATO	Automatischer Flammenwerfer für Flammpanzer
DP	Antisabotagegranatwerfer
FGUP	Föderales staatliches Monopolunternehmen
FSB	Föderaler Dienst für Sicherheit
FOG	Sprengflammenwerfer
GAU	Hauptverwaltung für Artillerie
GM	Magazingranatwerfer
GNPP	Staatliches Forschungs- und Produktionsunternehmen
GRAU	Hauptverwaltung für Raketen und Artillerie
GRU	Hauptverwaltung für Aufklärung
GP	Unterlaufgranatwerfer
GSKB	Staatliches spezielles Konstruktionsbüro
KGB	Komitee für Staatssicherheit
LPO	Leichter Infanterie-Flammenwerfer
MO	Indexbezeichnung für die Bewaffnung der ABC-Truppen
MWD	Ministerium für innere Angelegenheiten
NII	Forschungsinstitut
NPO	Forschungs- und Produktionsvereinigung
OAO	Offene Aktiengesellschaft
OG	Splittergranate
OPO	Optisches Zielgerät für Flammenwerfer
OZ	Betriebsbezeichnung des Konstruktionsbüros ZKIB SOO für Schusswaffen
PG	Panzerabwehrgranate
PGO	Optisches Zielgerät für Granatwerfer
PO	Produktionsvereinigung
PUI	Übungsabschussvorrichtung
RDG	Nebelhandgranate
RG	Handgranate
RGN	Angriffshandgranate
RGO	Verteidigungshandgranate
RGS	Spezieller Granatwerfer
ROKS	Tornisterflammenwerfer von Kljuev und Sergeev
RPG	Panzerabwehrgranate oder leichte Panzerfaust
RPO	Raketen-Infanterie-Flammenwerfer
RSchG	Reaktive Sturmgranate RSchG
SAG	Lafette für automatischen Granatwerfer
SGK	Schusswaffen-Granatwerfer-System
SPEZNAS	Spezialeinheit
SPG	Schwere Panzerfaust
SW	Indexbezeichnung für die Bewaffnung des FSB
TKB	Betriebsbezeichnung des Konstruktionsbüros ZKIB SOO für Nahkampfmittel und Maschinenkanonen
TNT	Trinitrotoluol
TNX	Trinitroxylol
TO	Flammenwerfer für Flammpanzer
TPO	Schwerer Infanterie-Flammenwerfer

Kennzeichen der sowjetischen und russischen Waffen- und Munitionshersteller

Code	Name	Standort
Werk Nr. 2 Werk namens Degtjarjow (ZiD)	Kowrow	
Werk Nr. 11	Chemisches Werk Krasnozavodsk (KChZ)	Krasnozavodsk
Werk Nr. 38	Maschinenbauwerk Kolomna	Kolomna
Werk Nr. 48	Maschinenbauwerk »Molniya«	Moskau
Werk Nr. 53	Schostkas staatliches Werk »Impuls«	Schostka
Werk Nr. 56	Chemiewerk »Planta«	Nischni Tagil
Werk Nr. 63	Maschinenwerk Vysokogorsk	Nischni Tagil
Werk Nr. 67	»Mastjazhart«	Moskau
Werk Nr. 80	Werk namens Ja. M. Swerdlow	Dserschinsk
Werk Nr. 103	-	St. Petersburg
Werk Nr. 105	»Dalenergomash«	Khabarovsk
Werk Nr. 106	»Daldiesel«	Khabarovsk
Werk Nr. 107	Werk für gummitechnische Erzeugnisse Donetzk	Donetzk
Werk Nr. 202	»Dalzavod«	Wladiwostok
Werk Nr. 204	Pulverwerk Tambov	Kotovsk
Werk Nr. 212	»Elektropribor«	St. Petersburg
Werk Nr. 230	»Tispribor«	Moskau/Kasan
Werk Nr. 250	-	Saratov
Werk Nr. 251	»Molot«	Petrowsk
Werk Nr. 254	PO »Signal«	Tschelyabinsk
Werk Nr. 266	Elektromaschinenbauwerk Kirov namens I.I. Lepse	Kirov
Werk Nr. 292	Flugzeugbauwerk Saratov	Saratov
Werk Nr. 303	-	St. Petersburg
Werk Nr. 309	Maschinenwerk Tschapaev	Tschapaev
Werk Nr. 310	Maschinenwerk Kandalakscha	Kandalakscha
Werk Nr. 320	FGUP »Produktionsvereinigung Tscheboksary namens W.I. Tschapajew«	Tscheboksary
Werk Nr. 367	Maschinenbauwerk Wjatskije Poljany »Molot«	Wjatskije Poljany
Werk Nr. 386	Maschinenwerk »Iskra«	Nowosibirsk
Werk Nr. 428	Werk Blagoweschtschensk	Blagoweschtschensk
Werk Nr. 461	Aggregatenwerk Kirov	Kirov
Werk Nr. 520	Maschinenbauwerk Bissert (BMZ)	Bissert
Werk Nr. 535	»Tulamaschzavod«	Tula
Werk Nr. 575	Maschinenwerk Kowrow (KMZ)	Kowrow
Werk Nr. 582	NIII	Balaschikha
Werk Nr. 602	-	Saratov
Werk Nr. 603	Maschinenwerk Kurgan	Kurgan
Werk Nr. 607	OAO »Radioapparaturenwerk«	Ekaterinburg
Werk Nr. 608	Maschinenwerk Novowjatsk	Kirov
Werk Nr. 610	»Werk Sumgait« NKB	Baku
Werk Nr. 612	»Spartak«	Ekaterinburg
Werk Nr. 613	Maschinenbauwerk Kasli	Kasli
Werk Nr. 621	Maschinenwerk Koktschetav	Koktschetav
Werk Nr. 637	Maschinenbauwerk Elban	Elban
Werk Nr. 638	»Werk Nr. 638 namens I.W. Stalin« NKSP	Astrakhan
Werk Nr. 644	OAO »Elektroaggregat«	Novosibirsk
Werk Nr. 644	»Sudoremzavod«	Balakowo
Werk Nr. 749	»Werk Nr. 749 namens 1. August« NKMV	Moskau
Werk Nr. 761	OAO »Kurgandormasch«	Kurgan
Werk Nr. 776	»Krasnolit« (heute OAO »Tensopribor«)	Krasnodar
Werk Nr. 792	Moskauer Feuerwehrfahrzeugbauwerk	Moskau
Werk Nr. 802	»Krasny Profintern« (heute OAO »Armagus«)	Gus-Khrustalny
Werk Nr. 822	Maschinenwerk Sysert	Sysert
Werk Nr. 846	»Armatura«	Moskau
Werk Nr. 912	Kunststofffaserwerk »Elastik«	Oblast Rjasan